Martin Reuter

Methodik der Werkstoffauswahl

Martin Reuter

Methodik der Werkstoffauswahl

Der systematische Weg zum richtigen Material

2., aktualisierte Auflage

Mit 50 Bildern, 27 Tabellen und einer Vielzahl nützlicher Internetlinks

Fachbuchverlag Leipzig
im Carl Hanser Verlag

Autor:

Prof. Dr.-Ing. Martin Reuter
Hochschule Hannover
Fakultät Maschinenbau und Bioverfahrenstechnik
http://f2.hs-hannover.de/personen/lehrende/reuter-martin-prof-dr-ing-prof/index.html

Bibliografische Information der Deutschen Nationalbibliothek
Die Deutsche Nationalbibliothek verzeichnet diese Publikation in der Deutschen
Nationalbibliografie; detaillierte bibliografische Daten sind im Internet über
http://dnb.ddb.d-nb.de abrufbar.

ISBN   978-3-446-44144-6
E-Book-ISBN   978-3-446-44174-3

Einbandbilder: Stanzwerkzeug und Papierschneidwalze (Quelle: Böhler)
                       Rapid Prototyping-Beipiele Würfel und Schraube (Quelle: ETEC)

Fachbuchverlag Leipzig im Carl Hanser Verlag
© 2014 Carl Hanser Verlag München
www.hanser-fachbuch.de
Lektorat: Christine Fritzsch
Herstellung: Katrin Wulst
Einbandrealisierung: Stephan Rönigk
Satz: Martin Reuter, Hannover
Druck und Binden: Hubert & Co, Göttingen
Printed in Germany

Vorwort

Die Wettbewerbsfähigkeit eines Unternehmens hängt wesentlich davon ab, ob es mit innovativen, technisch überzeugenden und wirtschaftlich gestalteten Produkten auf den Weltmärkten bestehen kann. Neue Werkstoffe sind Impulsgeber für diese erforderlichen Produktinnovationen bzw. für innovativ weiterentwickelte Erzeugnisse. Fast kein Tag vergeht, an dem nicht ein neues Material auf den Markt drängt und nach seinen Anwendungen sucht. Vielversprechende neue Werkstoffeigenschaften, die von den Materialherstellern bewusst kreiert werden, bieten für Produkte erhebliche und teils überraschende Verbesserungspotenziale. Kunststoffe, Keramiken und Verbundwerkstoffe haben dabei die in der Vergangenheit fast ausnahmslos eingesetzten Metalle als anerkannte Konstruktionswerkstoffe aus vielen ihrer angestammten Plätze verdrängt. Dennoch dürfen die metallischen Werkstoffe nicht als Auslaufwerkstoffe angesehen werden. Hochwertige Stahl- und Gusseisensorten, Hochtemperaturlegierungen u. v. m. behaupten sich aufgrund verbesserter Eigenschaftswerte oder der Überwindung bisheriger Nachteile in vielen Anwendungen gegenüber der Konkurrenz aus den anderen Werkstoffgruppen. Die Ergebnisse dieser Entwicklungen sind beispielsweise die Zweiphasen-Stähle mit einer hohen Umformbarkeit für hochfeste Verbindungselemente, das Austempered Ductile Iron (ADI) mit hoher Verschleißfestigkeit und Härte, das Gusseisen mit Vermikulargrafit (GJV) für den Motorenbereich oder hochwarmfeste Gamma-Titan-Aluminide für den Einsatz in der Luftfahrtindustrie.

Wie aber wird der richtige Werkstoff für die Anwendung gefunden? In der Praxis wird häufig auf bewährte oder ähnliche Werkstofflösungen zurückgegriffen, um das Produktrisiko möglichst gering zu halten. Man scheut sich vor einer Innovation durch ein neues Material, da Werkstoffgruppen wie die Keramiken, Gläser oder Polymere dem hauptsächlich metallisch geschulten Konstrukteur wenig bekannt sind. Es wachsen zwar zunehmend auch mit Kunststoffen arbeitende Konstruktionsabteilungen heran, aber deren Mitarbeiter gelten meist entweder als Metall- oder als Kunststoffexperten.

Der Anlass für dieses Lehrbuch über die methodische Werkstoffauswahl war die Erkenntnis, dass dem Konstrukteur nur wenige Hilfsmittel bei seiner Materialsuche über die Werkstoffgruppen hinweg zur Verfügung gestellt werden. Die daraufhin einsetzende Literaturrecherche bestätigte, dass kein ausgewiesenes Buch auf dem deutschsprachigen Markt vorhanden ist, welches die Grundzüge einer methodischen Werkstoffauswahl beschreibt.

Das Buch richtet sich daher an Studierende, insbesondere des zweiten Studienabschnitts (Diplom-, Bachelor- und Masterstudiengänge), denen nach den in der Regel auf die Gestaltung metallischer Bauteile ausgerichteten Konstruktionsvorlesungen und -übungen sowie den Vorlesungen der Werkstoffkunde die Potenziale einer innovativen Werkstoffauswahl nur wenig verdeutlicht wurden. Durch die vorgestellte Methodik wird versucht, die Befangenheit vor „neuen" Werkstoffen abzubauen und den Einstieg in ein breiteres, „konstruktives" Werkstoffwissen zu erleichtern. Insbesondere in den dargestellten Werkstoffschaubildern wird die notwendige Übersichtlichkeit in den Eigenschaftswerten aller Materialgruppen erreicht, sodass die Vorteile von Werkstoffen für den Anwendungsfall schnell erkennbar werden.

Darüber hinaus soll dieses Buch Konstrukteuren – gleichgültig, ob in Hoch- oder Technikerschulen ausgebildet – helfen, eingetretene Pfade bei der Werkstoffsuche zu verlassen, welche aufgrund der beschriebenen Vorliebe zu einer bestimmten Materialgruppe entstanden sind.

Schließlich soll das Lehrbuch auch Kollegen ansprechen, die mir im Grundsatz zustimmen und sich animiert fühlen, Übungen und Vorlesungen zur Materialauswahl aufzubauen.

Zuletzt sei denen gedankt, ohne die dieses Buch nicht zustande gekommen wäre. Ein besonderer Dank gebührt Herrn Prof. Ashby vom Cambridge Engineering Design Centre der University of Cambridge (Großbritannien), der mit seinen englischsprachigen Publikationen die Grundlage für dieses Buch gelegt hat. Nur durch seine Bereitschaft zur Freigabe seiner Werkstoffschaubilder konnte unter der Mithilfe der Firma Granta Design (Großbritannien), einem der führenden Unternehmen für Werkstoffinformationstechnologie, diese grafische, vergleichende Darstellung von Materialkennwerten über die Werkstoffgruppen hinweg angeboten werden. Mein Dank gilt auch weiteren Firmen wie MC-Base (Aachen) und dem VDEh (Düsseldorf), die Abbildungen zur Verfügung gestellt haben.

Dem Fachbuchverlag Leipzig, im Speziellen Frau Christine Fritzsch, sei für die geduldige und vertrauensvolle Zusammenarbeit gedankt und die Möglichkeit, dieses Lehrbuch zu veröffentlichen.

Und da sind noch diejenigen, die mich in der langen Zeit der Manuskripterstellung häufig als Familienvater vermisst haben: Danke Andrea, Bjarne und Sverre – ohne Euch wäre dieses Buch nicht möglich gewesen.

Hannover, im Oktober 2006   Martin Reuter

Vorwort zur 2. Auflage

In dieser zweiten, aktualisierten Auflage werden zum einen die im Buch aufgeführten Informationsquellen des Internets auf den aktuellen Stand gebracht. Zum anderen wurde der Abschnitt 6.3.2 „Vereinfachte Werkstoffauswahl mit Werkstoffschaubildern und Materialindizes" ergänzt, der die Möglichkeiten der vorgestellten Methodik anhand von kleineren Anwendungsbeispielen veranschaulicht. Mein Dank gilt wie bereits in der Erstauflage den im Vorwort benannten Personen, aber darüber hinaus nun den vielen Kommentaren und Hinweisen der Leser und Leserinnen zu den Inhalten dieses Buches.

Hannover, im Mai 2014   Martin Reuter

Hinweise zur Benutzung des Buches

Der Inhalt des Buches richtet sich zunächst in den Kapiteln 2 bis 7 am Ablauf einer methodischen Materialsuche aus. Nach kurzer Einleitung wird in Kapitel 2 zunächst auf die Auslöser einer Materialsuche eingegangen. Die Einstufung der Komplexität der Werkstoffauswahl erfordert für den weiteren Prozess Entscheidungen hinsichtlich der Organisation dieses Projekts. Kapitel 3 zeigt den Gesamtprozess einer methodischen Werkstoffauswahl und die Gemeinsamkeiten mit verwandten Problemlösungszyklen. In Kapitel 4 steht die Ermittlung der Anforderungen an den gesuchten Werkstoff im Mittelpunkt. Der Zusammenhang mit der Fertigung eines Bauteils und mit der Konstruktion (Form, Gestalt, Größe) darf dabei nicht außer Acht gelassen werden. Hilfestellung bei der Beschreibung des gesuchten Materials bieten Schadensanalysen sowie wirtschaftliche und technologische Betrachtungen. Am Ende der sorgfältigen Analyse der Produkt- bzw. Bauteilspezifikationen steht die „Materialanforderungsliste", das wichtigste Dokument des Auswahlprozesses.

Die genaue Festlegung, welche Anforderungen die Materiallösung erfüllen muss, erlaubt es, aus den Eigenschaftsprofilen aller Werkstoffe diejenigen herauszusuchen, die mit dem formulierten Anforderungsprofil übereinstimmen. Kapitel 5 beschreibt diesbezüglich, wie eine Vorauswahl sinnvoll erfolgen sollte, ohne dass innovative Lösungsansätze ausgeschlossen werden. Insbesondere den Werkstoffschaubildern wird hier eine besondere Bedeutung zuteil. Mit den Design- bzw. Materialindizes wird aufgezeigt, wie durch die Zielsetzungen und die Randbedingungen der Konstruktionsaufgabe Eigenschaftswerte miteinander verknüpft sind. Die Suche mit Materialindizes ist der alleinigen Betrachtung von Werkstoffeigenschaften weit überlegen. Als Arbeitsergebnis dieser Vorauswahl wird eine „Liste möglicher Materiallösungen" erstellt, die aus der Menge der Konstruktionswerkstoffe herausgefiltert wurde.

Die Vorgehensweise der Bewertung und Verfeinerung der Materiallösungen findet sich in Kapitel 6. Hier werden sowohl klassische, aus der Konstruktionssystematik übernommene Bewertungsschemata, als auch eine von Ashby für die Materialwahl entwickelte Methodik vorgestellt. Ziel ist die weitere Eingrenzung möglicher Lösungen auf eine geringere Zahl an Kandidaten in einer „Liste der Versuchswerkstoffe". Die Beschreibung des „Cambridge Engineering Selector" (CES) als das umfassendste Werkzeug für die Vorauswahl soll dem Leser die vielfältigen Möglichkeiten dieser Software näher bringen.

Validierungs- und Evaluierungsprozesse für Werkstoffe sind in der Entwicklung sehr aufwendige Arbeitsschritte. Dazu werden in Kapitel 7 bedeutende virtuelle wie „reale" Möglichkeiten aus der Produktentwicklung beispielhaft beschrieben. Ist für Lösungskandidaten nachgewiesen, dass sie alle Erfordernisse der Konstruktionsaufgabe erfüllen (Validierung), wird eine „Entscheidungsvorlage" erstellt und eine Materialentscheidung getroffen.

Die beiden letzten Kapitel 8 und 9 widmen sich Themen, die zu jedem Zeitpunkt des Auswahlprozesses aktuell und notwendig sind. Bei der Informationsbeschaffung (Kapitel 8) wurde versucht, den Studierenden und Konstrukteuren den Zugang zu Werkstoffdaten durch Nennung einer Vielzahl von Quellen, insbesondere aus dem Internet, zu erleichtern. Eine erfolgreiche Materialsuche muss sich der Methoden des Projekt- und Qualitätsmanagements bedienen. Wichtige Werkzeuge mit Beispielen in Bezug auf Werkstofffragen werden in Kapitel 9 erläutert.

Am Ende eines jeden Kapitels stehen Kontrollfragen (bzw. kleinere Übungsaufgaben) für eine selbstständige Erfolgskontrolle des Studierenden. Die Lösungen bzw. Lösungshinweise können unter der Homepage des Autors an der HS Hannover abgerufen werden (http://f2.hs-hannover.de/personen/lehrende/reuter-martin-prof-dr-ing-prof/index.html). Materialauswahlprozesse sind in Konstruktionsprojekte eingebettet. Es wird daher empfohlen, die Methodik der Werkstoffauswahl nicht nur vorlesend, sondern in Zusammenhang mit Konstruktionsübungen praxisnah zu vermitteln. Eine solche Vorgehensweise stimmt zuversichtlich, dass der Brückenschlag zwischen den konstruktiven und den werkstoffkundlichen Fächern erfolgen kann. Des Weiteren kommt sie der Forderung der Bachelorstudiengänge nach, Lehrinhalte selbstständig an praktischen Beispielen zu erlernen. Dieses Buch stellt die Grundlage für eine zielorientierte Projektarbeit zur Verfügung.

Inhaltsverzeichnis

1 Einleitung

Auf den Konstrukteur von heute strömt eine Unmenge an Informationen über neue Werkstoffe ein. Fachzeitschriften spezieller sowie allgemeiner Natur weisen dabei stets auf neue Eigenschaftsmerkmale hin, die für den einen oder anderen Fall Alternativen zu bisher eingesetzten Werkstoffen bieten oder sogar echte Werkstoffinnovationen mit erheblicher Marktattraktivität bedeuten können. Vornehmlich die Kombination von Werkstoffgruppen in Materialverbunden, die Entdeckung der Keramiken als Konstruktionswerkstoffe sowie die Kunststoffe mit einem schier unerschöpflichen Potenzial an Entwicklungsmöglichkeiten erlauben in strukturmechanischen Aufgabenstellungen und auf speziellen Anwendungsgebieten technische Produktfortschritte und Markt öffnende Kostenvorteile. Das nachfolgende Bild verdeutlicht diese Entwicklung nach dem Zweiten Weltkrieg und zeigt auch die Potenziale der „neuen" Konstruktionswerkstoffe in der Zukunft auf.

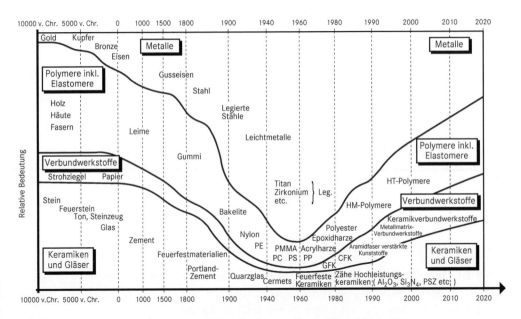

Abb. 1-1: Werkstoffentwicklungen und ihre Bedeutung in der Geschichte /1/

Man schätzt, dass dem Konstrukteur derzeit eine Auswahl von ca. 40.000 metallischen und 40.000 nichtmetallischen Werkstoffen zur Verfügung steht. Darüber hinaus können diese Konstruktionswerkstoffe mit neuen Herstellverfahren bzw. neuen Möglichkeiten bisheriger Fertigungsverfahren, insbesondere Oberflächenbehandlungen, kombiniert werden. Durch neuartige Oberflächen werden die Eigenschaften der Grundmaterialien anforderungsspezifisch nachhaltig verändert.

In dieser Informationsfülle fällt es den traditionell gestalterischen und weniger materialspezifisch geschulten Konstrukteuren schwer, einen Werkstoff für die ihm gestellte Konstruktionsaufgabe auszuwählen. In den meisten Konstruktionsabteilungen werden daher Werkstoffe nur verändert, wenn maßgebliche Gründe dafür vorhanden sind. Ein neuer Werkstoff ist mit einem erhöhten Risiko verbunden, nicht nur für das Produkt, sondern auch für den Konstrukteur selbst. Dieses Risiko wird nicht selten gescheut. Traditionell wird ein Werkstoff gewählt, der bereits in Vorgängerprodukten seine Tauglichkeit bewiesen hat oder der vom Hersteller als Weiterentwicklung des Bestehenden angepriesen wird. Eine Werkstofffamilie oder gar eine Werkstoffgruppe wird nicht verlassen.

Dieses Buch wendet sich an die Studierenden von Hochschulen, Technikerschulen sowie an Ingenieure in Konstruktionsabteilungen, die in die Methodik des Projektwesens und der Konstruktionssystematik zwar früh eingeführt und geschult werden, in der Regel jedoch nicht den darin gleichwohl vorgezeichneten Weg einer systematischen Materialauswahl realisieren. Die Herangehensweise beim Lösen von Konstruktionsaufgaben ist in hohem Maße auf die Auswahl von Konstruktionswerkstoffen übertragbar. Für den bereits im Arbeitsleben stehenden „Praktiker" sei ausdrücklich betont, dass Abläufe – und damit auch die in diesem Buch beschriebenen – in der Praxis verkürzt oder auch völlig eliminiert werden können. Dies sollte jedoch erst dann erfolgen, wenn das Grundverständnis für die Methode erworben ist.

Dieses Buch verfolgt außerhalb der methodischen Beschreibung der Werkstoffauswahl ein weiteres Ziel: Nach den akademischen und beruflichen Erfahrungen des Autors wird in der ingenieurwissenschaftlichen Ausbildung meist der gestalterische Lösungsweg in den Mittelpunkt gerückt. Die Lösung auf der Werkstoffseite zu suchen, wird vielfach nur andiskutiert, sodass die in den werkstoffkundlichen Fächern vermittelten, nutzbaren Eigenschaften der Materialien selten in konstruktive Lösungen umgesetzt werden. Der Zusammenhang zwischen Gestaltung, Material und Fertigung beschränkt sich auf die bewährten Erfahrungen in den Konstruktionsabteilungen. Dies führt in der Praxis zu einer häufig zu beobachtenden Gruppierung in Kunststoff- und Metalldesigner. Eine weitere Differenzierung erfolgt aufgrund der immer stärkeren Bedeutung in Keramik- und Verbundwerkstoffspezialisten.

Über die vorgestellten Methoden der Werkstoffauswahl sowie die Kenntnis, wie technische, technologische und wirtschaftliche Werkstoffdaten zu ermitteln und zu nutzen sind, möchte der Autor versuchen, das Bewusstsein des (zukünftigen) Konstrukteurs bereits in der Ausbildung auch auf werkstoffliche Lösungsansätze zu lenken und die Scheu vor dem Einsatz eines neuen Werkstoffs zu mindern.

Aufgrund fehlender Methodik sowie mangelnden Materialfachwissens scheuen es die Designer, ein umfangreiches Teilprojekt einer Werkstoffwahl zu beginnen sowie „neue" Werkstoffe zu entdecken. Diese Situation ist angesichts der Chancen, die ein neuer Werkstoff bieten kann, nicht hinnehmbar. Der beschriebene Weg für eine methodische und systematische Werkstoffauswahl soll den Leser ermutigen, diesen Schritt zu wagen und innovative Lösungen für sein Produkt zu finden.

Ein dritter Aspekt der Werkstoffauswahl widmet sich dem Umgang mit einem Materialauswahlprozess. Ein umfangreiches Konstruktionsprojekt kann heute nur wirtschaftlich durchgeführt werden, wenn es im Rahmen des Simultaneous Engineering über ein Projekt- und Qualitätsmanagement den Erfolg der Produktentwicklung sichert. Gleiches gilt für eine komplexere Werkstoffsuche. Wie Produktentwicklungswerkzeuge im Bereich des Materialauswahlprozesses genutzt werden können, wird in Kapitel 9 anhand von Beispielen vorgestellt und erläutert.

Bevor eine Prozessbeschreibung für eine Materialwahl erfolgt, soll zunächst der Frage nachgegangen werden, wieso Werkstoffe bzw. eine Werkstoffwahl überhaupt zur Diskussion stehen. Die Motivation für die Suche nach einem anderen, gegebenenfalls völlig neuen Material ist dabei situativ völlig verschieden und führt im Hinblick auf die Initiierung des Auswahlprozesses und dessen Gestaltung zu unterschiedlichen Verfahrensweisen.

2 Allgemeine Aspekte der Werkstoffauswahl

2.1 Warum neue oder geänderte Werkstoffe?

Der Anlass, einen neuen Werkstoff einzusetzen oder ein verwendetes Material in einem Produkt zu ändern, hat Ursachen, die in der Hauptsache auf den folgenden Sachverhalten beruhen:

- Die *Marktgesetze* erfordern z. B. die technische Verbesserung eines Produkts oder eine Herstellkostenreduzierung, um im Wettbewerb von Angebot und Nachfrage mitzuhalten.
- Neue Produkte werden konstruiert, um *neue Märkte* oder *Kundenwünsche* zu befriedigen.
- *Qualitätsprobleme* an bestehenden Produkten zwingen zu Produktänderungen.
- *Normen, Vorschriften, gesetzliche Auflagen* (oder auch ein sich änderndes Umweltverständnis) erfordern den Einsatz neuer Werkstoffe.
- Das Unternehmen entschließt sich aus wirtschaftlichen Gründen zu einer *Standardisierung* der eingesetzten Materialien.

Darüber hinausgehend lassen sich sicherlich weitere Initialfaktoren für eine Materialsuche finden. Im Folgenden sollen jedoch diese Hauptursachen näher diskutiert und an Beispielen erläutert werden.

2.1.1 Gesetze des Marktes

Eine der wesentlichen Motivationen, einen neuen Werkstoff einzusetzen, wird von dem *Gesetz des Marktes* „Angebot und Nachfrage" bestimmt. Die konsequente Verbesserung eines Produkts dient der Erhaltung der Wettbewerbsfähigkeit und der Sicherung des Gewinns. Dies gilt sowohl für die Planung von neuen verbesserten Produkten als auch für jeden späteren Zeitpunkt eines Produktlebenszyklus.

Zwei Aspekte sind im Hinblick auf diese Wettbewerbsfähigkeit des Produkts zu beachten:

- die Erhöhung des technischen Gebrauchswerts (technische Performance) und
- die Reduzierung der Produktkosten (wirtschaftliche Performance).

Der *Gebrauchswert* eines Produkts bezeichnet in der klassischen Ökonomie den konkreten Nutzen, den eine Ware für ihren Besitzer hat. Er spielt jedoch keine Rolle bei der Preisbildung. Dem gegenüber steht der *Tauschwert* (und damit ein entsprechender Preis), den man für ein Produkt erzielen kann. Dies sei an einem Beispiel erläutert:

Der Gebrauchswert und damit der Nutzen einer Armbanduhr ist für ihren Benutzer in den unterschiedlichsten Ausführungen gleich zu bewerten: ihr Ablesen informiert über die Zeit (gegebenenfalls noch über Datum und Mondphase). Dennoch variiert ihr Tauschwert. So werden mechanische Uhren, für die der Gebrauchsvorteil gegenüber elektrisch angetriebenen Quarz-Uhren nicht erkennbar ist, zu Preisen angeboten, die schwindelerregende Höhen erreichen können. Der immaterielle Wert dieser Uhren definiert den subjektiven Tauschwert und damit den Marktpreis des Produkts.

Als Tauschwert muss ein Unternehmen in jedem Fall einen Preis erzielen, um seine Kosten zu decken; dies steht im Mittelpunkt der Wirtschaftlichkeit eines Produkts. Die *Produktkosten* sollten daher in jedem Fall unterhalb des erzielbaren Preises liegen. Die Stellgrößen „Gebrauchswert" und „Produktkosten" lassen sich je nach Art des Erzeugnisses zunächst unabhängig voneinander betrachten. Wird der Gebrauchswert eines Produktes vom potenziellen Käufer erkannt, so wird der Preis durch Angebot und Nachfrage festgelegt.

Hinsichtlich der eingesetzten Werkstoffe ist der Einfluss des Materialkostenanteils auf die Produktkosten und damit die Angebot-und-Nachfrage-Regulierung ausschlaggebend.

Art der Fertigung

Materialkosten haben für *Einzel-, Kleinserien-, Großserien- und Massenfertigung* stark unterschiedliche Auswirkungen. Produkte der Einzel- und Kleinserienfertigung verkaufen sich in der Regel über den technischen Gebrauchswert (z. B. Produktions- und Werkzeugmaschinen). Der Käufer erkennt den hohen Nutzen des Produkts für seine Belange, sodass der Hersteller über eine entsprechende Preisgestaltung die notwendigen Gewinne bzw. Umsatzsteigerungen erzielen kann. Dies trifft beispielsweise auf die Hersteller von Produktionsmaschinen zu, deren Produkte eine hohe Zuverlässigkeit und somit geringe Stillstandszeiten in der Produktion versprechen. Diese Gebrauchswertorientierung des Kunden hat zur Folge, dass der Materialkostenanteil bei der Konstruktion einer Produktionsmaschine eine untergeordnetere Rolle spielt. Bewirkt die Veränderung von Materialien einen gesteigerten Nutzwert (z. B. eine verbesserte Zuverlässigkeit oder eine Verringerung von Fertigungszeiten), so besteht beim Hersteller meist eine große Bereitschaft, signifikante Materialänderungen durchzuführen und beim Kunden ein gesteigertes Interesse am verbesserten Nutzen hervorzurufen.

Bei großen Stückzahlen sind hingegen die Materialkosten als ein wesentliches Instrument der Gewinn- und Umsatzsteuerung anzusehen. Für Massen- oder Großserienprodukte machen sie meist den größten Teil der Herstellkosten aus. Für die Herstellung von Töpfen, Bestecken, Maulschlüsseln, Batterien und den meisten Kunststoffprodukten wie Aufbewahrungsbehälter liegen die aufzuwendenden Kosten deutlich unterhalb des Materialaufwands. Diese Produkte sind nicht nur materialsparend zu konstruieren; es stellt sich die Aufgabe, das „wirtschaftlichste" Material zu finden, welches noch einen ausreichend wettbewerbsfähigen Gebrauchswert des Produkts erbringt. Die Wirtschaftlichkeit wird nicht alleine vom eingesetzten Gewicht, sondern auch von seiner Verarbeitbarkeit, seiner „Prüfbarkeit" u. a. bestimmt. So führen kleine Materialänderungen bei diesen Produkten, die die Wirtschaftlichkeit z. B. nur durch eine günstigere Verarbeitbarkeit des Materials (geringere Fertigungskosten) verbessern, zu beträchtlichen Auswirkungen auf den Gewinn.

Zusammenfassend ist es das Ziel der Materialänderung oder der Werkstoffneuwahl, im Hinblick auf die Gesetze des Marktes ein wirtschaftlich erfolgreiches Produkt am Markt zu platzieren oder den Erfolg im Markt zu sichern. Der Gebrauchswert sowie die Produktkosten sind Stellgrößen, die über die Materialauswahl mit entscheiden. Je nach Produktart (Unikat, Kleinserien-, Großserien oder Massenprodukt) hat der Anteil der Materialkosten an den Herstellkosten ein unterschiedliches Gewicht bei der Werkstoffentscheidung.

2.1.2   Neue Produkte

Sicherlich unterliegen *neue Produkte* ebenfalls den bereits diskutierten Gesetzen des Marktes. Sie nehmen aber im Falle der Werkstoffwahl eine Sonderstellung ein. Für neue Produkte sind meist „neue" Werkstoffe zu suchen. In der Regel stellt ein neues Produkt keine Neuerfindung dar, sondern die Weiterentwicklung bestehender Erzeugnisse des Unternehmens. Die Motivation, andere Werkstoffe als bisher einzusetzen, ist vielfältig. Eine maßgebende Rolle spielt die *Produktstrategie*: Die Materialentscheidungen sind von der gewünschten Marktposition (Produkt als Nischenprodukt, als markt- oder technologieführendes Produkt) abhängig. Die bereits ausgeführten Regeln des Marktes sind entsprechend zu beachten.

Da bei neuen Erzeugnissen ohnehin ein Produktentwicklungsprozess eingeleitet werden muss, fallen die Vorbehalte für einen zusätzlichen Teilprozess der Werkstoffwahl deutlich geringer aus. Neue Produkte sind vor der Markteinführung zu testen – mit oder ohne neue Materialien!

Bei der Entwicklung von *Produktvarianten* entstehen ebenfalls neue Erzeugnisse. Die Möglichkeiten, die Werkstoffe aus kleineren oder größeren Produkttypen einfach zu übernehmen, stoßen dabei nicht selten an Grenzen. Ein Beispiel soll dies verdeutlichen:
Beim Bau von Zahnradgetrieben erhalten bei kleineren Abmessungen die Flanken der Zahnräder durch Flammhärten oder einfache Wärmebehandlungsverfahren die notwendige Verschleißfestigkeit. Steigt die Getriebegröße und folglich die Zahnradgröße an, so sind diese Härteverfahren nicht mehr wirtschaftlich. Die daraus resultierenden Formabweichungen wären zu groß. Nitrierhärten führt zu geringerem Härteverzug, hat aber unausweichlich eine Werkstoffänderung, den Einsatz von Nitrierstählen, zur Folge.

Für neue Produkte finden fast unausweichlich Materialauswahlprozesse statt. Eine innovative Werkstoffauswahl kann dazu beitragen, neue Märkte zu erschließen. Bei Neukonstruktionen ist daher stets zu prüfen, inwieweit eine systematische Werkstoffauswahl für die Bauteile eines Produkts sinnvoll erscheint, deren Eigenschaften den Gebrauchswert bzw. wesentliche Funktionen sichern.

2.1.3 Qualitätsprobleme

Der berufserfahrene Konstrukteur wird heute zwangsläufig mit den Methoden der modernen Qualitätssicherung konfrontiert. Die *Qualitätsmanagementsysteme* vieler Unternehmen sind nach DIN EN ISO 9000 ff. zertifiziert. Dem Studierenden sei an dieser Stelle bereits angekündigt, dass *Produktfehler* je nach ihrer Bedeutung gewaltige Unternehmensanstrengungen zur Folge haben können. Der Ausfall von Erzeugnissen bei Produkten im Markt wiegt äußerst schwer und führt zu Umsatzrückgängen, Gewinneinbußen und einem möglicherweise langfristig anhaltenden Imageverlust. Dieses Versagen bereits im Markt platzierter Produkte ist sicherlich der „worst case" (schlechteste Fall). Darüber hinaus deckt die Qualitätssicherung (aber auch andere Abteilungen) Mängel im Herstellprozess, bei den Prüfverfahren, bei der Auslieferung (z. B. Einfluss von Verpackungen auf das Produkt) usw. auf. An der Verbesserung der Qualität von Produkten werden alle Mitarbeiter beteiligt. *Ohne ausreichende Qualität kann letztlich ein Produkt im Markt nicht erfolgreich bestehen.*

Worauf können *Qualitätsprobleme* eines Produkts beruhen? Für den Ausfall eines Bauteils oder für Qualitätsmängel lassen sich unterschiedlichste Ursachen benennen:

- *Konstruktive Mängel* z. B. aufgrund fehlerhafter Analyse der Einsatzbedingungen oder aufgrund von Berechnungsfehlern,
- *Überlast oder anderweitige Überbeanspruchung* gegenüber einem festgeschriebenen Anforderungsprofil (äußere Bedingungen, Betriebstemperatur etc.),
- *Fehlerhafte Reparatur oder Wartung,*
- *Falsche Verwendung* (Missbrauch),
- *Fehlerhafte Bearbeitung* (Fertigung),
- *Fehlerhafte Materialwahl.*

Bei dieser Aufzählung wird bereits deutlich, dass das Versagen eines Erzeugnisses in aller Regel nicht vorrangig auf das Material zurückzuführen ist. Für alle aufgeführten Ursachen muss es aber als möglicherweise mitverantwortlich eingestuft werden. Nur eine genaue Analyse der *Schadensfälle* zeigt auf, ob tatsächlich das eingesetzte Material das Versagen ausgelöst hat oder ob andere Gründe (beispielsweise eine fehlerhafte Prozesseinstellung bei der Herstellung) Ursache des Schadens sind. Dessen ungeachtet kann eine Werkstoffänderung stets zur Vermeidung eines Produktversagens beitragen.

Der auf den Beteiligten lastende Druck, eine Lösung für den Produktfehler zu finden, ist bei Qualitätsproblemen häufig extrem hoch. Dem Kunden muss schnellstmöglich eine Lösung angeboten werden. Lässt sich der Produktfehler durch einen veränderten oder neuen Werkstoff lösen, werden die dafür notwendigen Qualifizierungsprozesse für eine Freigabe unter Aufbietung aller Kräfte vorangetrieben. Bei laufender Produktion wird diese Problematik organisatorisch in einem kurzfristig zusammengestellten Expertenteam („Task Force") gelöst.

> Zusammenfassend bleibt auch aus der Praxis heraus festzustellen, dass im Falle von Qualitätsproblemen das Materialverhalten immer in die Schadensanalyse miteinbezogen wird. Qualitätsprobleme sind häufig Triebfeder einer Materialneuwahl für Bauteile bereits im Markt befindlicher Produkte.

2.1.4   Normen, Vorschriften, Bestimmungen

Viele Produkte unterliegen *Normen, Vorschriften* oder anderen *Bestimmungen*, die den Stand der Technik wiedergeben und deren Einhaltung gesetzlich vorgeschrieben ist. Sie können Gestaltungsregeln für ein Erzeugnis, dessen Abnahme, die Verfahrensweise bei seiner Entwicklung oder auch die Verwendung von Werkstoffen beinhalten. Materialspezifische Änderungen z. B. aufgrund neuer Erkenntnisse über das Materialverhalten sind vom Hersteller in der Regel unter Einhaltung einer Übergangsfrist zu übernehmen. Beispiele sind das seit 2001 geltende Verbot der Verwendung von Quecksilber in Batterien oder das seit 1993 gemäß §15 der Gefahrstoffverwendung bestehende Herstellungs- und Verwendungsverbot von Asbest.

Es sei an dieser Stelle erwähnt, dass nicht nur gesetzliche Auflagen einen Hersteller vom Einsatz „gefährdender" Materialien abhalten. Es ist zu beobachten, dass heute immer stärker auch das ökologische Renommee eines Herstellers sowie ein gestiegenes Bewusstsein für Gesundheitsgefährdungen im Kaufverhalten Beachtung finden. Im Konsumgüterbereich treten andere Marketingeinflüsse (z. B. Erscheinungsform eines Werkstoffs, gesellschaftliche Wertvorstellung von einem Material) in den Vordergrund. Trotz fehlender Muss-Kriterien kann dies zu einer innerbetrieblich veränderten Haltung gegenüber Werkstoffen und damit zu einer Korrektur der Außenwirkung eines Unternehmens führen.

Normen

Nationale und internationale Normen werden für unterschiedliche Geltungsbereiche (Deutschland, Europa, weltweit) von *Normungsinstituten* (z. B. DIN, CEN, ISO) herausgegeben. Darüber hinaus existieren überbetriebliche Vorschriften und Richtlinien, die von *Interessen- und Berufsverbänden, Vereinen, Arbeitsgemeinschaften* usw. erstellt werden und als *Stand der Technik* die Vorgehensweise sowie die Ausführung bei der Konstruktion spezieller Produkte beschreiben (z. B. Richtlinien des VDI, Vorschriften des TÜV, Merkblätter der Arbeitsgemeinschaft Druckbehälter). Auch die gesetzlich vorgeschriebene CE-Zertifizierung nimmt Einfluss auf die Materialwahl.

Weiterhin schreibt die Gesetzgebung heute Produktmerkmale vor, die sich erheblich auf die Werkstoffwahl auswirken. Dazu gehören z. B. die Wiederverwertbarkeit oder die Recycelbarkeit der verwendeten Materialien (z. B. Altölverordnung, europäische Altautorichtlinie). Für den Fall der Neuregelung von Vorschriften sind die Werkstoffe unter Berücksichtigung von Übergangsfristen zu ändern (z. B. Quecksilberbatterien, Asbest).

Eine Verbindlichkeit in Bezug auf die Einhaltung von Normen gibt es juristisch selten; werden sie jedoch nicht eingehalten, so ist im Falle eines Rechtsstreits der dann schwierige Nachweis zu führen, dass nach dem Stand der Technik konstruiert wurde.

Gesetzliche bzw. gesetzesähnliche Bestimmungen und ihre Veränderungen können Materialänderungen initiieren bzw. bei Neukonstruktionen Einschränkungen bei der Werkstoffauswahl bedingen. Darüber hinaus können im Markt vorhandene Wertvorstellungen zum Einsatz anderer Materialien führen.

2.1.5 Standardisierung

Jeder Werkstoff bedeutet für ein Unternehmen einen logistischen Aufwand. Von seinem Einkauf über seine Bereitstellung für die Produktion bis hin zu seiner Entsorgung am Ende des Produktlebens generieren die damit verbundenen Prozesse Kosten, die vielfach nur schwer zu erfassen sind. Je mehr Materialien ein Unternehmen einsetzt, umso teurer wird dies für das Unternehmen.

Generell führt eine hohe Komplexität von Produkten und Produktvarianten zu einer Erhöhung der Herstellkosten. Ein Unternehmen ist daher bestrebt, nicht nur die Gestaltung der Bauteile, sondern auch alle seine Merkmale zu standardisieren. Dies erstreckt sich nicht nur auf das Merkmal „Werkstoff"; die *Standardisierung* umfasst beispielsweise die Prozesse in den Bereichen Fertigung, Qualitätsprüfung, Vertrieb etc. Es ist nicht sinnvoll, für unterschiedliche Produktvarianten Bauteile gleichen Materials unterschiedlich zu fertigen oder zu prüfen.

Bei der *Lagerhaltung* von Werkstoffen besteht das Ziel, nicht nur eine möglichst kleine Lagermenge vorzuhalten, sondern insbesondere die Zahl der Werkstoffsorten auf ein produktspezifisch kleinstes Maß zu reduzieren. Produktvarianten soweit als möglich mit gleichen Materialien auszustatten, ist in vielfacher Weise vorteilhaft. Die Aufwandskosten sinken aufgrund der verbesserten Verfügbarkeit des Materials im Betrieb, der optimierten Ersatzteilhaltung, der erzielbaren Mengenrabatte im Einkauf u. v. m. Diese zahlenmäßige Beschränkung wird in den Werkstofflisten (bzw. Lagerlisten) von Unternehmen (für Betriebsstoffe, Halbzeuge, Werkstoffe) deutlich; darüber hinaus können innerbetriebliche Werksnormen den Einsatz der Materialien bauteilspezifisch festschreiben.

Standardisierung von Produkten schließt die Reduzierung der Werkstoffsorten auf ein Mindestmaß ein. Die heutigen Anstrengungen der Komplexitätsreduzierung in den Produktpaletten führen unausweichlich auch zu Werkstoffänderungen an bestehenden Produkten und damit zu Vorgaben bei ihrer Neukonstruktion.

2.1.6 Weitere Motive für Werkstoffänderungen

Außerhalb der bisher aufgeführten stark technisch und wirtschaftlich geprägten Beweggründe können weitere, insbesondere marketingpolitische Gesichtspunkte für die Initiierung eines Werkstoffauswahlprozesses maßgebend werden. Teilweise wurden diese in den vorangegangenen Abschnitten bereits angesprochen. Hierzu können u. a. zählen:

- *Ästhetische Anforderungen* der Märkte (z. B. Bedeutung von Farben in unterschiedlichen Kulturkreisen: Rot als Farbe des Glücks und Reichtums in China, in Japan als Farbe der Frauen),
- Veränderte *soziale Verantwortung gegenüber der Umwelt* (z. B. durch angestrebte Umweltzertifizierung nach ISO 14001),
- Veränderung des *Produktportfolios* bzw. der *Geschäftsstrategie* (z. B. angestrebte Technologieführerschaft),

- Beachtung neuer *Produkttrends,*
- Veränderte (meist rationellere) *Produktionsverfahren* oder *Prüfverfahren,*
- Die Übernahme vorhandener *Konstruktionsweisen* (z. B. durch werksinterne Normung von Standardlösungen) oder durch Firmenfusionen,
- Erhöhung von *Rohstoffpreisen* etc.

Inwieweit die in Abschnitt 2.1 diskutierten Faktoren tatsächlich zu einer Neuwahl oder Änderung von Materialien führen, ist situationsabhängig. Bestimmte Gegebenheiten wie die Änderung von gesetzlichen Vorschriften führen zwangsläufig zu Werkstoffänderungen. Auch materialbedingte Qualitätsprobleme lassen als Entscheidung keine Alternative zur neuen Materialwahl zu. In anderen Fällen ist die Initiierung eines Werkstoffauswahlprozesses eine von vielen Alternativen: Konstruktive Änderungen eines Erzeugnisses aufgrund der Verfolgung einer neuen Produktstrategie oder aufgrund der Verbesserung der Nachfrage können auch über gestalterische Ansätze ohne Materialwechsel befriedigt werden.

Die Situationen erfordern auch unterschiedliche Handlungsweisen: Wird eine Werkstoffänderung aus Qualitätsproblemen heraus notwendig, sind die Maßnahmen, die eine Lösung erbringen, kurzfristig umzusetzen. Dagegen ist bei der Konstruktion neuer Produkte oder bei Änderungen von gesetzlichen Bestimmungen (Übergangsfristen!) in der Regel eine ruhigere, langfristigere Planung des Entwicklungsprozesses und von Ressourcen möglich.

Die Entscheidung, ein neues Material einzusetzen, setzt keinen einheitlichen, standardisierten Ablauf bei der Materialsuche in Gang; er ordnet sich in die Gesamtentwicklung des Erzeugnisses ein. *Je nach Bekanntheitsgrad des Werkstoffs und je nach Produkt hat die Entscheidung für einen Werkstoff eine unterschiedliche Tragweite in der Organisation des Entwicklungsprozesses.* Es ist daher von großer Bedeutung, dass dem Entscheider die Tragweite eines Entschlusses auf den weiteren Verlauf bekannt ist. So ist bei dem Entschluss, von einem Stahl auf einen anderen zu wechseln, von deutlich geringerem Arbeitsaufwand auszugehen als beim Wechsel auf einen keramischen Werkstoff. Letzteres hat eine Neugestaltung des Bauteils, neue Herstellverfahren und ein materialspezifisch unterschiedliches Produktverhalten zur Folge, was die Zahl an Aktivitäten drastisch erhöht.

Im folgenden Abschnitt sollen daher Entscheidungen in ihrer Tragweite differenziert betrachtet und die wesentlich damit verbundenen Einflussfaktoren erläutert werden.

2.2 Komplexität von Werkstoffauswahlprozessen

Die *Komplexität eines Werkstoffauswahlprozesses* wird am einfachsten deutlich, wenn die *wirtschaftlichen, technischen und technologischen Risiken* für das Produkt in Betracht gezogen werden. Je mehr Produktfragen diesbezüglich bei der Entwicklung auftreten, umso größer wird der zur Beantwortung dieser Fragen notwendige Einsatz an Ressourcen, Zeit und Kosten und umso höher ist die Komplexität des Materialauswahlprozesses einzuschätzen.

Das entstehende Risiko wird sowohl vom gewählten Material als auch von anderen Produktmerkmalen bestimmt.

1	Ein Werkstoff ist völlig neu und entstammt den Laboren der Materialhersteller.	
2	Ein Werkstoff wurde in der Branche für diese Anwendung noch nicht verwendet.	
3	Ein Werkstoff wurde in der Branche für diese Anwendung bereits verwendet, ist aber für das Unternehmen neu.	
4	Ein Werkstoff wurde in der Branche für diese Anwendung bereits verwendet, ist dem Unternehmen bekannt, wurde aber für das neue Produkt noch nicht eingesetzt.	
5	Ein Werkstoff ist dem Unternehmen bereits in vergleichbaren Produkten bekannt und wird nun auch für das neue Produkt eingesetzt.	

Produktrisiken · Bekanntheitsgrad

▦ Werkstoffneueinführung ⬚ Werkstoffsubstitution ☐ Werkstoffalternative

Abb. 2-1: Einstufungen des Bekanntheitsgrads von Materialien (nach /2/)

2.2.1 Bekanntheitsgrad eines Materials

Die erste Frage gilt dem
• *Bekanntheitsgrad* (bzw. gegenteilig dem Neuheitsgrad) /2/
des gewählten Werkstoffs. Zur Unterscheidung sind die Klassifizierungen des Bekanntheitsgrads nach *Abb. 2-1* hilfreich. Es wird unterschieden, ob ein Material
• völlig neu auf dem Markt ist (*Werkstoffneueinführung*),
• der Branche, dem Unternehmen bekannt, aber für das neue Produkt unbekannt (*Werkstoffsubstitution*), oder
• bereits in vergleichbaren Produkten des Unternehmens eingesetzt wurde (*Werkstoffalternative*).

Die Einstufungen eines Materials können verständlicherweise erst erfolgen, nachdem ein Vorauswahlprozess stattgefunden hat. Die *Komplexität* wird daher erst zu einem späteren Zeitpunkt des Produktentwicklungsprozesses erkannt; entsprechend der Komplexität sind die nachfolgenden Prozessschritte zu gestalten.

Der *Bekanntheitsgrad* lässt somit vier Entscheidungssituationen zu:
1. *Werkstoffneueinführung*:
    Ein völlig neuer Werkstoff erfordert, dass eine Vielzahl von Informationen über das Material einzuholen ist und der Werkstoff ausgiebig getestet werden muss, um die Risiken für das Produkt möglichst gering zu halten. Dies bedeutet auch, die Organisation des Prozesses entsprechend der hohen Risiken und entsprechend der Situation des völlig Neuen einzurichten (*siehe Abschnitt 9.1.1*).

2. *Werkstoffsubstitution*:
    Diese Entscheidung ersetzt einen bestehenden Werkstoff durch einen für dieses Produkt bisher noch nicht verwendeten und für das Unternehmen noch „unbekannten" Werkstoff. Damit sind die Folgen und Risiken für das Erzeugnis schwe-

rer abschätzbar. Auch hier muss die Prozessgestaltung diesen erhöhten Risiken Rechnung tragen.

3. *Werkstoffalternative*:
Dieser Entschluss birgt für den Entwickler die geringsten Risiken und setzt voraus, dass alle relevanten Informationen über den Werkstoff im Unternehmen vorhanden sind. Bei einem gut entwickelten Know-how-Management lassen sich diese im günstigsten Fall über firmeneigene Informationssysteme abrufen.

4. *Beibehaltung des bisherigen Werkstoffs*:
Eine Veränderung des Werkstoffs findet gegenüber einem Vorgängerprodukt (oder einem Wettbewerbsprodukt) nicht statt. Die Situationsanalyse im Produktentstehungs- oder -änderungsprozess ergibt, dass eine Materialneueinführung oder -änderung nicht sinnvoll ist. Meist spielen die entstehenden Risiken oder Zeit- und Ressourcenengpässe eine entscheidende Rolle für diesen materialseitig jedoch nicht innovativen Schritt.

Komplexe (vielschichtige Produktanforderungen betreffende) Materialauswahlprozesse finden bezüglich der Materialfrage somit bei Werkstoffneueinführungen statt; die Entscheidung mit der geringsten Tragweite ist die Werkstoffalternative. Dies sei näher erläutert:

Bei einer Entscheidung für eine *Werkstoffalternative* liegt eine Fülle von Informationen über das Material bereits vor. Aufgrund seines Bekanntheitsgrades können u. a. die Zuverlässigkeit im Betrieb abgeschätzt, die Herstellkosten evaluiert, ein Recycling geplant werden. Damit sinkt das unternehmerische Risiko; *ein unerwartetes Werkstoffverhalten beim Einsatz des Produkts ist weitestgehend auszuschließen*. Die Entwicklungszeiten und -kosten bleiben in einem für das Unternehmen alltäglichen (projektüblichen) Rahmen.

Ersetzt der Konstrukteur bei der *Werkstoffsubstitution* ein für diese Funktion bisher verwendetes Material durch einen für das Unternehmen „neuen", für den Markt aber gebräuchlichen Werkstoff, so stehen ihm viele Möglichkeiten der Informationsbeschaffung zur Verfügung. Vielfach wird der Werkstoff auch in branchenähnlichen Anwendungen eingesetzt, und die Materiallieferanten verfügen im Hinblick auf die Zuverlässigkeit des Materials über ein entsprechendes Know-how. Die Risiken liegen damit zwar höher als bei der Werkstoffalternative, lassen sich aber mit vertretbarem Zeit- und Kostenaufwand weiter reduzieren.

Der hohe Neuheitsgrad und somit geringste Bekanntheitsgrad eines neu entwickelten Werkstoffs („*Werkstoffneueinführung*") ist mit einem Höchstmaß an *Risikopotenzial* verbunden. Notwendige Materialinformationen für die Produktentwicklung fehlen. Daher ist es erforderlich, sich nach einer gründlichen Datenrecherche die für das Erzeugnis darüber hinaus wesentlichen Informationen in zeit- und kostenraubenden Versuchen oder Simulationen zu erarbeiten. Häufig helfen die Materialhersteller mit, um dem neuen Werkstoff den Markteinstieg zu ermöglichen. Es bleibt jedoch stets ein Restrisiko, da das Betriebsverhalten des Werkstoffs nicht vollständig beim Testen von Prototypen abgebildet wird. Eine kostenintensive, aber auch informationsintensive Möglichkeit der Minimierung des Restrisikos besteht in der Durchführung von Feldtests. Dadurch wird aber eine spätere Markteinführung des Produkts in Kauf genommen. Die Entscheidung für eine Werkstoffneueinführung ist bei Neukonstruktionen oder im Falle gravierender Beweggründe (*siehe Abschnitt 2.1.1*) anzutreffen.

Die Vorteile einer *Werkstoffinnovation* sind aufgrund dieser Risiken genau zu analysieren. Auf der einen Seite können durch innovative Werkstofflösungen Marktanteile gewonnen oder gesichert und somit Gewinnmargen erhöht werden. Dies geschieht beispielsweise durch den Erwerb eines marktbeherrschenden, technischen Vorsprungs. Andererseits sind wirtschaftliche Fehlschläge über den gesamten Produktlebenszyklus (wie hohe Kosten im Servicebereich) einzukalkulieren.

Der *Risikominimierung* beim Einsatz neuer Werkstoffe gilt daher höchste Priorität. Sie ist eines der Hauptziele des modernen *Projekt- und Qualitätsmanagements*.

Hat der Ingenieur die Tragweite seiner Entscheidung für eine Werkstoffneueinführung, -substitution oder -alternative anhand des Bekanntheitsgrads und des damit verbundenen Risikos eingeschätzt, müssen für den weiteren Verlauf insbesondere die für eine erfolgreiche Produktentwicklung nötigen Qualitäts- und Projektmanagementwerkzeuge ausgewählt werden (*siehe Kapitel 9*). Insbesondere die korrekte Wahl der *Projektorganisation* (*siehe Abschnitt 9.1.1*) ist der Garant einer koordinierten, erfolgreichen Entwicklungstätigkeit. Der Prozess oder Teilprozess „Werkstoffwahl" ist in dieser Hinsicht in gleicher Weise zu behandeln wie andere Produktentwicklungsprozesse.

Die erste Frage nach einer Vorauswahl von Werkstofflösungen gilt deren Bekanntheitsgrad. Die Komplexität eines Entwicklungsprozesses und damit der Entscheidungsfindung für ein Material ist davon abhängig, ob eine Werkstoffneueinführung, eine Werkstoffsubstitution oder eine Werkstoffalternative vorliegt. Je „neuer" das Material, umso mehr technische, technologische und wirtschaftliche Risiken sind für das Produkt zu reduzieren. Die Prozessgestaltung muss dieser Komplexität angepasst werden.

2.2.2 Produktmerkmale mit Wechselwirkungen zur Komplexität

Über den *Bekanntheitsgrad* hinaus müssen weitere Produktmerkmale für die Komplexität des Auswahlprozesses herangezogen werden, die bereits zu Beginn einer Produktentwicklung auf deren Komplexität und ihrer Materialauswahlprozesses schließen lassen. Die Beurteilung der Komplexität anhand dieser Einflussgrößen dient damit der Vorabentscheidung, ob die Rahmenbedingungen größere Projektaktivitäten zulassen. Diese können durch Zeit- und Kosteneinschränkungen oder durch Ressourcenengpässe (Personal, Labor- und Prüfplätze etc.) entscheidend für die Einbeziehung von Werkstoffen in den Vorauswahl- bzw. Endauswahlprozess sein. Die drei Hauptmerkmale eines Produkts, an denen die zu erwartende Komplexität einer Materialsuche gemessen werden kann, sind

- die *Konstruktionsart,*
- die *Produktart* und
- die zu fertigende *Losgröße* (Stückzahl).

Diese Merkmale des zu entwickelnden Erzeugnisses erwachsen zu gewichtigen Entscheidungskriterien im Hinblick auf die *Komplexitätsbeurteilung* des Prozesses und beeinflussen wesentlich die *Wirtschaftlichkeit der Konstruktion*.

Die Komplexität einer Materialsuche wird außer vom Bekanntheitsgrad des Werkstoffs wesentlich von den Faktoren Konstruktionsart, Produktart und Losgröße des Erzeugnisses bestimmt.

Einflussfaktor Konstruktionsart

Wie vielschichtig sich eine Entwicklungsaktivität gestaltet, ist auch abhängig vom „Bekanntheitsgrad" einer Konstruktion. Der Entwickler unterscheidet zwischen

- *Neukonstruktion* (neue Funktionsstruktur, neue Wirk- und Lösungsprinzipien),
- *Anpassungskonstruktion* (mit Neukonstruktion von Baugruppen) und
- *Variantenkonstruktion* (Funktionen und Lösungsprinzipien bleiben erhalten).

Eine Erhebung des VDMA aus dem Jahre 2007 ergab, dass ca. 31% aller Aufträge im Maschinenbau Neukonstruktionen erfordern. Diese werfen deutlich komplexere Fragen als die Anpassung einer Baugruppe auf und rufen häufig deutlich mehr Materialauswahlprozesse hervor. Vor allem sind im Produktentwicklungsprozess bisher nicht bekannte Gefährdungspotenziale zu analysieren; abschließend ist die Eignung eines neuen Materials über Evaluierungsprozesse nachzuweisen, insbesondere bei Werkstoffneueinführung.

31% der Aufträge befassen sich mit Konstruktionsanpassungen (Weiterentwicklungen) und der größte Anteil von ca. 38% mit Varianten aufgrund von Kundenwünschen /30/. Erstere erfordern in der Regel modifizierte, für ein Unternehmen bekannte, aber auch möglicherweise unbekannte Werkstoffe. Die partielle Neukonstruktion einer Baugruppe mit einem Wechsel des Wirkprinzips führt erfahrungsgemäß zu einem Wechsel des Materials. Es sind daher Werkstoffneueinführungen, -substitutionen, aber seltener -alternativen zu finden.

Bei Variantenkonstruktionen sind Werkstoffalternativen und -varianten üblich; der gewählte Werkstoff kann in vielen Fällen auch für das Ausgangsprodukt eingesetzt werden. Veränderungen sind bei Varianten nur bei gewichtigen Gründen vorzunehmen, z. B., wenn aufgrund einer wachsenden Bauteilgröße fertigungsbedingt der Ausgangswerkstoff nicht verwendet werden kann.

Bezüglich der Einordnung der Konstruktionsart zeigt eine Recherche unter Werkzeugmaschinenherstellern aus dem Jahr 1995 durch einen konstruktionsmethodisch Sachkundigen deutlich niedrigere Werte bei den Neu- (ca. 10%) und Anpassungskonstruktionen (ca. 15%); die Einstufung als Konstruktionsvarianten erfolgte in 70% der Fälle /3/. Dies zeigt, wie schwer die Zuordnung zu den Konstruktionsarten ohne genaue Kenntnisse von deren Merkmalen fällt. Gegebenenfalls wurden in der VDMA-Umfrage viele der Konstruktionen unzutreffend als neu eingeschätzt.

Die Auswirkung der unterschiedlichen Komplexität der Konstruktionsarten auf den Entwicklungsprozess wird deutlich, wenn der für die Konstruktionsart eingenommene Zeitraum im Gesamtentwicklungsprozess betrachtet wird (*vergleiche Abb. 2-2*).

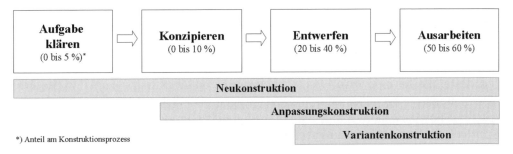

Abb. 2-2: Konstruktionsphasen unterschiedlicher Konstruktionsarten (nach /4/)

Je nach Konstruktionsart wird der Konstruktionsprozess zu unterschiedlichen Zeitpunkten gestartet; eine genaue Analyse der Aufgabenstellung und eine daraus resultierende Anforderungsliste an die Konstruktion ist für eine klare Zielsetzung in allen Fällen obligatorisch, liegt aber für die Anpassungs- und Variantenkonstruktion in der Regel bereits vor. *Die beiden Phasen „Konzipieren" und „Entwerfen" nehmen etwa die Hälfte der Arbeitszeit eines Konstrukteurs bzw. Entwicklers ein /4/.* Die Neukonstruktion erfordert den vollständigen Durchlauf aller Konstruktionsphasen und hat daher naturgemäß einen größeren Projektumfang.

Dem „Bekanntheitsgrad" der Konstruktion (Neu-, Anpassungs-, Variantenkonstruktion) entspricht vielfach auch der Bekanntheitsgrad der eingesetzten Werkstoffe. Werkstoffinnovationen sind jedoch stets möglich.

Einflussfaktor Produktart

Auch die *Art eines Produkts* entscheidet wesentlich über die Komplexität des Entwicklungsprozesses. Dies soll an einigen alltäglichen Produkten deutlich werden:

• Werkzeugwagen und Schraubstock,
• Küchenmaschine,
• Bremssystem für einen Pkw.

Jedes dieser Erzeugnisse ist entwicklungsseitig unterschiedlich in Angriff zu nehmen: Ein Werkzeugwagen besteht in der Regel aus Blechen, die nach den Gestaltungsregeln für Blechteile wirtschaftlich gefertigt werden müssen. Die Entwickler werden einen Großteil ihrer Arbeit im Unternehmen selbst durchführen; nur selten werden Entwicklungsaufgaben nach außen vergeben. Die notwendigen Fähigkeiten sind auf Experten für Blechverarbeitung beschränkt. Ähnlich verhält es sich mit einem meist aus bearbeiteten Gussteilen montierten Schraubstock. Die für diese Produkte zu treffenden Werkstoffentscheidungen richten sich an den im Unternehmen vorhandenen Fertigungsprozessen aus; die Komplexität bleibt ebenso wie die Zahl der am Prozess Beteiligten gering.

Eine Küchenmaschine besteht aus einer Vielzahl von Kunststoffteilen (Gehäuseteile, Schüssel usw.), Werkzeugen (Rührer, Besen) sowie dem Antriebsstrang. Die Kunststoffe werden meist im Spritzguss verarbeitet; je nach Leistung können metallische Werkstoffe den Antriebsstrang verstärken. Im Falle dieses Haushaltsgeräts ergibt sich

aber zwangsläufig eine Zusammenarbeit mit Elektroingenieuren. Eine sichere Motor-
befestigung, die Frage der Übersetzung des Motormomentes (über Zahnradstufen), die
Verlegung von Kabeln sowie insbesondere sicherheitstechnische Aspekte sind in
interdisziplinärer Arbeit zu klären. Produktspezifisch ergeben sich Anforderungen an
Werkstoffe, die für eine zuverlässige mechanische und elektrische Funktion des Produkts beitragen. Gegenüber dem Werkzeugwagen oder Schraubstock wird somit ein
breiteres Know-how notwendig, um ein erfolgreiches Produkt zu gestalten. Dennoch
lassen sich die Entwicklungsaufgaben noch im eigenen Hause lösen.

Die Entwicklung von weitaus komplexeren mechatronischen Systemen wie dem
Bremssystem für einen Pkw wird nicht alleine mit dem Wissen und den Erfahrungen
im Unternehmen auskommen. Die Zusammenarbeit mit externen Lieferanten bzw.
Entwicklungseinheiten (Konstruktionsbüros, Forschung und Entwicklung des Auto-
mobilherstellers, Hochschulen u. a.) für eine Vielzahl von Baugruppen und -teilen
erfordert auch für die auszuwählenden Materialien ein hohes Verständnis für die
Funktion und Zuverlässigkeit des Produkts. Die Werkstoffe müssen den vielfältigen
Anforderungen des elektromechanischen Umfelds am Einsatzort genügen. Diese
ganzheitliche Sicht der Anforderungen muss noch weitergefasst werden, wenn im Pkw
Systeme (wie eine Bremse) mit anderen „zusammenarbeiten" müssen. So müssen
einem Autobatteriehersteller als Anforderungen an die eingesetzten Elektrodenwerk-
stoffe die Temperaturen im Motorraum bekannt sein, da sonst das Gesamtsystem in
einer Teilfunktion aufgrund einer nicht erfüllten Werkstoffanforderung versagt.

Diese Beispiele sollen verdeutlichen, dass bei der Materialauswahl die Produktart
insbesondere im Hinblick auf die *Risiken* eines Werkstoffwechsels entscheidenden
Einfluss hat. Für ein hochtechnisches Produkt, bei dem Software, Elektrik und Mechanik (Mechatronik) parallel und in kurzen Zeiten entwickelt werden müssen, sind
Materialänderungen oder -neueinführungen mit erheblichem Aufwand verbunden, die
Zuverlässigkeit des Erzeugnisses zu gewährleisten. Ressourcen werden gebunden,
Kosten werden verursacht und die Entwicklungszeit verlängert sich in der Regel. Daher sind Werkstoffänderungen bei diesen Produkten „von langer Hand" vorbereitet
und häufig Teil eines gesonderten Entwicklungsprozesses. Ein ausentwickelter Werkstoff wird sicherlich nicht ohne schwerwiegende Gründe geändert; eine Werkstoffinnovation wird erst ins Auge gefasst, wenn sich die Marktchancen deutlich verbessern
(z. B. durch ein Alleinstellungsmerkmal).

> Je nach Produktart sind die Produktentwicklungsprozesse einfach bis komplex.
> Entsprechend sind die damit verbundenen Materialauswahlprozesse zu bewerten.

Einflussfaktor Stückzahl

Aus wirtschaftlicher Sicht spielt die Stückzahl für eine Werkstoffentscheidung eine
maßgebliche Rolle. So werden Getriebegehäuse unter einer Stückzahl von drei noch
als Schweißgehäuse gefertigt; eine Steigerung der Losgröße führt unweigerlich zur
wirtschaftlicheren Lösung des Gussgehäuses. Die Entscheidungssituation wird somit
von der Frage „Einzelprodukt, Kleinserie, Großserie oder Massenprodukt" mitbestimmt. Wird eine Verfahrensänderung wie vom Schweißen auf das Gießen notwen-

dig, sind damit Werkstoffsubstitutionen (und Gestaltänderungen des Produkts) unvermeidlich.

Des Weiteren ist zu berücksichtigen, dass bei Einzelprodukten (Unikaten) teure Werkstoffe unter Umständen wirtschaftlich noch tragbar sind; Materialien erfahren im Hinblick auf die Materialkosten eine geringere Einschränkung als bei Massenprodukten. Das wirtschaftliche Risiko ist im Hinblick auf unerwartetes Werkstoffverhalten zu berücksichtigen. Ein Nachbessern ist beim Massenprodukt mit hohen Kosten verbunden. Eine Werkstoffneueinführung muss daher wohl überlegt sein, da die Risiken für das Produkt durch die Gestaltung des Entwicklungsprozesses bis auf ein Minimum reduziert werden müssen. Dies verlangt einen hohen Ressourcen-, Zeit- und Kosteneinsatz.

In Bezug auf die Materialwahl stellt die Stückzahl einen Aspekt bei der Beurteilung des wirtschaftlichen Risikos dar. Neue Werkstoffe in Massenprodukten sind vor ihrem Einsatz ausreichend zu testen, um hohe Garantiekosten zu vermeiden.

Die Komplexität eines Produktentwicklungsprozesses wird wesentlich von den Merkmalen Konstruktionsart, Produktart und Losgröße bestimmt. Sie nimmt von der Neukonstruktion über die Anpassungs- zur Variantenkonstruktion hin ab. Produktspezifisch ist zu beachten, wie viele Unternehmensbereiche oder externe Entwicklungspartner für eine erfolgreiche Produktentwicklung zusammenarbeiten müssen. Komplexere Produkte führen zu komplexeren Materialanforderungen. Die Losgröße eines Produkts steht in direktem Zusammenhang mit dem wirtschaftlichen Risiko.

2.3 Kontrollfragen

2.1 Welche Motive können ein Unternehmen oder einen Entwickler dazu bewegen, einen Werkstoff zu ändern oder neue Materialien für Bauteile zu suchen?

2.2 Welcher Beweggrund kann bei Produkten, die bereits im Markt verfügbar sind, zu einem sehr hohen Handlungsdruck führen, eine rasche Werkstoffänderung herbeizuführen?

2.3 Nennen Sie ein Beispiel, bei der eine gesetzliche Vorgabe zu Materialänderungen geführt hat!

2.4 Machen Sie den Unterschied des Gebrauchswerts und des Tauschwerts an einem Beispiel deutlich, bei dem Werkstoffe die entscheidende Rolle spielen.

2.5 Welcher Faktor ist nach der Vorauswahl von Werkstoffen vorrangig für die Komplexität der anschließenden Entscheidungsfindung verantwortlich?

2.6 Welche Entscheidungen in Bezug auf den Bekanntheitsgrad eines Materials differenzieren die Komplexität der Auswahlprozesse?

2.7   Zu welchen Entscheidungsarten führt die Klassifizierung des Bekanntheitsgrads von Materialien?

2.8   Erläutern Sie die Begriffe Werkstoffneueinführung, -substitution und -alternative im Hinblick auf den Umfang der notwendigen Evaluierungs- und Validierungsmaßnahmen von Produkten.

2.9   Wie unterscheidet sich die Werkstoffsubstitution von der -alternative?

2.10 Welche weiteren Faktoren führen zu vielschichtigeren, umfangreicheren Werkstoffauswahlprozessen?

2.11 Welche drei Konstruktionsarten gibt es?

2.12 Inwieweit beeinflusst die Produktart die Anforderungen an einen Bauteilwerkstoff? Erläutern Sie dies an einem Beispiel!

2.13 Erläutern Sie das erhöhte wirtschaftliche Risiko einer Werkstoffänderung bei Massenprodukten.

3 Vorgehensweisen zur Lösung von Werkstofffragen

3.1 Verwandtschaft zu anderen Lösungsprozessen

Der Konstruktionsprozess bettet sich als ein Teilprozess in den Produktentwicklungsprozess ein; die Materialauswahlprozesse sind Teile des Konstruktionsprozesses. Die Vorgehensweisen zur Lösung von Konstruktionsaufgaben und zur Materialauswahl sind grundsätzlich ähnlich. Sie beruhen auf einem allgemein formulierten *Problemlösungszyklus* /5/, der stets beim Lösungsvorgang bewusst oder unbewusst beschritten wird (*vergleiche Abb. 3-1*).

Allgemeiner Problemlösungszyklus

Ein nicht vorhersehbarer Impuls, Beweggrund o. Ä. (*siehe Abschnitt 2.1*) führt zu einem Problem, welches einer Lösung bedarf. Zunächst steht eine *Situationsanalyse* an, um eine genaue Kenntnis über die Situation zu erlangen. So muss der Käufer eines PCs überlegen, welche Komponenten er benötigt, wie viel Geld er ausgeben möchte, ob Designfragen oder Größe des Rechners eine Rolle spielen, ob der Einsatzort des Rechners spezielle Anforderungen abverlangt usw. Aus der Kenntnis dieser Anforderungen heraus kann er – was in diesem alltäglichen Beispiel zumeist nicht geschieht – seine Zielvorstellungen formulieren (oder gar dokumentieren). Bestimmte Eigenschaften sind ein Muss für den neuen PC; einige sind Wünsche, die je nach Angebot zusätzlich erfüllt werden oder nicht. Sie liefern die Bewertungskriterien, nach denen die Lösungsalternativen (in unserem Fall die PC-Angebote) bewertet werden können. Die Varianten werden nach verschiedensten Methoden im Teilprozess „*Lösungssuche*" aufgespürt (Synthese-Prozess); dabei können durchaus weitere Bewertungskriterien für unseren „PC" erkannt werden. Der heutige Blick auf Rechnerangebote und ihre Beschreibung wird dem Leser sicherlich neue, bisher noch nicht in Betracht gezogene Features für eine Kaufentscheidung liefern. Diese Angebote sind anhand der Bewertungskriterien einzuschätzen, sodass die Eignung der in die Wahl gezogenen PCs beurteilt werden kann. Daraus resultiert ein *Vorschlag* (oder eine *Empfehlung*) zum Kauf, der zur Entscheidung führt.

Anhand des Beispiels wird deutlich, dass viele während eines Entscheidungsprozesses auftretende *Problemlösungen* (und dies gilt auch für Konstruktionsprozesse) wenig methodisch und wenig dokumentiert allein im Kopf des Ingenieurs oder eines Entwicklungsteams ablaufen. Damit entziehen sie sich der *Nachvollziehbarkeit* und der Überprüfung, was im heutigen *Qualitätsmanagement* nicht erwünscht ist. *Die Nachvollziehbarkeit einer Lösung ist am sinnvollsten über eine quantitative Bewertung zu erreichen. Dazu muss ein methodischer Weg mit dokumentierten Zwischenergebnissen beschritten werden.*

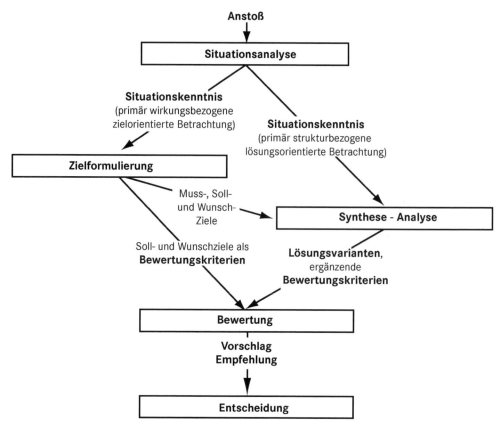

Abb. 3-1: Problemlösungszyklus (nach /5/)

Die Erfahrung zeigt, dass gerade im Lösungsfindungsprozess Schwächen im Bereich der Methodik die Innovationskraft eines Unternehmens hemmen. Dennoch soll nicht der Eindruck entstehen, dass alles und jedes dokumentiert und systematisiert werden soll. *Es ist mit gesundem Menschenverstand abzuwägen, welche Entscheidungen für das zu entwickelnde Produkt eine hohe Relevanz besitzen und welcher Entscheidungsweg mit der entsprechenden Nachvollziehbarkeit zu gestalten ist.* Für den Erstanwender einer Methode ist es in jedem Fall sinnvoll, jeden einzelnen Schritt kennen zu lernen, um ein Bewusstsein für die Bedeutung der Aktivitäten auszubilden.

Bei der Lösungsfindung technischer Aufgabenstellungen wird unbewusst oder bewusst ein allgemeiner Problemfindungszyklus beschritten, der zunächst in einer Klärungsphase die Situation analysiert. Eine Zielformulierung enthält die Forderungen und Wünsche an die Lösung, an denen die aus einer Lösungssuche hervorgegangenen Lösungsvarianten mit Hilfe von Bewertungskriterien beurteilt werden. Die beste Bewertung bzw. die besten Bewertungen werden zur Entscheidung vorgeschlagen. Die Entscheidung schließt den Prozess ab.

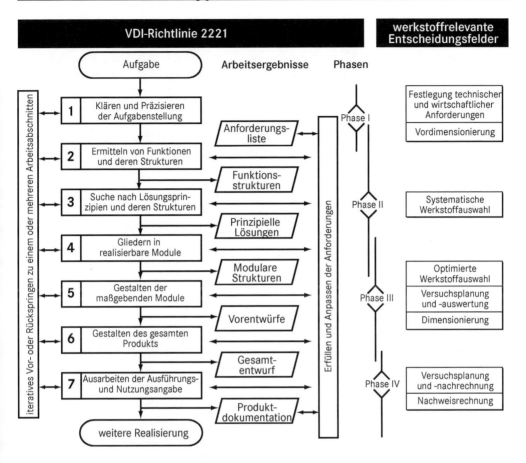

Abb. 3-2: Vorgehensweise beim Entwickeln und Konstruieren nach VDI-Richtlinie 2221 /6/

Vorgehensweise beim Konstruieren und Entwickeln

Der vorgestellte *Problemlösungszyklus* schafft den Unterbau für die Vorgehensweise beim Konstruieren und Entwickeln von Erzeugnissen. Das Ablaufdiagramm *Abb. 3-2* zeigt die empfohlene Arbeitsweise gemäß der *VDI-Richtlinie 2221*. Neben dem standardisierten Ablauf der Richtlinie sind bereits werkstoffrelevante Entscheidungsfelder aufgeführt /7/.

Auch hier steht nach Erhalt einer Aufgabe zunächst deren *Klärung* (*Situationsanalyse*) im Vordergrund. Der Output des Prozesses (Schritt 1) ist die *Anforderungsliste*; *sie ist das vereinbarte Entwicklungsziel und damit das wichtigste Dokument des weiteren Entwicklungsablaufs*. An ihr müssen alle Zwischenergebnisse sowie das Endergebnis des Prozesses gemessen werden. Die Schritte 2 bis 4 (oder auch Konzeptphase II) dienen der Synthese und Analyse: Das Denken in Funktionen und der Aufbau von *Funktionsstrukturen* (*vergleiche Abschnitt 9.3.1*) ermöglicht eine strukturierte Lösungsfindung, die meist in Baugruppen ihren Ausdruck findet (Modularisierung). Die *Konstruktionssystematik* bietet zu den Lösungsvarianten eine Vielzahl von Möglichkeiten zur Bewertung an /8/. In der *Entwurfsphase* III (Schritte 5 und 6) sind die Lösungsprinzipien (Wirkprinzipien) zu detaillieren – ein Vorentwurf (*Grobentwurf*) entsteht, der immer stärker verfeinert wird (*Feinentwurf*). Für diesen Gesamtentwurf des Produkts findet in der *Ausarbeitungsphase* IV (Schritt 7) die Erstellung aller notwendigen Fertigungsunterlagen (Fertigungszeichnungen, Festigkeitsnachweise etc.) statt. Die vollständige Produktdokumentation (inklusive Risikoanalysen, Bedienungsanleitungen, Wartungs- und Reinigungspläne etc.) liegt vor.

Der Ablauf einer Konstruktion bzw. Produktentwicklung erfolgt in vier Phasen:
- Klärung der Aufgabenstellung (Situations- oder IST-Analyse) mit der Erarbeitung der Produktanforderungsliste,
- Konzeptphase (Lösungssuche),
- Entwurfsphase (vom Grob- zum Feinentwurf),
- Ausarbeitungsphase (Erarbeiten der vollständigen Produktdokumentation).

In der Praxis werden Werkstoffauswahlprozesse an unterschiedlichen Stellen dieses Gesamtprozesses gestartet. Genaue Anfangspunkte lassen sich nicht angeben, sondern ergeben sich während der alltäglichen Konstruktions- und Entwicklungsarbeit. Die Frage, ob bei der Materialsuche für Bauteile *Werkstoffinnovationen, -substitutionen* oder *-alternativen* als Ziel vereinbart werden, ist stark abhängig vom Zeitpunkt und bisherigen Fortschritt des Projekts. So müssen Entscheidungen für Materialneueinführungen bereits früh im Prozess erfolgen, um die damit verbundenen vielfältigen Aktivitäten das Gesamtprojekt im vorgegebenen Zeitraum bewältigen zu können. Die zur Verfügung stehenden Ressourcen (Personal, Prüfstände etc.) sind in die Entscheidung mit einzubeziehen. Werkstoffsubstitutionen bedürfen je nach Bekanntheitsgrad eines geringeren, aber gegebenenfalls auch nicht unkritischen Zeitfensters. Werkstoffalternativen können hingegen häufig noch spät im Projekt realisiert werden.

Werkstoffauswahlprozesse müssen zeitlich und im Hinblick auf den Ressourceneinsatz auf die Komplexität des Entwicklungsprozesses und auf den Bekanntheitsgrad des Werkstoffs abgestimmt werden.

Abb. 3-2 weist unter der Spalte Arbeitsergebnisse „Dokumente" aus, sie sind Ausdruck einer Vielzahl bewältigter Problemlösungszyklen, die iterativ aus dem Gesamtprozess hervorgehen. Lösungsprozesse laufen gewöhnlich in Lösungsschleifen ab, d. h. die ständige Beobachtung des Entwicklungsziels (Anforderungsliste!) hält immer wieder neue Verbesserungen parat. Dies zeigt sich vor allem in der laufenden Pflege einer Anforderungsliste. Im Konsens mit den Entwicklungsbeteiligten werden Forderungen ergänzt oder detailliert; von einigen dieser Spezifikationen wird aber auch wieder abgerückt. All diese Dokumente beinhalten und dokumentieren auch die materialseitigen Arbeitsergebnisse des Entwicklungs- und Konstruktionsprozesses.

Die Dokumentation von Arbeitsergebnissen dient der Nachvollziehbarkeit eines Entwicklungsprozesses und schafft „vereinbarte" Arbeitsgrundlagen für alle Prozessbeteiligten.

Die werkstoffrelevanten Entscheidungs- und Arbeitsfelder

Werkstoffrelevante Arbeitsfelder ergeben sich bereits in der Phase der *Klärung der Aufgabenstellung* (Phase I). In den Produktfestlegungen zur Wirtschaftlichkeit, zu eingesetzten Fertigungstechnologien und zu technischen Merkmalen (wie Leistungsmerkmalen) sind Forderungen und Wünsche an das einzusetzende Material für Baugruppen „versteckt". *Produktanforderungen definieren Materialanforderungen!* Diese Zusammenhänge gilt es, in einer *systematischen Materialsuche* aufzuspüren. So werden für eine grobe Vordimensionierung der Produkte zur überschlägigen Berechnung Materialkennwerte nötig, um die an technische Produktanforderungen gekoppelten Festigkeiten, Steifigkeiten, Wärmeübergänge, elektrische Leistungswerte usw. abzuschätzen. Daraus resultieren in der Regel Ober- und Untergrenzen oder Zielgrößen für Werkstoffeigenschaften, die die Materialsuche erleichtern (*siehe Abschnitt 4.3.2*).

Das Erfüllen von *Funktionen* ist unvermeidlich an die Auswahl geeigneter Werkstoffe gekoppelt. Bei der prinzipiellen *Lösungsfindung* (Phase II) können Materialien daher eine entscheidende Rolle spielen. Für ein Produkt, das aus vielen Bauteilen besteht, lassen sich stets Funktionen (und damit Bauteile) definieren, die hinsichtlich der Gebrauchseigenschaften eine besonders hohe Bedeutung aufweisen. Deren Materialien stellen daher einen Schwerpunkt bei der Materialsuche dar. Andere Werkstoffe bauen die Struktur des Erzeugnisses auf (z. B. Gehäuse). Für diese strukturmechanischen Funktionen sind möglichst wirtschaftliche Materiallösungen zu finden; hier verdrängen vor allem Kunststoffe die früher eingesetzten metallischen Werkstoffe. Durch hohe Gestaltungsfreiheit eines Spritzgussverfahrens sind steife und feste Konstruktionen materialsparend und kostengünstig möglich.

Die *systematische Werkstoffauswahl* zu ausgewählten Bauteilen (*vergleiche* Schwerpunktermittlung *in Abschnitt 9.2*) muss umfassend, d. h. über alle im Markt verfügbaren Materialien hinweg, gestaltet werden. *Das Auffinden von Materiallösungen, die unterschiedlichen Werkstoffgruppen und -familien angehören, lässt eine hohe Innovationsbereitschaft erkennen.* Somit kommt dem Teilprozess „Vorauswahl" eine sehr große Bedeutung zu; er wird in Kapitel 5 ausführlich behandelt.

In der *Entwurfsphase* (Phase III) sind potenzielle Materiallösungen darauf hin zu untersuchen, ob durch sie die geforderten Produkteigenschaften erfüllt werden können. Dabei werden die häufig noch allgemeinen Lösungsansätze (z. B. die Familie der Mg-Legierungen) detailliert, sodass sich aus den Gruppen und Familien Werkstoffsorten (z. B. AZ91, eine Mg-Al-Zn Legierungssorte) herauskristallisieren. Möglich wird diese Konkretisierung des Materials durch Versuche, Methoden der virtuellen Produktentwicklung (*vergleiche Abschnitt 7.1*) u. v. m. Aus diesen Kenntnissen kann eine Dimensionierung des Bauteils unter der Berücksichtigung gestaltungstechnischer Regeln (Technologie und Material!) erfolgen.

In der *Ausarbeitungsphase* (Phase IV) werden üblicherweise keine weitreichenden Werkstoffentscheidungen mehr getroffen. Aus der konkreten Materialauswahl der Entwurfsphase sind die erforderlichen Nachweise für die Bauteilanforderungen anhand von Versuchsergebnissen, von Eigenschaftswerten etc. zu erstellen. Zum Abschluss liegt das Produkt mit allen Fertigungszeichnungen, Fertigungsanweisungen,

Prüfabläufen, Bedienungsanleitungen, Risikoanalysen usw. vor. Die Festlegung der Bauteilwerkstoffe (als auch der Betriebs- und der Verbrauchsstoffe) ist am leichtesten der Stückliste zu entnehmen.

Der allgemeine Problemlösungszyklus wird auch beim Entwickeln und Konstruieren von Erzeugnissen verwendet (VDI-Richtlinie 2221). Im feiner detaillierten Ablauf folgt der Phase der Aufgabenklärung (Phase I) die Suche nach Lösungen (Phase II), in der Funktionsstrukturen des Produkts analysiert und prinzipielle Lösungen erarbeitet werden. Dies erlaubt den Aufbau von modularen Strukturen (Baugruppen). In der Entwurfsphase (Phase III) nehmen Grobentwürfe (von Baugruppen oder des Gesamtprodukts) immer feinere Gestalt an. In der Ausarbeitungsphase (Phase IV) wird die komplette Produktdokumentation erstellt (Zeichnungen, Anleitungen, Risikoanalysen u. v. m.).

Die Arbeitsergebnisse der einzelnen Problemlösungsschritte sind in unterschiedlichen Schriftstücken (oder in elektronischer Form) zu dokumentieren, um den Prozess nachvollziehbar zu gestalten (Qualitätsmanagement).

Viele werkstoffrelevante Arbeits- und Entscheidungsfelder werden bei diesem Prozess beschritten (Dimensionierung mittels Werkstoffkennwerten, Auswahl anhand von Anforderungen etc.).

Methoden und Werkzeuge beim Entwickeln und Konstruieren

Ergänzend zum Ablauf sei ein Großteil der in der Methodik nach *VDI-Richtlinie 2221* und der in Problemlösungszyklen verwendeten Werkzeuge und Methoden in *Tab. 3-1* aufgezählt. Darüber hinaus helfen bei der Entwicklung Techniken des *Projektmanagements* (z. B. Strukturpläne, Netzplantechnik) und des *Qualitätsmanagement* (*siehe Kapitel 7*). Einige dieser Werkzeuge können spezifisch auf den Prozess Werkstoffsuche angepasst werden (*vergleiche Kapitel 9*); andere sind allgemeiner Natur und werden in der Literatur zur Konstruktionsmethodik, Produktentwicklung und Systemtechnik ausführlich beschrieben (*siehe /4/, /5/, /6/, /8/*).

Viele aus dem Konstruieren und Entwickeln bekannten Werkzeuge und Methoden können auch bei der Suche nach Werkstoffen verwendet werden.

Wesentlich aufschlussreicher bezüglich unserer Aufgabenstellung sind die bisher veröffentlichten und verwendeten methodischen Konzepte der Werkstoffsuche.

3.2   Methodik eines systematischen Materialauswahlprozesses

In der Literatur werden viele Ansätze für den Ablauf einer *methodischen Werkstoffauswahl* diskutiert (*vergleiche /1/, /2/, /9/, /10/, /11/, /12/*). Sie ähneln alle den bereits beschriebenen Abläufen und setzen nur unterschiedliche Schwerpunkte. Um dem Materialsuchenden einen detaillierten roten Faden bei der Vorauswahl zu geben, fasst

Tab. 3-1: Werkzeuge und Methoden des Produktentwicklungsprozesses

ARBEITSSCHRITT	WERKZEUG
Informationsbeschaffung	• Literatur-, Patent-, Internetrecherchen • Wettbewerbsanalysen • Herstellerinformationen • Befragungen (Markt, Experten, Hersteller) • Hochschulen, Vereine, Körperschaften usw. • Datenbanken • Regelwerke • Beobachtungstechniken
Informationsaufbereitung	• ABC-Analyse • Benchmark • Szenario-Techniken • Prognosetechniken • Fischgräten-Diagramm (Ishikawa-Diagramm) • Mathematische Methoden (Regressionsanalyse, Statistik, Wahrscheinlichkeitsberechnung)
Zielformulierung	• Anforderungsliste / Zielkatalog
Lösungssuche	• Kreativitätstechniken wie Analogiemethode, Attribute Listing, Bionik, Brainstorming, Brainwriting, Mindmapping, Methode 635, Synektik u. a. • Analytische Methoden wie morphologischer Kasten, TRIZ usw. • Kataloge (s. a. Informationsbeschaffung) • Verwendung von Expertensystemen (wissensbasierte Systeme)
Analyse von Lösungen	• Zuverlässigkeitsanalyse • Sicherheitsanalyse • Risikoanalyse • Berechnungen • Versuche • Sensitivitätsanalyse u. a.
Bewertung	• Wirtschaftlichkeitsanalyse • Kosten-Nutzen-Rechnung • Kostenwirksamkeitsanalyse • Nutzwertanalyse • Methoden der Gewichtsbemessung • Punktbewertung • Skalierungsmatrix u. a.
Auswertung	• Entscheidungstabellen (tabellarisch, grafisch) • Kennzahlen
Qualitätssicherung, -kontrolle	• Checkliste • Fehlerbaum-Analyse (Fault Tree Analysis) • Fehlermöglichkeiten- und -einflussanalyse (FMEA)

Abb. 3-3 viele der Ideen in eine Vorgehensweise zusammen. Anhand dieses Ablaufs soll der Materialauswahlprozess in seinen Einzelheiten erläutert und diskutiert werden.

Auch bei dieser Arbeitsweise wird auf die aus der *Konstruktionssystematik* bekannten vier Phasen nicht verzichtet:

1. *Die Ermittlung der Materialanforderungen* (*Schritte 1.1 bis 1.3 in Abb. 3-3*):
   Der Einstieg in den Materialauswahlprozess umfasst die genaue Analyse aller auf die Materialwahl einwirkenden Größen sowohl aus Sicht des Produkts als auch aus situativer Sicht (z. B. Notwendigkeit eines Materialwechsels). Die material-spezifische Aufgabenstellung wird geklärt. Der Output des Teilprozesses ist eine *Materialanforderungsliste* (*siehe Abschnitt 4.3.3*), auf der die nachfolgende Suche nach Lösungen beruht.

2. *Die Vorauswahl geeigneter Materialien* (Lösungssuche, *Schritte 2.1 bis 2.2 in Abb. 3-3*):
   Diese prinzipielle Lösungsfindung entspricht der *Konzeptphase* im Konstruktions-ablauf. Nach erfolgter Bestandsaufnahme wird die *Materialanforderungsliste* auf die wesentlichen *Suchmerkmale* hin untersucht. Diese Kriterien sind ausgewählte, in der Regel quantitative Werkstoffeigenschaften. Bei guter *Übereinstimmung von Anforderungs- und Eigenschaftsprofil* werden die Werkstoffe einer *Liste mögli-cher Materiallösungen* zugefügt. Sie ist die weitere Arbeitsgrundlage für den Pro-zess. Die aufgeführten Werkstoffe sind zu diesem Zeitpunkt nur sehr „unscharf" auf ihre Eignung für die Konstruktionsaufgabe ausgesucht.

3. *Die Feinauswahl und Bewertung* (Analyse, *Schritte 3.1 und 3.2 in Abb. 3-3*):
   Für die Werkstoffe der *Liste möglicher Materiallösungen* ist bisher nur bekannt, dass sie den aus der Materialanforderungsliste gewonnenen Vorauswahlanforde-rungen entsprechen. Im Weiteren sind die Werkstoffe auch auf die Eignung noch nicht geprüfter Forderungen (und gegebenenfalls Wünsche) zu prüfen. Anhand von *Bewertungskriterien*, die aus den Suchkriterien und den Forderungen der Ma-terialanforderungsliste gewonnen werden, ist eine feinere Bewertung der Materi-alkandidaten möglich. *Gewichtungsfaktoren* für die unterschiedliche Bedeutung von Anforderungen schaffen ein differenzierteres Bild über die Eignung eines Werkstoffs; Werkstoffe scheiden aus und besser geeignete Materialien werden deutlich. Mittels einer Bewertungsmatrix entsteht eine Rangliste, die eine weiter reduzierte Zahl an Materiallösungen ausweist.
   Die eingeschränkte Zahl an Lösungskandidaten lässt organisatorisch eine vertiefte Informationsbeschaffung zu diesen Werkstoffen zu. Dieser Feinauswahlprozess führt wiederum zu einer Verringerung der in Frage kommenden Werkstofflösun-gen. Die verbleibenden, aussichtsreichsten Materialien sind in einer *Liste der Ver-suchswerkstoffe* zusammenzufassen.

4. *Die Evaluierung und Validierung von Produkteigenschaften mit der Entschei-dungsfindung* (Ausarbeitung, *Schritte 4.1 und 4.2 in Abb. 3-3*):
   Die *Evaluierung* (Auswertung) und *Validierung* (Nachweis) der Produkteigen-schaften ist in der Regel ein sehr aufwendiger Prozess, der üblicherweise auf we-nige Werkstoffe beschränkt bleibt. Durch unterschiedliche Produktentwicklungs-werkzeuge wird das Material darauf überprüft, ob sein produktspezifisches Ver-halten die Forderungen und Wünsche der Produktanforderungsliste erfüllt. Die aus diesem weiteren Ausleseprozess gewonnenen Erkenntnisse sind wesentlicher Be-standteil der *Entscheidungsvorlage*. Anhand dieses Dokuments und unter Einbe-ziehung sachübergreifender Aspekte wird eine *Entscheidung* getroffen und der Werkstoffauswahlprozess abgeschlossen.

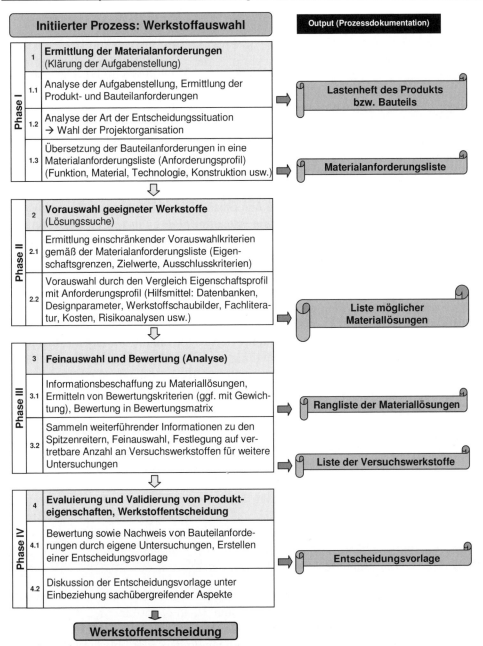

Abb. 3-3: Werkstoffauswahl: Der Gesamtprozess

Der systematische Werkstoffauswahlprozess unterscheidet – ähnlich der VDI-Richtlinie 2221 – vier Phasen:

- die Ermittlung der Materialanforderungen (Klärung der Aufgabenstellung) mit der Erarbeitung der Materialanforderungsliste,
- die Vorauswahl geeigneter Materialien (Konzeptphase),

- die Feinauswahl und Bewertung (Entwurfsphase),
- die Evaluierung und Validierung von Produkteigenschaften mit der Entscheidungsfindung (Ausarbeitungsphase) mit der abschließenden Werkstoffentscheidung.

Top-Down-Methode

Das beschriebene Vorgehen folgt der *Top-Down-Methode*: Ausgehend von einer unüberschaubaren Zahl an verfügbaren Werkstoffen wird deduktiv (d. h. aus dem Allgemeinen abgeleitet) mit den Arbeitsergebnissen der einzelnen Arbeitsschritte die Zahl an Lösungsvarianten immer weiter eingeschränkt. Zu Beginn der Suche sind ca. 80.000 Materialien Lösungskandidaten. *Die Erstellung der Materialanforderungsliste, die Ableitung von Auswahlkriterien und deren Anwendung führt zu einer Auslese und einer beträchtlich reduzierten Zahl an möglichen Werkstofflösungen.* Die Größenordnung liegt im Bereich von fünf bis zwanzig Lösungsansätzen. Die Resultate dieser Vorauswahl sind zu diesem Zeitpunkt des Prozesses nur grob spezifiziert; eine Lösung entspricht in der Regel einem *Materialcluster* (-gruppe), die Werkstoffe mit vergleichbaren Eigenschaften zusammenfasst. Cluster sind meist Legierungsgruppen oder Werkstofffamilien (z. B. Mg-Gusslegierungen, korrosionsbeständige Stähle).

Im Weiteren werden für diese Kandidaten weitere Informationen gewonnen und die Erkenntnisse für eine weitere Beschränkung und Detaillierung genutzt. In den Lösungsclustern wird eine Feinauswahl getroffen. Eine gründliche produktspezifische Auslese (z. B. durch Versuche, Simulation) reduziert die Schar an Aspiranten auf die letztendlich zur Entscheidung stehende Auswahl.

Beim beschriebenen Top-Down-Ansatz sollte unbedingt vermieden werden, dass bereits beim Start ganze Werkstoffgruppen bei der Lösungsfindung ausgeschlossen werden. Diese nicht unübliche Vorgehensweise rührt von der Voreingenommenheit bei Konstrukteuren, dass Keramiken oder Kunststoffe bestimmte Aufgaben ja doch nicht erfüllen können. Im Kopf ist eine „auf der Hand liegende" Lösung bereits beschlossene Sache; der Auswahlprozess soll dies nur noch bewahrheiten. *Der systematische Weg der allgemeinen Problemlösungsfindung (auch nach einem Top-Down-Prinzip), der ohne Vorurteile alle Materialien für eine Auswahl miteinbezieht, ist für eine innovative Produktentwicklung der weit vielversprechendere Ansatz.*

Das Top-Down-Prinzip schließt keinen Werkstoff zu Beginn eines Materialauswahlprozesses aus und führt durch eine sich ständig verfeinernde Prüfung auf Übereinstimmung zwischen Eigenschaftsprofilen von Materialien und dem Anforderungsprofil an den gesuchten Werkstoff (Materialanforderungsliste) zu möglichen Materiallösungen.

Schnelle, einfache Praxismethoden

Darüber hinaus sind in Unternehmen sehr *einfache und schnelle Methoden der Werkstoffauswahl* bekannt. Dazu zählen

- die Anwendung von *branchen- und werksbezogenen Standards* oder
- die Verwendung von *Arbeits- und Leitblättern*.

Ihre Anwendung ist sinnvoll, wenn Bauteile von Produkten im Unternehmen in ihren Produktanforderungen sich wiederholende (ähnliche) Werkstoffeigenschaften erfordern. Die Auswahl der Werkstoffe wird durch die werksbezogenen Standards oder branchenbezogenen Materialsammlungen eingeschränkt. Die Situationsanalyse und die daraus resultierende Identifikation von Anforderungen nehmen im Auswahlprozess nur wenig Raum ein.

Branchen- und werksbezogene Standards verkörpern eine sehr „leblose", in der Regel unternehmensspezifische Vorgehensweise bei der Auswahl eines Materials. Der Vorteil liegt zweifelsfrei in einem beschleunigten Konstruktionsprozess durch eine rasche Materialauswahl. Flankierende Qualitätssicherungsmaßnahmen (z. B. Validierung von geforderten Werkstoffeigenschaften) können entfallen, was die Produktentwicklungszeit zusätzlich reduziert. Des Weiteren sichert der Standard die Verfügbarkeit des gewählten Werkstoffs und häufig auch seine Wirtschaftlichkeit.

Das Vorgehen nach *Arbeits- und Leitblättern* (Beispiele *siehe in /9/*) ist dem Arbeiten nach Konstruktionskatalogen ähnlich. Sie sind eine Sammlung an Wissen über Materialien, die z. B. über Fragen den Konstrukteur auf die unternehmensübliche Werkstofflösung lenken. Im weiteren Sinne können die heute aus implementierten Qualitäts- und Projektmanagementmethoden resultierenden schriftlichen Fixierungen von Arbeitsabläufen als Arbeits- und Leitblätter aufgefasst werden. Sie führen zu einer definierten Vorgehensweise in Produktentwicklungsprozessen und könnten auch für normierte Abläufe bei Werkstoffauswahlverfahren angewendet werden. Allerdings sind dem Autor keine diesbezüglichen Vorgehensweisen aus der Praxis bekannt.

Methodisch folgt der Verlauf einer Materialsuche den Gepflogenheiten der Konstruktionsbearbeitung. Eine sorgfältige Analyse der Aufgabenstellung zielt auf die Ermittlung aller relevanten Materialanforderungen (und -wünsche), die in einer Materialanforderungsliste zusammengefasst werden. Dazu sind die materialbeeinflussenden Produkt- bzw. Bauteileigenschaften zu analysieren. Die Vorauswahl entspricht der prinzipiellen Lösungssuche. Mittels aufgabenspezifischer, aus den Materialanforderungen abgeleiteter Eigenschaftsgrenzen, den Suchkriterien, werden Materialcluster (Werkstofffamilien, Legierungsgruppen etc.) identifiziert, die für eine Lösung in Frage kommen. Zu den aus einer Bewertung hervorgegangenen besten Kandidaten müssen weitere Informationen beschafft werden und ergänzende Untersuchungen erfolgen. Dieser Ausleseprozess entspricht der Entwurfsphase „Vom Groben zum Feinen", d. h. vom Cluster zur Werkstoffsorte. Aufgrund des hohen Aufwands, die Nachweise für alle Produktanforderungen zu führen, sind nur die Spitzenreiter einer „Liste der Versuchswerkstoffe" zuzuordnen und in Versuchen, Simulationen usw. weiter auf ihre Eignung für die Konstruktionsaufgabe zu untersuchen. Diese Evaluierungs- und Validierungsphase („Ausarbeitungsphase") schließt mit der Erstellung einer Entscheidungsvorlage und einer endgültigen Materialentscheidung ab.

3.3   Potenziale und Grenzen einer methodischen Materialauswahl

Eine wesentliche Anforderung an methodische Vorgehensweisen innerhalb eines mit *Qualitäts- und Projektmanagementwerkzeugen* begleiteten Produktentwicklungsprozesses besteht in der *Messbarkeit der Ergebnisse (Quantifizierbarkeit)*. Die Potenziale *einer systematischen Werkstoffauswahl (siehe /9/, /10/)* sind daher an einem verbesserten Output in Form eines „besseren" Produkts zu messen. Dabei seien folgende generelle Kriterien genannt, die eine Beurteilung erlauben:

- *Wirtschaftliche Aspekte*
  Beispiele sind die Optimierungen von Einzelteilen hinsichtlich der am häufigsten relevanten Faktoren Materialkosten und Herstellkosten, die Reduzierung von Aufwandskosten (Einkauf, Transport, Lagerhaltung, Montage, Qualitätssicherung), die Reduzierung der Materialkosten durch Standardisierung von Werkstoffen, das Einsparen nachgelagerter Kosten im Recycling, bei der Wartung oder Reparatur oder Rabattvorteile bei den Einkaufspreisen von Materialien (Rohstoffe, Halbzeuge etc.) durch Mengensteuerung.

- *Technische Aspekte*
  Beispiele sind die Optimierung von Einzelteilen hinsichtlich der häufig relevanten Zielgrößen Gewicht und Volumen (Leichtbau!), die Erhöhung der Zuverlässigkeit von Bauteilen, die Optimierung der Produktions- und Qualitätstechnik oder die Standardisierung von Werkstoffen und eine damit verbundene Komplexitätsreduzierung in der Lagerhaltung, Ersatzteilhaltung, Konstruktionsarbeit usw.

- *Immaterielle Aspekte*
  Beispiele sind der Know-how-Gewinn durch Beschäftigung mit neuen oder in Entwicklung befindlichen Werkstoffen, Vorteile durch das gezielte Ausschöpfen der Entwicklungsprozesse von Rohstofflieferanten oder die Optimierung der ökologischen Gesamtbilanz.

Ein Unternehmen legt stets Wert darauf, Einsparpotenziale in „Mark und Pfennig" (heute besser „Euro und Cent") aufzuzeigen. Durch technische und wirtschaftliche Optimierungen können Umsatzgewinne erreicht oder durch eine Herstellkostenreduzierung oder durch reduzierte Einkaufspreise Gewinnmargen erhöht werden. Der Komplexitätsreduzierung bei den Abläufen, Produktmerkmalen u.v.m. und der Abschätzung der daraus resultierenden Einsparungen werden heute immer stärkere Beachtung geschenkt. Deutlich schwieriger zu beziffern sind hingegen Kostenersparnisse durch immaterielle Aspekte.

Den Stärken sind aber auch stets die *Schwächen einer systematischen Materialsuche* gegenüberzustellen. Diese beziehen sich auf den zusätzlichen *Aufwand* und die auftretenden *Risiken*. Einige wesentliche Punkte seien genannt:

- Eine *höhere Arbeitsbelastung*, die vor allem bei der Beschäftigung mit neuen Werkstoffen und deren Fertigungsmöglichkeiten anfällt.
- Eine *erhöhte Komplexität des Gesamtprozesses*, da ein Teilprozess „Werkstoffneuwahl" in Zusammenarbeit vieler Abteilungen erfolgen muss und das Produktverhalten durch eine Vielzahl von Aktivitäten zu überprüfen ist.

- Der *erhöhte Konstruktionsaufwand* und die damit verbundenen *höheren Konstruktionskosten*, wenn bei geänderten Werkstoffen eine werkstoff- und fertigungsgerechte Neugestaltung von Bauteilen erfolgen muss.

- Ein *erhöhter Versuchsaufwand* (Evaluierung und Validierung von Bauteileigenschaften).

- Das *Auftreten unerwünschter Zielkonflikte, die* bei der Optimierung durch die Auswahl neuer Werkstoffe entstehen (z. B. weil eine Werkstoffinnovation eine neue Marketingsituation oder eine neue Positionierung des Produkts im Markt ermöglicht).

- Eine *verbleibende, nie völlig auszuschließende Subjektivität* auch im methodischen Handeln (z. B. aufgrund meinungsmachender Beratungsgespräche mit verkaufsorientierten Werkstofflieferanten).

In der beruflichen Praxis wird Methoden häufig vorgehalten, dass der zeitliche und personelle Aufwand den Nutzen nicht rechtfertigt. Dieser Einstellung soll nicht von vornherein widersprochen werden. Grundlegend sollte der Auswahlprozess einer Systematik folgen, um eine Entscheidung auch zu späteren Zeitpunkten nachvollziehen zu können. Dies dient auch der Absicherung des Unternehmens und des Entwicklers, wenn (materialbedingte) Produktausfälle zu Personen- oder Sachschäden führen. Die Stärken einer Methode entfalten sich dann, wenn die Vorgehensweise an die zur Verfügung stehenden Ressourcen angepasst wird. Das kann bedeuten, dass der Ablauf eingehalten, aber besonders zeitintensive Arbeitsschritte verkürzt und weniger dokumentiert durchgeführt werden.

Ein systematischer Materialauswahlprozess „lebt" von einer nachvollziehbaren, quantifizierbaren Entscheidungsfindung. Die Vorgehensweise erlaubt eine bessere Ausschöpfung wirtschaftlicher, technischer und immaterieller Teilaspekte der Produktentwicklung. Nachteilige Faktoren (Arbeitsbelastung, Zielkonflikte, Kosten etc.) müssen frühzeitig in die Planungen einer Werkstoffsuche einbezogen werden.

Schwerpunktbildung

Es ist unsinnig, jede Problemlösung in eine dokumentierte methodische Struktur zu fassen. Bei Produkten treten stets viele kleinere Aufgabenstellungen auf, die im Arbeitsalltag durch Entscheidungen am Schreibtisch oder durch kleinere abteilungsinterne Fachdiskussionen gelöst werden. *Ziel ist es, die für die Wirtschaftlichkeit, Herstellung und technische Performance wesentlichen Aufgaben zu identifizieren.* Bei dieser Analyse erschließen sich auch Arbeitsfelder, bei denen Materialauswahlprozesse in Erwägung zu ziehen sind. Auch dabei bestimmen die Rahmenbedingungen (wie z. B. die Produktstrategie) darüber, ob ein Werkstoffauswahlprozess stattfindet oder nicht. Wie *Schwerpunkte* erarbeitet werden, wird in Abschnitt 9.2 vorgestellt. Die *Pareto-Analyse* ist eine in Produktentstehungsprozessen häufig verwendete allgemeine Vorgehensweise; ihre Methodik ist auf viele Aspekte der Entwicklung anwendbar.

Die wesentlichen Stärken einer systematischen Werkstoffauswahl liegen in der Nachvollziehbarkeit eines Auswahlprozesses, in einer alle Materialien umfassenden Suche und damit möglichen innovativen Produktmerkmalen (bis hin zum Alleinstellungsmerkmal). Neue (oder geänderte) Werkstoffe zielen auf Kosteneinsparungen ab, die auf technischen, wirtschaftlichen oder technologischen Verbesserungen der Werkstoffneuwahl beruhen. Immaterielle Aspekte wie ein Know-how-Gewinn sind für die Innovationskraft eines Unternehmens vorteilhaft.

Mögliche Schwächen sind in dem erhöhten Ressourcen-, Zeit- und Kosteneinsatz zu sehen. Die systematische Vorgehensweise kann Materiallösungen erschließen, die eine höhere Komplexität des Gesamtprozesses erfordern. Auch Subjektivität ist nicht vollständig auszuschließen.

Eine Methode sollte stets maßvoll eingesetzt werden. Dazu ist die Analyse der Entwicklungsschwerpunkte (z. B. über eine Pareto-Analyse) sinnvoll. Bestimmte Bauteile tragen die Hauptfunktionen, die -kosten oder das -merkmal eines Erzeugnisses und sind aus dieser Perspektive häufig für eine Werkstoffänderung oder -neuwahl besonders qualifiziert. Nicht jedes Bauteil benötigt eine systematisch herbeigeführte Materialentscheidung über ein nachvollziehbares Ausleseverfahren – die fachliche Einzelentscheidung eines Konstrukteurs reicht in vielen Fällen aus.

3.4   Kontrollfragen

3.1   Beschreiben Sie den Ablauf des allgemeinen Problemlösungszyklus!

3.2   Welche vier Phasen werden beim Entwickeln und Konstruieren von Erzeugnissen nach der Vorgehensweise der VDI-Richtlinie 2221 durchlaufen?

3.3   Welches richtungsweisende Dokument der Entwicklung liegt nach der Klärung der Aufgabenstellung vor? Was beschreibt es?

3.4   Nennen Sie drei Werkzeuge der Lösungssuche (*siehe Tab. 3-1*). Beschreiben Sie diese (externe Recherche, z. B. im Internet über „http://de.wikipedia.org" [Stand: 24. April 2014]!

3.5   Erläutern Sie die vier Phasen des Werkstoffauswahlprozesses!

3.6   Welcher Zusammenhang besteht zwischen Produkt- und Materialanforderungsliste?

3.7   Was sind Materialcluster? Nennen Sie drei Beispiele!

3.8   Wie ist mit den aus einer Vorauswahl hervorgegangenen Lösungen im nächsten Arbeitsschritt zu verfahren?

3.9   Aus welchen Gründen kann eine Evaluierung und Validierung von Produkteigenschaften nur mit einer geringen Anzahl an Werkstoffen erfolgen?

3.10   Was wird unter der Top-Down-Methode in Bezug auf die Materialsuche verstanden?

3.11   Geben Sie die Möglichkeiten einer sehr schnellen „standardisierten" Werkstoffsuche an! Wo liegen die Vorteile, wo die Nachteile dieser Verfahrensweisen?

3.12 Welchen drei (allgemeinen) Aspekten können die Stärken einer systematischen Werkstoffauswahl zugeordnet werden? Nennen Sie zu jedem Aspekt ein Beispiel!

3.13 Welche Schwächen führen bei Methoden im Allgemeinen (mindestens eine Nennung) und bei einer systematischen Werkstoffauswahl im Speziellen (mindestens zwei Nennungen) zu Vorbehalten bei Entwicklern?

3.14 Was versteht man unter einer Schwerpunktbildung im Produktentwicklungs- bzw. Materialauswahlprozess?

4 Phase I – Ermittlung der Material-
anforderungen

Die Phase I des Werkstoffauswahlprozesses, die Ermittlung der *Materialanforderungen*, beinhaltet die drei Arbeitsschritte (*vergleiche Abb. 3-3*)
* *Analyse der Aufgabenstellung, Ermittlung der Produkt- und Bauteilanforderungen (Schritt 1.1),*
* *Analyse der Art der Entscheidungssituation und die daraus resultierende Wahl der Projektorganisation (Schritt 1.2),*
* *Übersetzung der Bauteilanforderungen in eine Materialanforderungsliste (Anforderungsprofil des gesuchten Werkstoffs, Schritt 1.3).*

Von der Produkt- zur Bauteilanforderungsliste

Der Schritt 1.1 des Werkstoffauswahlprozesses entspricht dem Schritt 1 des in *Abb. 3-2* dargestellten Ablaufs „Entwickeln und Konstruieren" nach VDI-Richtlinie 2221 /6/. Aus diesem Arbeitsschritt „Klären und Präzisieren der Aufgabenstellung" geht das Dokument „Anforderungsliste" für ein Produkt hervor, die als Maßgabe zu jedem Zeitpunkt des weiteren Produktentwicklungsprozesses zu beachten ist. Eine Pflege dieser Anforderungsliste über den Entwicklungszeitraum beinhaltet insbesondere das Einbeziehen neuer bzw. das Streichen nicht mehr relevanter Forderungen im Einvernehmen mit dem Entwicklungsteam und dem Kunden. Fast immer werden aus der Anforderungsliste detailliertere auftraggeberseitige Lasten- bzw. auftragnehmerseitige Pflichtenhefte angefertigt.

Die Erstellung der Anforderungsliste für ein Erzeugnis ist immer die Vorstufe der Ermittlung von Werkstoffanforderungen, da die Produkteigenschaften das erforderliche Eigenschaftsprofil des Materials in den wesentlichen Punkten festlegen. Ohne deren Wissen kann ein Material nicht systematisch ausgewählt werden.
Da die Materialsuche nicht für ein Erzeugnis, sondern für seine Bauteile erfolgt, müssen die Anforderungen für das Produkt auf seine Bestandteile heruntergebrochen werden. Dabei spielen die Funktionen dieser Komponenten eine maßgebende Rolle. Sie werden bei der Erstellung einer Funktionsstruktur deutlich. Für diese in der Konstruktion dazu eingesetzte Methodik der *Funktionenanalyse* finden sich ausführlichere Beschreibungen in Lehrbüchern (z. B. /8/, /4/; *siehe auch Abschnitt 9.3.1*). Zum Gesamtverständnis soll nur kurz auf die Vorgehensweise eingegangen werden.

Das Produkt wird in der Konstruktionsmethodik als *technisches System* bzw. als Teil eines technischen Systems angesehen. Es besteht (in der Regel) aus Baugruppen, die sich aus Bauteilen zusammensetzen. *Entscheidend für das erfolgreiche Konstruieren ist es, Klarheit über die Funktionen der Bauteile und Baugruppen eines Produkts zu gewinnen.* Diese Funktionen sind eng mit Anforderungen (und Wünschen) verknüpft. Dazu ist selbst für einfache technische Systeme die Erstellung der Funktionsstruktur anzuraten. Durch schrittweise Auflösung in die kleinstmöglichen sinnvollen funktionalen Elemente entsteht ein hierarchisches System miteinander verknüpfter Funktionsbauelemente. Jedes dieser Elemente im Gesamtsystem setzt *Energie, Material oder Information (Signale)* entsprechend dem definierten Produkt-, Baugruppen- oder Bauteilzweck um und nimmt entscheidende *Teilfunktionen* der Gesamtfunktion wahr. Miteinander verknüpft beschreibt die Gesamtstruktur das Produkt in allen funktionalen Einzelheiten. Mit Hilfe der *Funktionsstruktur* lassen sich auch wesentliche Baugruppen und Bauteile eines Erzeugnisses und damit Entwicklungsschwerpunkte identifizieren.

Abb. 4-1 zeigt das Ergebnis der Funktionenanalyse für einen Reitstock einer Werkzeugmaschine. In *Teilbild a* wird die Gesamtfunktion dargestellt, welche in *Teilbild b* in unterschiedliche, dem Material-, Signal- und Energiefluss folgende Teilfunktionen zerfällt.

Die Produktanforderungen führen zu Bauteilanforderungen; die Bauteilanforderungen führen zu Materialanforderungen. Um diese zu ermitteln, ist die Analyse der Funktion von Bauteilen ein unverzichtbarer Schritt, da die Funktionserfüllung wesentlich vom Werkstoff mitgetragen wird.

Produkt, Baugruppe, Bauteil und Material

Für alle Bauteile eines Produkts sind Werkstoffe zu wählen. Die getroffenen Materialentscheidungen müssen dazu beitragen, die *Teilfunktion* zuverlässig zu erfüllen. Analog der Anforderungsliste der Produktentwicklung sind nun für das Bauteil und seine Teilfunktion im Produkt die Anforderungen, Wünsche und Ziele zu definieren. Diese Aufgabe fällt dem Konstrukteur des Bauteils im Konsens mit allen Beteiligten zu.

Die ganze Vielfalt der *Anforderungskriterien* (Wirtschaftlichkeit, technische sowie technologische Eigenschaften) resultiert – wie bereits eingangs erwähnt – in einer Festschreibung von Forderungen und Wünschen. Um eine Übersetzung der Bauteil- in Materialanforderungen zu erleichtern, sind leicht veränderte Gliederungsgesichtspunkte anzuwenden. Für die Werkstoffauswahl ist eine Einteilung in

* *Bauteilziele* (Produktziele),
* *Bauteilforderungen* (Produktforderungen) *und damit verbundene Bauteileinschränkungen* (Produkteinschränkungen) *sowie*
* *Bauteilwünsche* (Produktwünsche)

günstiger.

Typische *Bauteilziele* sind ein niedriges Gewicht, ein geringes Bauvolumen oder möglichst niedrige Herstellkosten, wobei in der Regel die Konstruktion nicht nur einem Ziel folgt, sondern meist miteinander in Wechselwirkung stehende Ziele die Aufgabe erschweren.

Bauteilforderungen (-bedingungen) sind meist aus technischen Anforderungen des Produkts abgeleitet. Dazu zählen beispielsweise eine maximale Einsatztemperatur, denen das Bauteil ausgesetzt wird, oder maximal zulässige Formänderungen (Durchbiegung, Verdrillung) oder die Notwendigkeit, einen guten Wärmeübergang zu bewerkstelligen. Wünsche an eine Komponente sind an *technische, technologische, wirtschaftliche,* aber auch an *ästhetische Produktmerkmale* geknüpft (z. B. Fertigung durch Drehen, glänzende Oberfläche).

a) Gesamtfunktion Reitstock

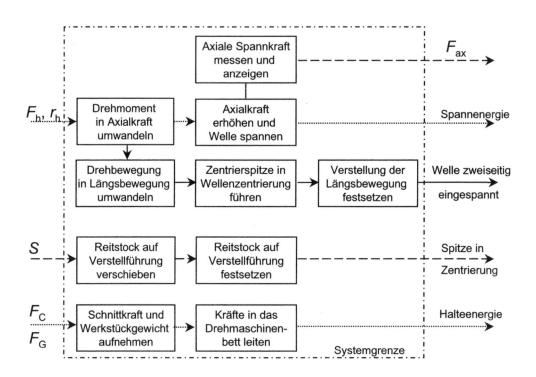

b) Funktionsstruktur für die Gesamtfunktion Reitstock

Abb. 4-1: Funktionenanalyse für einen Reitstock /4/

Für die Materialauswahl sind viele dieser geforderten bauteil- und produktspezifischen Eigenschaften in werkstoffspezifische Forderungen und Bedingungen zu übersetzen. Für schwierigere Werkstoffauswahlprozesse sollte auf jeden Fall eine Anforderungsliste an den Werkstoff formuliert werden. Sie ist die Grundlage einer methodischen, systematischen Werkstoffauswahl; ihre Erstellung wird ausführlich in Abschnitt 4.3 behandelt.

Die Ableitung von Materialanforderungen gelingt leichter, wenn die Bauteilziele, die Bauteilbedingungen und die Bauteilwünsche erkannt werden.

Es sei daran erinnert, dass die Werkstoffauswahl nicht für jede Komponente eines Produkts einer ausführlichen Systematik und Dokumentation bedarf. Vielmehr sind über die Hauptaspekte wie Kosten, Funktion, Sicherheit, Zuverlässigkeit die *Entwicklungsschwerpunkte* zu erarbeiten (*siehe Abschnitt 9.2*).

Im Schritt 1.2 „Analyse der Art der *Entscheidungssituation* und *Wahl der Projektorganisation*" (*vergleiche Abb. 3-3*) ist bauteilbezogen zu prüfen, in welcher Weise der Werkstoffauswahlprozess zu organisieren ist. Je nach *Komplexität* der Materialsuche (Bekanntheitsgrad des Werkstoffs, Konstruktions- und Produktart sowie wirtschaftliches Risiko z. B. aufgrund der Losgröße; *vergleiche Abschnitt 2.2*) ist der Prozess entsprechend zu gestalten. Hier entscheidet die richtige Wahl der Projektorganisation über den Erfolg des Prozesses mit (*vergleiche Abschnitt 9.1.1*).

In Schritt 1.3 steht die für den Erfolg einer Materialsuche entscheidende, sorgfältig durchzuführende Übersetzung der Bauteil- in Werkstoffanforderungen an. Die *Materialanforderungsliste* definiert das Anforderungsprofil, welches mit den Eigenschaftsprofilen von Materialien verglichen werden kann. Vor der Beschreibung, wie die Anforderungsliste für einen Bauteilwerkstoff erfolgreich erstellt wird, soll zunächst ein zentrales Problem der Werkstoffauswahl angesprochen werden. Die Materialsuche für ein Bauteil muss stets

*   *Material,*
*   *Funktion,*
*   *Gestalt (Form) und*
*   *Fertigungstechnologie*

und deren *Wechselwirkungen* berücksichtigen.

4.1 Wechselwirkungen mit dem Konstruktionswerkstoff

Die *Wechselwirkungen* zwischen *Konstruktion* (Funktion und Gestalt), *Technologie* und *Werkstoff* verhindern bei der Werkstoffauswahl eine in allen Punkten optimale Lösung. Technische Optimierungen konkurrieren vielfach mit wirtschaftlicher Fertigung oder dem Einsatz kostengünstiger Materialien. *Abb. 4-2* versucht, die wesentlichen Verknüpfungen zwischen diesen unterschiedlichen Blickwinkeln der Konstruktion aufzuzeigen.

Funktion, Beanspruchung, Gestalt und Größe

In erster Linie hat die Konstruktion des Bauteils der *Funktion* zu folgen, die es im Zusammenwirken mit anderen, meist den umgebenden Konstruktionselementen erfüllt. Wird sie nicht zuverlässig verrichtet, sind dem Produkt nur geringe Marktchancen einzuräumen. Dazu sind die Beanspruchungen in Bezug auf die Dimensionierung des Bauteils als auch die *Gestalt (Form und Größe)* zu berücksichtigen.

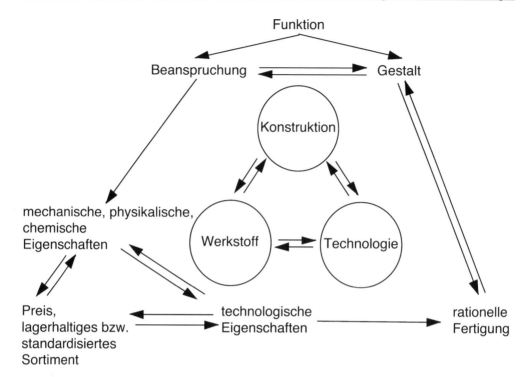

Abb. 4-2: Materialauswahl unter dem Gesichtspunkt der Einheit von Konstruktion, Werkstoff und Technologie /14/

Die *Festlegung von Abmessungen* (Dimensionierung) folgt in der Anfangsphase nach den grundlegenden Rechenweisen der Ingenieurwissenschaften. Im Laufe des Entwicklungsprozesses konkretisieren sich diese Maße entsprechend dem Fortschritt der Konstruktion vom Entwurf zur Ausarbeitung. Dabei werden je nach Produktanforderung auch rechnergestützte Verfahren zur Dimensionierung und zur Sicherstellung von Funktionsanforderungen eingesetzt.

Die Gestalt folgt im Allgemeinen Maschinenbau weniger ästhetischen Gesichtspunkten als eher der Wechselwirkung mit der Funktion. Daraus resultiert eine Formgebung, die den mechanischen, thermischen, chemischen oder gemischten Anforderungen so weit als möglich genügt. Die daraus in den letzten Jahrzehnten abgeleiteten Entwicklungsregeln werden heute als „Design for X" bezeichnet (*vergleiche* /13/). Das „X" steht dabei für unterschiedliche Zielrichtungen bei der Produktentwicklung, z. B. beanspruchungsgerechtes, montagegerechtes, fertigungsgerechtes, recyclinggerechtes oder umweltgerechtes Design.

Einige (allgemein gültige) konstruktive Regeln sollen dies erläutern:

- Ein oberstes Konstruktionsprinzip der Formgebung ist im Hinblick auf die mechanische Beanspruchung eine möglichst kerbwirkungsfreie Bauteilgestaltung. Bauteilabschnitte werden darüber hinaus über die Wahl optimierter Querschnittsformen den auftretenden Belastungsarten angepasst.

- Die Vermeidung von Sammelstellen für ein korrosives Medium verringert über die Formgebung der Schweißnähte und -teile die Korrosionsgefahr.
- Eine Überhitzung thermisch beanspruchter Teile wird durch eine entsprechende Gestaltung von Querschnittformen umgangen.
- Eine symmetrische Konstruktion von Bauteilen hilft bei automatischer Ausrichtung von Bauteilen. Falls die Symmetrie nicht erreicht werden kann, sollten konstruktive Merkmale das Erkennen von Bauteilasymmetrien erleichtern.

Drei dieser Beispiele zeigen die vielfach starken Einflüsse der Gestalt auf die Werkstoffwahl. Bei unvermeidlicher Kerbwirkung im Bauteil verbietet sich i. Allg. der Einsatz spröder Werkstoffe. Sammelstellen für korrosive Medien erfordern Korrosionsbeständigkeit gegen einwirkende Medien. Durch optimierte thermische Eigenschaften eines Werkstoffs kann einer Überhitzung vorgebeugt werden.

> Bei der Suche nach einem Material sind die vielschichtigen Wechselwirkungen zwischen Konstruktion, Werkstoff und Technologie zu berücksichtigen. Sie zeichnen sich für die hohe Komplexität von Werkstoffauswahlprozessen verantwortlich.

Gestalterische Möglichkeiten dürfen vom Konstrukteur nur im Rahmen einer noch guten *Wirtschaftlichkeit* des Bauteils ausgeschöpft werden. Diese Wirtschaftlichkeit wird wesentlich von der *Wahl der Fertigungstechnologie* mitbestimmt; Fertigungszeiten, die Verfügbarkeit von Fertigungstechnologien usw. tragen einen wesentlichen Teil zu den Herstellkosten bei.

Technologie

Die Entscheidung für eine Technologie, mit der ein Bauteil erzeugt wird, folgt hauptsächlich der Bewertung der Kriterien:

- *Herstellkosten,*
- *Herstellbarkeit und*
- *umsetzbare Mikro- und Makrogeometrie.*

In Bezug auf die **Herstellkosten** ist zu berücksichtigen, dass eine Werkstoffwahl günstige Fertigungstechnologien von vornherein ausschließen kann. So ist nicht jeder Werkstoff – wie z. B. die technischen Keramiken – spanend bearbeitbar. Auch die „Montage" von Bauteilen mittels Schweißens ist nicht für jeden metallischen Werkstoff durchführbar bzw. nur mit hohem Aufwand realisierbar. Spritzguss, ein Verfahren, welches der Bauteilgestaltung höchste Freiheiten einräumt, ist den Kunststoffen und unter diesen verstärkt den Thermoplasten zuzuordnen. Verfahrenstechnisch aufwendiger ist der Spritzguss von vernetzenden Polymeren (wie Elastomere und Duroplaste, *vergleiche* /15/).

Die kostengünstigen spanenden Verfahren werden am häufigsten zur Herstellung der Endkontur eines Bauteils eingesetzt, wobei vorab Massenteile geschmiedet, gegossen oder gesintert werden. Nachbearbeitungen zur Verbesserung der Oberflächenqualität und der Toleranzen erfolgen bei metallischen Werkstoffen meist durch Schleifprozesse. Alternativ zum Spanen bietet sich die Blechverarbeitung an: Blechteile können bei alternativer Gestaltung durchaus kostengünstige Lösungen darstellen, die in Festigkeit und Steifigkeit Massivteilen nicht nachstehen /16/. Die Umformverfahren sind nicht auf die metallischen Werkstoffe beschränkt, sondern lassen sich mit den verfahrenstechnischen Abwandlungen auch für Kunststofftafeln nutzen.

In der Industrie gewinnen *endformnahe Formgebungsverfahren* (im Englischen: Near Net Shape Forming) immer stärker an Bedeutung, die mittels Urformen und Umformen die Endkontur in einem Bearbeitungsschritt herstellen. Mit der Reduzierung der Zahl notwendiger Fertigungsschritte werden auch die Herstellkosten geringer. Bereits etablierte Verfahren sind das Fließpressen (z. B. Verzahnungen, Keilwellen), der Feinguss (z. B. feinmechanische Bauteile von Nähmaschinen) oder das Rundkneten (z. B. Rohre mit Einstichen). Als neuere Entwicklungen seien das Präzisionsschmieden, das Pulverschmieden, der Metallspritzguss oder superplastisches Formen (von Aluminiumlegierungen) genannt (*siehe* /17/).

Eine gewünschte rationelle Fertigung ist stets unter dem Aspekt der Verfügbarkeit zu sehen. Dabei steht ein Szenario häufig im Vordergrund: die „*Make or Buy*"-Frage. Es ist zu prüfen, ob ein Bauteil außerhalb des Unternehmens günstiger gefertigt werden kann als intern. Dieser Prüfung sind in den letzten zwei Jahrzehnten Eigenfertigungskapazitäten von vielen Unternehmen zum Opfer gefallen; vielfach wurde nur die Montage der Produkte aufrechterhalten. Die dazu notwendigen Teile werden in Niedriglohnländern fabriziert. Auch die Betriebsmittelentwicklung und der Betriebsmittelbau wurden – soweit nicht damit ein geschäftsschädigender Know-how-Verlust einherging – auf externe Lieferanten (Konstruktionsbüros, Teile- und Maschinenhersteller) übertragen.

Bei diesen „Make or Buy"-Überlegungen sind bauteilbezogene, konstruktive Aspekte mitentscheidend, auch ob ein Werkstoff im eigenen Unternehmen überhaupt verarbeitet werden kann. Wenn die Größe des Bauteils eine Eigenfertigung untergräbt, da die vorhandenen Werkzeugmaschinen über keine ausreichenden Spannmöglichkeiten oder Verfahrwege verfügen, ist die Bauweise eines Teils zu hinterfragen. Ähnliches gilt, wenn dadurch hohe Transportkosten verursacht werden und so eine Fremdfertigung sehr teuer wird. Die *Differenzialbauweise*, die das Bauteil aus Einzelteilen zusammensetzt, konkurriert mit der *Integralbauweise* „aus einem Stück" (Massivteil). Erstere Bauart führt zu kleineren Komponenten; möglicherweise erlaubt dies eine Fertigung im Haus, löst die Problematik hoher Transportkosten oder vermeidet den für ein großes Bauteil notwendigen Kauf teurer Fertigungsmittel.

> Herstellkosten werden von der Wahl der Fertigungstechnologie wesentlich mitbestimmt. Endformnahe Herstellweisen werden gegenwärtig immer gebräuchlicher, da sie deutlich geringere Nacharbeitskosten erfordern. Auch eine „Make or Buy"-Entscheidung ist in die wirtschaftlichen Überlegungen einzubeziehen.
> Hinsichtlich der Verbindungstechniken von Bauteilen lassen sich die Herstellkosten insbesondere durch geeignete Konstruktionsweisen reduzieren.
> Bei all diesen Betrachtungen ist stets die Materialabhängigkeit des Herstell- oder Fügeprozesses zu beachten.

Ein zweites Entscheidungskriterium bei der Wahl einer Technologie ist im Hinblick auf den Werkstoff die grundlegende Beurteilung der **Herstellbarkeit**. Fertigungsverfahren stoßen je nach Rohmaterial und Halbzeugtyp an *Verfahrensgrenzen*. Beispielsweise kann die Größe eines Strangpressprofils nicht beliebig groß (oder klein) gewählt werden. Beim Druckgießen können werkstoffabhängig für Aluminiumlegierungen Gussgewichte bis 50 kg, für Zinklegierungen bis 20 kg, für Magnesiumlegierungen bis 15 kg und für Kupferlegierungen bis etwa 5 kg realisiert werden. Der Feinguss erlaubt Grenzgewichte im Bereich von mehreren Kilogramm und nur in Sonderfällen bis 100 kg.

Die Herstellbarkeit umfasst dabei nicht nur die *Fabrikation* des Bauteils, sondern ebenso die Verfahren zur Einbindung eines Bauteils in seine konstruktive Umgebung. Auch bei dieser Wahl sind in Bezug auf die Herstellkosten kostenintensivere gegenüber günstigeren Verfahren abzuwägen. Der Fokus auf die Herstellbarkeit muss sich vor allem den Wechselwirkungen zwischen der Technologie und dem Material widmen: So ist die Eignung für eines der Wirkprinzipien der *Fügetechnologien,* Stoff-, Form- oder Kraftschluss, je nach Werkstoff (oder -familie oder -gruppe) unterschiedlich zu bewerten. Verbindungstechniken sind auf Werkstoffe abzustimmen und umgekehrt; dies ist bei der Ermittlung der Werkstoffanforderungen im Materialauswahlprozess unbedingt mit ins Kalkül zu ziehen.

Gleichermaßen muss dem Konstrukteur stets bewusst bleiben, dass die „Bearbeitung" des Materials – sei es beim Fabrizieren, sei es beim Fügen des Bauteils – gravierende *Veränderungen der Werkstoff- und somit Bauteileigenschaften* bewirken kann. Wer dies übersieht, bereitet den Nährboden für das spätere Versagen. Insbesondere thermische Effekte spielen dabei maßgebende Rollen: Nicht ausreichende Kühlung bei der spanenden Bearbeitung einer Komponente, temperaturbeeinflusste Zonen beim Schweißen können die Festigkeiten oder das plastische Formänderungsvermögen eines Materials drastisch verändern und damit den Ausfall des Bauteils bewirken.

Technologiefragen können durchaus zum *frühzeitigen Ausschluss* von Werkstoffen durch die Konstrukteure der Entwicklungsabteilungen führen. Der Werkstoffsuchende benötigt außerhalb der Kenntnisse über die physikalischen, mechanischen und chemischen Eigenschaften des Materials spezielles *Fachwissen über Herstell- und Fügetechniken.* In der Praxis sind dem „Metaller" einer Konstruktionsabteilung Kunststoffe noch weitgehend bekannt, Techniken zur Fabrikation einer alternativen Kunststoffkomponente sind für ihn jedoch häufig Neuland. Darüber hinaus wird zur Weiterverarbeitung des Teils ein fundiertes Wissen über Verbindungstechniken abgefordert. Diese Informationsdefizite lassen den Entwickler lieber bereits eingetretene Pfade beschreiten; er wird sich eher unter den Metallen innovative Werkstoffe suchen, die bekannte Fabrikations- und Fügeverfahren verwenden. Ein entsprechendes Szenario ist für den Kunststoffkonstrukteur hinsichtlich der Informationsmankos bei metallischen Materialien zu skizzieren. Noch einschneidender werden diese Know-how-Problematiken bei weniger weit verbreiteten Konstruktionswerkstoffen und Werkstoffneuentwicklungen. Der Leser möge sich selbst hinterfragen, welches Wissen über die Herstellung und das Verbinden von Bauteilen aus Materialien wie Metall- und Kunststoffschäumen, faserverstärkten Verbunden (wie GFK, CFK, MFK) oder Superlegierungen bei ihm verfügbar sind. Das bedeutet, dass man „fremden" Werkstoffen oder gar Werkstoffgruppen gerne aus dem Wege geht, um unnötige Risiken für das Produkt zu vermeiden. Mangelndes Wissen wird zum Ausschlusskriterium, obwohl sich die Materialien für den Anwendungsfall bestens eignen würden.

Bei der Werkstoffauswahl für ein Bauteil ist die Herstellbarkeit von Halbzeugen (oder anderen Vorprodukten) zu prüfen, da unterschiedliche Materialien unterschiedliche Fertigungsweisen und -grenzen nachsichziehen. Ebenso müssen Fügeprozesse in Zusammenhang mit den Materialeigenschaften bewertet werden. Fehlende Kenntnisse über Fertigungstechnologien sind dabei häufig Ursache für den Ausschluss von durchaus möglichen Werkstofflösungen.

Die Anforderungen an die **Mikro- und Makrogeometrie** eines Bauteils (Fein- und Grobgestalt) schränkt ebenfalls die Wahl eines Fertigungsverfahrens ein und ist daher als ein drittes wesentliches Kriterium für die Technologieauswahl zu beachten. Die Qualität von *Toleranzen* (Toleranzgrade IT) und *Oberflächen* (gemittelte Rautiefe R_z, Mittenrauwert R_a usw.) sind dabei ebenso wie die *Makrogeometrie* (Form) des Bauteils in die Überlegungen einzubeziehen. Zudem sind materialspezifische *Gestaltungsregeln* des Fertigungsverfahrens zu beachten.

So bieten im Sandguss gefertigte Bauteile nur grobe Toleranzmaße und Oberflächengüten; unter Beachtung der für das Gießen notwendigen Gussschrägen zum Entformen ist die Formgestaltung des Bauteils gegenüber anderen Herstelltechniken aber quasi beliebig. Lediglich aus Kostengründen sind Hinterschneidungen in Gießformen zu vermeiden, um die Zahl notwendiger Gießkerne gering zu halten. Auch Regeln zur Festlegung der Trennebene sind zu beachten.

Das Drehen lässt nur die Herstellung rotationssymmetrischer Bauteile zu, die (beliebigen) Querschnitte stranggepresster Teile erstrecken sich in eine Pressrichtung. Andere Fertigungstechniken wie das Schmieden, die Blechverarbeitung, das Schleifen usw. haben andere fertigungsspezifische Auswirkungen auf die Formgebung des Erzeugnisses, seine Oberflächeneigenschaften und seine geometrischen Toleranzen.

Die erzielbare Mikro- und Makrogeometrie sowie die Gestaltungsregeln eines Fertigungsverfahrens sind bei der Wahl der Herstellweise eines Bauteils zu prüfen, um Funktionsflächen mit einem gewählten Werkstoff in hinreichender Qualität zu fertigen.

Datsko /18/ hat zu den aus fertigungstechnischer Sicht entscheidenden Fragestellungen eine *Checkliste* erarbeitet, die das Zusammenwirken von Technologie, Gestalt, Funktion und Material analysieren und diesbezüglich Fehler im Konstruktionsprozess vermeiden helfen. Bei unserer Aufgabe, der Ermittlung der Materialanforderungen, hilft sie den Blick auf die materialspezifischen Wechselbeziehungen zu lenken. Aufgrund des Umfangs soll dieses Hilfsmittels in einem eigenen Abschnitt vorgestellt werden (*vergleiche Abschnitt 4.4*).

Werkstoff

Schließlich setzt die Aufgabe nicht nur bezüglich der mechanischen, physikalischen, chemischen sowie technologischen Anforderungen Randbedingungen in der Materialwahl. Hinsichtlich der Wechselwirkung mit der Technologie und der Konstruktion des Bauteils sind ebenso auf die *Wirtschaftlichkeit* des Produkts einwirkende Gesichtspunkte zu beachten. Direkten Einfluss auf die *Herstellkosten* haben in erster

Tab. 4-1: Einflusskriterien auf die Werkstoffauswahl /20/

Kriterium	weniger wichtig	wichtig	sehr wichtig
Gebrauchseigenschaften		*	* * * *
Kosten	*	* *	* * *
Lebensdauer	*	* *	* * *
Verarbeitbarkeit (Fertigung)	*	* * *	* *
Recyclingfähigkeit	* *	* * *	*
Wirtschaftlichkeit für Betreiber	*	* *	* *
Normen / Qualität		*	*
Verfügbarkeit	*	*	*
Design		*	

Linie

- der *Rohmaterialpreis* (oder Halbzeugkosten),
- die *Fertigungskosten*, die von Eigenschaften wie Automatisierbarkeit, Zerspanbarkeit, Umformbarkeit wesentlich beeinflusst werden, oder
- die *Qualitätskosten* (z. B. erhöhte Kosten bei der Prüfung von Faserverbunden).

Kosten verändernde oder verursachende Aspekte wie

- die *Verfügbarkeit von Materialien* (z. B. mögliche Beschaffungsengpässe),
- die *Gebrauchseigenschaften* und
- sonstige *Kosten* (über das gesamte Produktleben)

sollten in die Überlegungen miteinbezogen werden. Einige Rohstoffe werden an der Börse gehandelt und unterliegen so nicht nur den Angebot-Nachfrage-Mechanismen des Marktes. Es ist bekannt, dass spekulative künstliche Verknappungen bei Werkstoffen ihre *Verfügbarkeit* auf dem Weltmarkt einschränken können und damit zu unerwarteten Preiserhöhungen führen. Auch der Einsatz von Rohstoffen, welche hauptsächlich in politisch instabilen Ländern abgebaut werden, birgt Risiken. Das bekannteste Beispiel ist die Beeinflussung der Kunststoffpreise durch die Entwicklung des Ölpreises. Auch die „Abhängigkeit" von nur einem Zulieferer stellt eine beständige Unsicherheit bei den Materialkosten eines Produkts dar.

Die *Gebrauchseigenschaften*, die sich aus dem Gebrauch des Produkts und damit den technischen Produktanforderungen ableiten (z. B. Korrosionsbeständigkeit, Wärmebeständigkeit etc.), beeinflussen den Materialpreis am stärksten. Korrosionsbeständige Stähle, gegebenenfalls für höhere Temperaturen, haben ihren Preis.

Unter *sonstige Kosten* sollen hier die der Produktion nachgelagerten Kosten zählen. Diese sind bei Werkstoffen nicht unerheblich. So entstehen dem Benutzer je nach Material hohe Belastungen durch Wartung und Reparatur. So lassen sich das Schweißen, Nieten o. Ä. als kostengünstige metallische Reparaturprozesse nicht bei Verbundwerkstoffen anwenden. Auch sind aufwendigere wartende Prüfverfahren notwendig, um Schäden an dem Zusammenhalt von Faser und Matrix zu detektieren.

Über das „herkömmliche" Produktleben hinaus gewinnen heute *Recyclingeigenschaften* an Bedeutung. Gesetzliche Regelungen (wie Rücknahmeverordnungen etc.) führen zu immer neuen Herausforderungen bei der Werkstoffwahl. Eine recyclinggerechte Konstruktion muss das einfache „Herauslösen" des Materials aus dem Produkt gestatten (*siehe z. B. /19/, vergleiche Abschnitt 2.1.4*).

Gemäß einer Umfrage in Maschinenbauunternehmen (*vergleiche Tab. 4-1*) stellen die Gebrauchseigenschaften noch vor den Kosten und der Lebensdauer das wesentliche Auswahlkriterium für Werkstoffe dar /20/. Kosten und Lebensdauer (als Ausdruck für die Zuverlässigkeit eines Erzeugnisses) folgen. Die letzten drei Kriterien wurden in den Rückläufen der Umfrage durch die Unternehmen benannt und sind möglicherweise im Ranking noch weiter oben anzusiedeln. Dieses Ergebnis, welches die Schwerpunkte bei der Anforderungsermittlung aufgibt, hat trotz der Befragung von Unternehmen der hauptsächlich Stahl anwendenden Branchen sicherlich auch repräsentativen Charakter für andere Materialgruppen.

> Die technischen, technologischen und wirtschaftlichen Werkstoffeigenschaften beeinflussen die Konstruktion eines Bauteils. Vorrangig sind die Gebrauchseigenschaften, die Kosten sowie Zuverlässigkeitsaspekte für die Auswahl eines Werkstoffs von Bedeutung.

Ein Beispiel

Das *komplexe Zusammenwirken von Material, Form, Technologie und Funktion* soll abschließend an einem allgemeinen Beispiel erläutert werden:

Die Konstruktion eines Bauteils einer *mechanisch tragfähigen Struktur* wird vornehmlich durch die Funktion bestimmt. Entsprechend den auftretenden Beanspruchungsarten (Zug, Druck, Biegung, Torsion, Flächenpressung etc.) und den Belastungsfällen (statisch oder dynamisch) findet die Gestaltung des Bauteils in Größe und Form statt. Tritt beispielsweise Druck auf, so sind Rohre (mit hoher Knicksteifigkeit) vorteilhaft. Bei Biegung um eine vorgegebene Achse ist als optimal geeignete Querschnittsform der I-Träger (mit hoher Biegesteifigkeit) anzuraten.

Üblicherweise werden diese Strukturen auch nicht mit spröden Werkstoffen ausgeführt, denn ein plötzliches katastrophales Versagen der mechanischen Struktur bei Überlast, aber auch die größere Kerbempfindlichkeit und hohe Dauerbruchgefahr sind unnötige Risikopotenziale. Daraus leiten sich klare Anforderungen bezüglich der gewünschten Werkstoffkennwerte ab.

Die Wechselwirkung der Konstruktion mit der Technologie zeigt sich in der Fabrikation der benötigten Formen. Rohre sind aus fast allen Materialien durch an den Werkstoff angepasste Verfahren kostengünstig herstellbar. Stahlrohre werden geschweißt (Längs- oder Spiralnaht) bzw. kleinere Abmessungen nahtlos mittels Strangpressen oder Extrudieren gefertigt; gegossene Rohre können aus einer Vielzahl von gießbaren Werkstoffen meist im Schleuderguss gefertigt werden, Kunststoffrohre werden vornehmlich extrudiert.

Die im Stahlbau verbreiteten I-Träger aus Stahl werden durch Warmwalzen (Umformen) gefertigt. Andere Materialien wie Aluminium lassen das Strangpressen als Verfahrensweise zu. Für beide Formen, ob Rohr oder I-Träger, sind jeweils Verfahrensgrenzen zu Werkstoffen vorhanden. Das bedeutet, dass I-Träger nur bis zu einer bestimmten Größe warmgewalzt, Rohre aus Kunststoff nur bis zu einer bestimmten Größe extrudiert bzw. aus Aluminium oder Stahl stranggepresst werden können. Entsprechend bietet der Markt diese Größen als Standardprodukte an. Die Auswahlmöglichkeiten sind somit begrenzt: Eine aus Festigkeits- und Steifigkeitsanforderungen dimensionierte Größe einer Form muss für das Material verfügbar sein.

Sind den Bauteilabmessungen zusätzlich durch die konstruktive Umgebung Grenzen gesetzt, wird die Gestaltung des Bauteils weiter eingeengt; die dann notwendigen geringeren Querschnitte verlangen vom Werkstoff höhere Festigkeiten (ohne Verlust an Steifigkeit). Diese Einschränkungen verkomplizieren die Suche, da für diese Werkstoffe die Grenzen von Fertigungstechnologien ebenfalls enger gesteckt sind.

Alle Wechselwirkungen von Material, Technologie und Konstruktion (Gestalt) sind daher genau zu bedenken, um eine passende Kompromisslösung zu finden.

> Zusammenfassend ist festzustellen, dass die Optimierung der Bauteilmerkmale Gestalt (Größe und Form), Werkstoff und Herstellbarkeit aus Sicht der Bauteilfunktion an eine große Zahl konkurrierender Bedingungen geknüpft ist. Werkstoffeigenschaften können auf die Anforderungen der Gesamtkonstruktion unterstützend (z. B. die Verfestigungseffekte durch Umformung), aber auch kontraproduktiv wirken und damit z. B. eine Fertigungstechnologie ausschließen (wie Wärmebeeinflussung beim Schweißen, Umformung von Keramiken etc.). Jede Werkstoffwahl ist als eine Kompromisslösung anzusehen. Sie ergibt sich aus einer Abwägung der vorhandenen technischen, technologischen und wirtschaftlichen Anforderungen des Produkts.

Eine Bewertung der Werkstoffeigenschaften unter objektivierten Kriterien ist somit erklärtes Ziel einer methodischen Werkstoffauswahl und führt – unter der Voraussetzung einer klaren Zielformulierung der Materialeigenschaften – zum am besten geeigneten Material für eine gestellte Konstruktionsaufgabe. Jede Konstruktion hat in der Regel ihre eigene anwendungsspezifische Komplexität, die bei einer Materialwahl zu beachten ist.

4.2 Werkstoffeigenschaften

Bevor Anforderungen an einen Werkstoff definiert werden können, sollte ein Konstrukteur über eine ausreichende Kenntnis der *spezifizierbaren Eigenschaften von Werkstoffen* verfügen. Die Zahl unterschiedlicher Werkstoffeigenschaften geht in die Hunderte /21/, wobei in den Fragen des Allgemeinen Maschinenbaus die Werkstoffsuche nur anhand einer begrenzten Anzahl erfolgt.

Auf eine werkstoffwissenschaftliche Erklärung der Merkmale soll verzichtet werden; dazu steht bereits ausreichend Literatur zur Verfügung (*vergleiche* /1/, /22/). Die Einordnung und Auswahl der Eigenschaften nach *Tab. 4-2* erfolgt nach Gesichtspunkten

Tab. 4-2: Zusammenstellung der für eine Materialauswahl maßgebenden Werkstoffeigenschaften

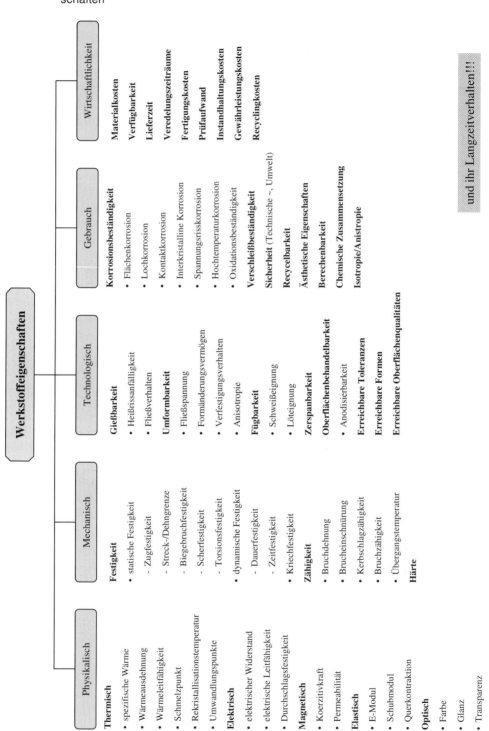

der Konstruktion. So sind die aufgeführten Größen für einen Konstrukteur mit werkstoffkundlichem Grundlagenwissen ohne Weiteres mit den Bedürfnissen einer Konstruktion gedanklich zu verbinden. Auf weniger verständliche *Eigenschaftsgrößen* wie z. B. Korngröße, Anzahl von Phasen, Texturen wurde bewusst verzichtet. Für die Materialauswahl des Konstrukteurs ist es wesentlich vorteilhafter, diese werkstoffwissenschaftlichen Merkmale in „konstruktive" Materialeigenschaften zu übersetzen. So finden Texturen in der Anisotropie von Eigenschaftswerten, chemische Zusammensetzungen an Korngrenzen in Korrosionseigenschaften ihren technischen Nutzen.

Langzeitverhalten

Übergreifend zu allen Werkstoffeigenschaften bestimmt eine weitere stoffliche Eigenschaft die Materialauswahl: das *Langzeitverhalten*. Nur mit stabilen Werkstoffkennwerten können Forderungen nach der Zuverlässigkeit eines Produkts über die gesamte Lebensdauer erfüllt werden. Dazu zählen häufig eine über lange Zeit gleichbleibende Festigkeit zum Erhalt von Bauteilabmessungen (Kriechfestigkeiten) oder die Forderung nach Unveränderlichkeit der Stoffeigenschaften unter korrosiven, thermischen und mechanischen Mischbeanspruchungen (Warmfestigkeiten, Korrosionsbeständigkeiten) usw. Auch wirtschaftliche Größen wie der Rohstoffpreis sind unter dem Gesichtspunkt zukünftiger Preisentwicklungen davon nicht ausgenommen.

Klassifizierung von Werkstoffmerkmalen

Eigenschaftswerte von Materialien sind von

- *quantitativer,*
- *qualitativer* oder
- *attributiver* Natur.

Quantitative Eigenschaftsgrößen können sehr einfach miteinander verglichen werden; hierzu sind nur die Zahlenwerte, z. B. für den Elastizitätsmodul oder die Zugfestigkeit, einander gegenüberzustellen. Qualitative Bewertungen stufen Eigenschaften eines Werkstoffs entsprechend einer Werteskala ein, um ein nicht zahlenmäßig zu erfassendes oder nicht zahlenmäßig bekanntes Materialverhalten einzuordnen. Beispiele sind die Eignung für Fertigungsverfahren (nicht schweißbar bis sehr gut schweißbar) oder die Verwendung von Korrosivitätsklassen. Qualitative Aussagen können im Grenzfall zu Ja/Nein-Bewertungen führen. Darüber hinaus können bestimmte Materialeigenschaften nur durch ein Attribut (oder auch Textpassagen) ausreichend beschrieben werden oder lassen sich nur über Bilder vermitteln. Ein typisches Beispiel dafür sind Mikrogefügeaufnahmen von wärmebehandelten Stählen. Das Bild gibt dem Fachmann wesentliche Informationen, die nicht allein über quantitative Größen wie Korngrößenverteilung, Ausscheidungsdichte usw. ausgetauscht werden können.

Einflüsse auf Materialeigenschaften

Viele Eigenschaftsgrößen zeigen Abhängigkeiten, die im Bedarfsfall für eine Konstruktion zu beachten sind. Die größte maschinenbauliche Beachtung muss der *Temperaturabhängigkeit mechanischer, physikalischer und chemischer Kennwerte* gelten.

Die Darstellung dieser *„Multi-Point-Daten"* erfolgt entweder mittels grafischer Methoden (Diagramme) oder in *Mehrpunkttabellen*, bei denen die Größen bei unterschiedlichen Temperaturen tabellarisch angegeben werden. Beispiele für diese temperaturabhängigen Werkstoffdaten lassen sich in der Kunststoffdatenbank Campus (www.campusplastics.com [Stand: 24. April 2014]) recherchieren. Für die Kunststoffe sind dort beispielsweise die Charpy-Kerbschlagzähigkeiten für 23 °C und −30 °C tabellarisch aufgeführt oder die Spannungsdehnungskurven für eine Vielzahl von Prüftemperaturen.

Eigenschafts- und Anforderungsprofil

Die Gesamtheit aller Eigenschaftsgrößen wird als das Eigenschaftsprofil eines Werkstoffs bezeichnet. Hinsichtlich einer gestellten Konstruktionsaufgabe sind für die Beurteilung der Eignung eines Werkstoffs nur die aus den Produktanforderungen relevanten Eigenschaften (*Anforderungsprofil*) heranzuziehen. Um dieses Anforderungsprofil des Werkstoffs auszumachen, bedarf es einer sorgfältigen analytischen und methodischen Arbeit, die im Folgenden in den Mittelpunkt der Prozessbeschreibung „Materialauswahl" rückt. Konstruktionsmethodisch gesehen handelt es sich dabei um den Schritt „Klärung der Aufgabenstellung".

Das Eigenschaftsprofil eines Materials wird durch seine qualitativen, quantitativen und attributiven Merkmale festgelegt. Bei allen Größen ist stets auch das Langzeitverhalten von Kennwerten zu hinterfragen.
Zur Auswahl von Werkstoffen sind nicht alle Eigenschaftswerte in die Suche einzubeziehen. Vielmehr gilt es, für das Anforderungsprofil eines Werkstoffs das am besten geeignete Eigenschaftsprofils eines Materials ausfindig zu machen.

4.3   Vorgehen beim Erstellen einer Materialanforderungsliste

Die Frage der Materialauswahl reduziert sich auf die Fragestellung: *Welches Eigenschaftsprofil eines Werkstoffs ist für das Materialanforderungsprofil meines Bauteils am besten geeignet?* Das Anforderungsprofil leitet sich aus der Konstruktionsaufgabe und demgemäß aus den Forderungen und Wünschen des Produkts ab; das Eigenschaftsprofil muss diesem Anforderungsprofil genügen (*siehe Abb. 4-3*).

Zunächst muss das Anforderungsprofil (*vergleiche Schritt 1.3 in Abb. 3-3*) aus den Produkt- und Bauteilanforderungen erarbeitet werden. Dies wird auch als *„Übersetzung" des Bauteil-Anforderungsprofils in das Material-Anforderungsprofil* bezeichnet. Bei der Identifizierung aller materialbezogenen Anforderungen eines Produkts bzw. Bauteils bleiben die Wechselwirkungen zwischen Konstruktion (Funktion und Gestalt), Werkstoff und Technologie noch weitgehend unberücksichtigt. Erst nach dieser Klärung der Aufgabenstellung (Welcher Werkstoff ist bzw. welche Werkstoffeigenschaften sind gesucht?) kann der Prozess der Materialsuche beginnen. Das Erkennen der Werkstoffeigenschaften, die für die Erfüllung der Anforderungen maßgebend sind, führt zu *Suchkriterien*, die eine Vorauswahl von Materialien ermöglichen.

Abb. 4-3: Anforderungsprofil und Eigenschaftsprofil

Bei der Suche nach geeigneten Werkstoffen für ein Bauteil sind die Bauteilanforderungen in Materialanforderungen zu übersetzen. Das aus technischer, technologischer und wirtschaftlicher Sicht am besten geeignete Material besitzt die größte Übereinstimmung zwischen Eigenschaftsprofil und Anforderungsprofil des Werkstoffs.

4.3.1 Übersetzung der Produkt- in Materialanforderungen

Ein Bauteil unterliegt als Teil der Gesamtkonstruktion entsprechend dem Gesamtprodukt Bauteilanforderungen und -wünschen /8/. *Die konstruktionsmethodischen Vorgehensweisen zur Ermittlung der Anforderungsliste vom Produkt sind uneingeschränkt auf ein Bauteil anwendbar.*

Anforderungsanalyse mit Checkliste

Die Ermittlung von Anforderungen wird in einem modernen Qualitätsmanagement häufig unterstützt durch *Checklisten (siehe Abschnitt 9.1.3)*. Dies folgt den Empfehlungen, die bereits früh in der Konstruktionslehre veröffentlicht wurden. Checklisten (jeglicher Art) oder andere methodische Vorgehensweisen stoßen auf ablehnende Haltung, insbesondere weil sie als Angriff auf die eigene Kreativität verstanden werden. Es muss aber bedacht werden, dass beim Einstieg in einen wenig bekannten Prozess der oder die Bearbeitende mit einem solchen Qualitätswerkzeug nicht alleine bleibt. Der Blick wird auf Anforderungen gelenkt, die unbewusst vielfach vergessen werden. Gerade die zu spät erkannten Anforderungen, die zu einem Fehler im Materialauswahlprozess führen, können gemäß der *Zehnerregel (vergleiche Kapitel 9)* teure Korrekturmaßnahmen nach sich ziehen und sind daher unbedingt zu vermeiden.

Die Checkliste ist für den Fall der Materialauswahl ein einfacher *Fragenkatalog* zu dem Bauteil, für das ein Material gesucht wird. Er richtet sich noch nicht konkret an Materialkennwerten aus. Die Methodik versucht vielmehr, den mehr auf die Gestaltung als auf den Werkstoff orientierten Konstrukteur auf Produktanforderungen aufmerksam zu machen, hinter denen sich Bedingungen für Werkstoffeigenschaften verstecken.

Tab. 4-3: Checkliste zur Identifizierung von Materialanforderungen eines Produkts (nach /23/)

Fragenkatalog zur Identifizierung von Materialanforderungen	Ja	Nein	Ggf.[1]
1	Wird durch ein notwendiges kleines Bauteilvolumen eine hohe Festigkeit notwendig?			
2	Ist hohe Festigkeit bei niedrigem Gewicht gefordert?			
3	Ist Festigkeit bei höheren Temperaturen gefordert?			
4	Sind bei erhöhten Temperaturen auch im Langzeitverhalten Bauteilabmessungen einzuhalten?			
5	Sind bei Temperaturwechsel Bauteilabmessungen einzuhalten?			
6	Ist eine erhöhte Steifigkeit des Bauteils notwendig?			
7	Ist eine hohe Zähigkeit (Verformbarkeitsvermögen) notwendig?			
8	Ist es notwendig, aufgenommene Energie durch elastische Verformungen aufzunehmen?			
9	Ist es sinnvoller, die aufgenommene Energie durch plastische Verformungen aufzubrauchen?			
10	Ist eine erhöhte Verschleißfestigkeit (der Funktionsflächen) gefordert?			
11	Ist eine erhöhte chemische Beständigkeit des Materials gefordert?			
12	Müssen Materialschäden durch radioaktive Bestrahlung verhindert werden?			
13	Gibt es spezielle Wünsche an besondere Fertigungsmethoden des Bauteils?			
14	Sind die Kosten des Bauteils bei der Materialauswahl von hoher Relevanz?			
15	Gefährden Beschaffungs- oder Entwicklungszeiten des Werkstoffs das Gesamtprojekt?			

1) Gegebenenfalls

Tab. 4-3 zeigt einen *Fragenkatalog*, welcher häufige im Maschinenbau auftretende Anforderungen an Bauteile abdeckt /23/. Mit den Fragen werden die wesentlichen Aspekte *Funktion, Technologie, Kosten, Zuverlässigkeit sowie Betriebsbedingungen* eines Bauteils abgefragt (*vergleiche auch /24/*). Die Auswertung der Antworten ist für den weiteren Prozess der Materialwahl richtungsweisend, da sich daraus konkrete Werkstoffkennwerte identifizieren und wirtschaftliche und projektbezogene Rahmenbedingungen definieren lassen. So wird beispielsweise die Frage nach der Langzeitstabilität von Bauteilabmessungen in eine Werkstoffanforderung der temperatur- und lastabhängigen Kriechfestigkeit übersetzt. Oder die Auswertung des Fragenkatalogs schließt aufgrund des Wunschs nach speziellen Fertigungsverfahren die Wahl einer bestimmten Werkstoffgruppe aus (z. B. Keramik bei einem Fertigungswunsch „Umformen").

Aufgrund der großen Zahl an sehr speziellen Anforderungen kann die Frageliste keinen Anspruch auf Vollständigkeit erheben. Um dies zu unterstreichen, spricht Frage 12 der Checkliste exemplarisch den seltenen speziellen Einsatz eines Materials unter radioaktiver Umgebung (Belastung!) an. Diese Forderung führt bei metallischen Werkstoffen dazu, dass sich der Einsatz von bestimmten Legierungselementen mit langen Halbwertszeiten (wie Kobalt) in der Materialeigenschaft „chemische Zusammensetzung" verbietet. Dies verdeutlicht, dass im Bedarfsfall die Checkliste durch spezielle produktspezifische Fragestellungen ergänzt werden muss. Am zweckmäßigsten werden diese durch ein interdisziplinär zusammengesetztes Team des Unternehmens ausgearbeitet, um diese nicht alltäglichen Aspekte der Produktanforderung abzudecken.

Übersetzung in Materialeigenschaften

Zur *Übersetzung* der Antworten der *Checkliste* in die für eine Materialwahl *maßgeblichen Materialeigenschaften* ist *Tab. 4-4* hilfreich. Forderungen und Wünsche an das Werkstoffverhalten, die mittels der Frageliste erkannt wurden, werden nun mit Materialkennwerten verknüpft. Damit werden die produktspezifischen Größen der Produkt- bzw. Bauteilanforderungsliste in materialspezifische Größen einer Materialanforderungsliste übersetzt. Die so ermittelten Eigenschaftsgrößen sind methodisch ermittelte objektive Grunddaten für den anstehenden Auswahlprozess.

In den Produkt- bzw. Bauteilanforderungen und -wünschen verstecken sich Materialanforderungen, die für eine systematische Materialsuche identifiziert werden müssen. Die Analyse der Anforderungsliste kann anhand einer Checkliste durchgeführt werden. Ihr Einsatz soll dem Konstrukteur helfen, alle Aspekte bei der Werkstoffsuche bereits frühzeitig zu beachten. Die Checkliste ist auf produktspezifische Besonderheiten anzupassen. Das Ergebnis des Checks führt zu den Eigenschaftsgrößen des Materials, die bei der Werkstoffsuche einzubeziehen sind.

4.3.2   Ermittlung von Eigenschaftsgrenzen

Sind über die *Analyse der Produkt- bzw. Bauteilanforderungsliste* (anhand einer Checkliste) für die Suche relevante *Materialeigenschaften* bestimmt, sind die Bedingungen abzuleiten, die die Anforderungen an den Werkstoff beschreiben und später als Suchkriterien verwendet werden können. Eine Suche kann quantitativ erst erfolgen, wenn den Eigenschaften Werte zugeordnet werden,

*   *die entweder nicht überschritten oder unterschritten werden dürfen (Ober- und Untergrenzen) oder*
*   *die einzuhalten sind (Zielwerte).*

Tab. 4-4: Materialeigenschaften und zugehörige Werkstoffkennwerte (nach /23/)

Materialanforderung	Eigenschaftsgröße(n)
Festigkeit	Zugfestigkeit oder Streckgrenze (Elastizitätsgrenze)
Festigkeit im Leichtbau	Zugfestigkeit/Dichte oder Streckgrenze/Dichte
Festigkeit bei erhöhten Temperaturen	Warmfestigkeit(en)
Langzeitstabilität von Abmessungen	Kriechfestigkeit bei Betriebstemperatur
Wärmeausdehnung	Thermischer Ausdehnungskoeffizient
Steifigkeit	Elastizitätsmodul
Dehnbarkeit / Duktilität[1]	Bruchdehnung
Elastisches Formänderungsvermögen	Speicherbare elastische Energie an der Streckgrenze (Resilienzmodul[2])
Zähigkeit	Gespeicherte Energie bei Bruch
Verschleißfestigkeit	Materialverlust unter Verschleißbedingungen; Härte
Korrosionsfestigkeit	Materialverlust unter korrosiven Bedingungen
Radioaktive Beanspruchung	Festigkeitsverlust oder Duktilitätsverlust unter radioaktiver Strahlung, chemische Zusammensetzung
Fertigungseigenschaften	Eignung für Fertigungsprozesse (prozessbezogen!)
Wirtschaftlichkeit und Kosten	Gewichtsbezogene Materialkosten und Fertigungskosten aufgrund der Bearbeitbarkeit
Verfügbarkeit	Beschaffungszeit und Aufwand für die Beschaffung

1) Duktilität = max. plastische Verformbarkeit eines Werkstoffs im Zugversuch ohne lokale Einschnürung (entspricht der plastischen Verformung bei maximaler Belastung)
2) Der Resilienzmodul ist definiert als die Energie, die ein Kubikmillimeter eines Werkstoffs bei Verformung bis zur Elastizitätsgrenze aufnimmt und damit ein Maß, wie viel Energie ein Material durch elastische Verformung speichern kann.

Um Grenz- oder Zielwerte abzuleiten, ist wiederum die Produkt- und Bauteilanforderungsliste heranzuziehen. Nun werden die Forderungen und Wünsche auf Hinweise zu

- *Funktion (bzw. Funktionen),*
- *einschränkende Bedingungen* (Randbedingungen),
- *Zielvorgaben* (i. Allg. auch Produktziele) und
- *freie Konstruktionsparameter* (Freiheitsgrade im Design)

untersucht.

Die Ordnungskriterien „Forderungen" und „Wünsche" der klassischen Konstruktionslehre lassen sich ohne große Probleme in diese verfeinertere Struktur übersetzen.

Funktion

Üblicherweise wird die *Funktion* (bzw. werden die Funktionen) in der Anforderungsliste als erste Forderung genannt. Das Erkennen, welche Funktion (insbesondere welche Hauptfunktion) ein Bauteil im technischen System einnimmt, fällt nach Erfahrung des Autors vielen Konstrukteuren nicht leicht. Dies liegt insbesondere daran, dass der Umgang mit *Funktionsstrukturen (siehe Abschnitt 9.3.1)* insbesondere in kleineren Konstruktionsbetrieben nicht alltäglich ist; er bedarf der Übung. Studierende sollten sich daher bereits früh bemühen, die Funktion von Bauteilen zu erkennen. Dazu ist eine Vielzahl von konstruktiven Übungen im Lehrbetrieb anzuraten. Auch in der Auseinandersetzung mit dem Alltag lässt sich diese Fähigkeit täglich schulen. Der Mensch ist überall von Konstruktionselementen umgeben, die eine Funktion wahrnehmen. Fahrräder, Autos, Haltestellen, Haushaltsgeräte, Tische, Schreibgeräte – alle diese Produkte bestehen aus Zweckkomponenten. So speichert die Feder des Kugelschreibers Energie, nehmen Rückenlehnen Kräfte und Momente auf oder übertragen Kettentriebe Energie (*vgl.* /16/). Eine hilfreiche Methode auf der Suche nach der Funktion eines Bauteils ist es, das Bauteil gedanklich aus dem Konstruktionsverband zu entfernen und die Folgen für das Produkt zu überdenken. I. d. R. wird über die entstehende Fehlfunktion die Funktion des Teils offensichtlich. Ohne eine Aufgabe wäre die Notwendigkeit eines Bauteils in Frage zu stellen. Gelingt die Abstraktion der Baugruppen und -teile in Funktionselemente, wird der Zugang zu den Grundprinzipien einer Konstruktion *eindeutig, einfach* und *sicher* zu konstruieren, am besten gelingen.

Eine *Funktion* (bzw. Funktionen) können durch Abstraktion und technische Modellbildung in der Regel durch eine *Funktionsgleichung* mathematisch formuliert werden. Beispiele hierfür sind

- der Wärmestrom durch ein Bauteil im Falle des Wärmetauschers,
- der elektrische Widerstand eines stromdurchflossenen Leiters (Heizstab) oder
- der Festigkeits- und Verformungsnachweis für ein strukturmechanisches Bauteil.

Dies unterstreicht, wie wichtig es ist, sich ein fundiertes Wissen über Ingenieurvorlesungen wie die Festigkeitslehre, Thermodynamik oder Elektrotechnik anzueignen. Für die Beispiele ergeben sich daraus klare Bezüge zu den Werkstoffeigenschaften Temperatur- und Wärmeleitfähigkeit, spezifischer elektrischer Widerstand sowie Elastizitätsgrenze (Streckgrenze) und Elastizitätsmodul.

Alle weiteren Festschreibungen der Anforderungsliste sind Punkt für Punkt auf die Aspekte Randbedingungen, Zielformulierungen und Freiheiten von Konstruktionsparametern zu prüfen. In Verbindung mit der Definition der Bauteilfunktion erleichtern sie es dem Konstrukteur, über grundlegende Formeln der Ingenieurwissenschaften anforderungsspezifische Beziehungen zu Materialeigenschaften aufzubauen.

> Die Kenntnis der Bauteilfunktion ist für das eindeutige, einfache und sichere Konstruieren zwingend erforderlich. Der Zusammenhang zwischen Eingangs- und Ausgangsgrößen einer Bauteilfunktion lässt sich vielfach in einer aus den Ingenieurgrundlagen abgeleiteten Funktionsgleichung modellieren.

Randbedingungen

Randbedingungen ergeben sich im Allgemeinen Maschinenbau hauptsächlich durch die Einsatz- und Betriebsbedingungen sowie durch konstruktive Einschränkungen. In einigen Fällen ist eine Grenzziehung für eine Eigenschaftsgröße sehr einfach möglich. Ist beispielsweise der Einsatz des Bauteils bei erhöhten Temperaturen gefragt, so muss ein Werkstoff gewählt werden, der diese Betriebstemperatur dauerhaft (oder je nach

Anwendung kurzfristig) erträgt. Die maximale Einsatztemperatur aus dem Eigenschaftsprofil von Materialien wird zu einem Suchkriterium; eine Obergrenze wird formuliert und geht in die Materialanforderungsliste ein.

Einschränkende Randbedingungen führen fast immer zu weiteren Beziehungsgleichungen oder sie grenzen die Lösungsmengen bestehender Funktionsgleichungen ein. So ist für das strukturmechanische Bauteil häufig die Einhaltung einer Verformungsgrenze (z. B. Durchbiegung < 1 mm) zu beachten; eine Untergrenze für den Elastizitätsmodul kann abgeleitet werden. Gleichzeitig darf das Bauteil nicht versagen – der Bereich der Festigkeitswerte wird eingegrenzt. Das Beispiel höherer Betriebstemperaturen zeigt in der Versagensfrage eine deutlich schwieriger zu erfassende Randbedingung: Werkstoffgrößen wie die Festigkeitswerte oder der Elastizitätsmodul sind temperaturabhängig, was erhebliche Auswirkungen auf die Konstruktion eines Bauteils hat. Die Instabilität von Abmessungen oder die geringeren Sicherheiten gegenüber Versagen müssen in Form und Gestalt des Bauteils und in der entsprechenden Werkstoffauswahl Berücksichtigung finden. Gegebenenfalls sind hierzu andere Stoffgesetze als bei Raumtemperatur zur formelmäßigen Erfassung der Zusammenhänge heranzuziehen.

Die *Bewertungsrichtung* der aus den Bauteilbedingungen hervorgegangenen Maßgaben für einen Werkstoffkennwert ist uneinheitlich: So können technische Vorgaben eine Obergrenze für die Eigenschaftsgröße eines Materials definieren. Ist beispielsweise die Wärmeausdehnung eines Bauteils zu begrenzen, um ein Klemmen mit der konstruktiven Umgebung zu vermeiden, so darf der thermische Ausdehnungskoeffizient eine Obergrenze nicht überschreiten. Bei der thermischen Isolation eines Ofens muss hingegen eine Untergrenze für die Temperaturleitfähigkeit ermittelt werden, damit Temperaturausgleichsprozesse nur langsam ablaufen.

> Einschränkende Randbedingungen führen (in der Regel aus den Funktionsgleichungen heraus) zu Ober- und Untergrenzen für quantitative Eigenschaftswerte.

Zielvorgaben

Zielvorgaben (z. B. geringes Gewicht, geringe Kosten, hohe Lebensdauer, gute Recycelbarkeit) führen über *Minimum-Maximum-Betrachtungen* der Gleichungen aus den Randbedingungen und der Funktion zu Maßgaben für das Eigenschaftsprofil des gesuchten Werkstoffs. Es können jedoch auch eigenständige *Zielfunktionen* definiert werden. So wurde durch Randbedingungen eventuell noch keine Forderung an das Gewicht oder das Volumen gestellt. Bei der Analyse ist die Auffindung dieser Ziele mit besonderer Sorgfalt durchzuführen, da Ziele und Randbedingungen miteinander verwechselt werden können.

Ziele gehen dabei meist mit der Minimierung von Größen (Gewicht, Volumen, Kosten) einher. Vorgaben von *Zielgrößen*, d. h., eine Materialeigenschaft soll einen ganz bestimmten Eigenschaftswert annehmen, finden sich seltener.

Wird für ein Bauteil das Ziel niedriger Herstellkosten definiert, so werden zunächst die Formeln zur Gewichts- oder Volumenermittlung in Abhängigkeit von der Materialdichte hergeleitet. Über die relativen Kosten eines Materials (*siehe Abschnitt 4.4.3*) lassen sich nun die Bauteilkosten minimieren.

> Die Kenntnis von Bauteilzielen führt zur Ableitung von Zielgrößen (wie geringe Kosten, geringes Bauteilvolumen, größte Wärmeableitung). Sie werden im Verlauf der Werkstoffwahl je nach Bewertungsrichtung Minimum- oder Maximumbetrachtungen unterworfen, um die am besten geeigneten Werkstoffe zu ermitteln.

Das Vorgehen zeigt, dass bei der Beschreibung der Funktion, der Randbedingungen und der Zielvorgaben versucht wird, Wünsche (oder Forderungen) an das Bauteil bzw. Produkt formelmäßig zu erfassen. Grenz- und Zielbetrachtungen für diese Formeln, welche die relevanten Materialkennwerte enthalten, führen zu Bedingungen, die zur Suche eingesetzt werden können.

Freie Konstruktionsparameter

Trotz aller Gleichungen lassen sich die Materialkennwerte nicht eindeutig berechnen und festgelegen. Die Zahl der *freien Konstruktionsparameter* wie auch die Toleranzen in den Anforderungen und Wünschen (z. B. Zielgewicht 2 bis 3 kg) ermöglichen es, dass Materialeigenschaftswerte sich innerhalb eines großen Wertebereichs bewegen dürfen. Diese frei wählbaren Größen engen eine Werkstoffauswahl nicht bzw. nur unwesentlich ein; ihre Variation kann Wege zu neuen Werkstofflösungen ebnen.

Typische freie oder in Grenzen wählbare Konstruktionsparameter sind Form und Größe (Abmessungen). Den Aspekt der *Freiheitsgrade einer Konstruktion* nutzt Ashby /1/ für seine umfassende Methode der Werkstoffauswahl (*vergleiche Abschnitt 6.3*).

Die in Abschnitt 4.1 diskutierte Wechselwirkung von Funktion und Konstruktion mit dem Werkstoff wird durch die Ableitung der Funktions- und Beziehungsgleichungen in wichtigen Aspekten formelmäßig erfasst und dient nun der Ableitung der Suchkriterien. *Eine Materialeigenschaft ist ohne die Kenntnis von Grenzen oder Zielen noch kein Suchkriterium.* Die Formeln lassen es zu, Werkstoffeigenschaften im Sinne der Anforderungen an das Produkt bzw. Bauteil mit Eigenschaftsgrenzen zu verknüpfen.

> Die Produkt- bzw. Bauteilanforderungsliste enthält alle für die Entwicklung relevanten Forderungen und Wünsche an die Konstruktion. Zum Zwecke der Erstellung einer Materialanforderungsliste sind diese auf Aussagen über Funktion, Randbedingungen, Ziele und freie Konstruktionsparameter hin zu analysieren. Sie erlauben es, gesuchte Materialeigenschaften in Beziehung zu anderen Konstruktionsparametern zu setzen.
>
> Die quantitativen Formulierungen von Ober- und Untergrenzen bzw. von Zielwerten von Materialeigenschaften sind das Ergebnis der formelmäßigen Betrachtungen zur Bauteilfunktion (bzw. zu -funktionen), zu Randbedingungen und zu Zielvorgaben. Die Abstraktion in grundlegende Formelbeziehungen lässt die maßgeblichen Werkstoffgrößen der Materialwahl (häufig Elastizitätsmodul, Festigkeiten, Bruchzähigkeit, thermischer Ausdehnungskoeffizient, Wärmeleitfähigkeit) erkennen. Ziel- und Grenzbedingungen für Eigenschaftsgrößen werden somit aus dem bereits erläuterten komplexen Zusammenhang zwischen Funktion, Herstellung,

Gestalt und Material abgeleitet. Die freien Konstruktionsparameter ermöglichen eine vorteilhafte Vielzahl von Parametervarianten und damit Freiheiten bei der Werkstoffauswahl.

Der Nutzen dieser abstrahierenden und modellierenden Vorgehensweise besteht in einer deutlich verbesserten Wahrnehmung der wahren Suchkriterien für ein Material.

Allgemeine Beispiele bei der Festlegung von Eigenschaftsgrenzen

Zu Ober- und Untergrenzen bzw. Zielwerten, auf der die nachfolgende Vorauswahl von Materialien basiert, seien einige erläuternde Beispiele angeführt. Sie sollen verdeutlichen, wie die *Bauteilfunktion* und die *Randbedingungen* und *Zielvorgaben* zur Ableitung von Materialeigenschaften genutzt werden:

- Eine Anforderung an die Steifigkeit eines Bauteils lässt sich auf einen Zusammenhang zwischen den geometrischen Größen (Form, Abmessungen), Materialkennwerten und den Lastgrößen zurückführen. Dazu sind zunächst die Lastbedingungen an einem Bauteilmodell zu analysieren (Belastungsarten, -fälle, Schnittmomentenverläufe etc.). Je nach Querschnittsgröße und -form kann der gesuchte Materialkennwert unterschiedlichste Werte annehmen; ein Wertebereich mit Unter- und Obergrenze ist zu definieren.

  Auf diesem Weg lässt sich für eine geforderte Mindeststeifigkeit (Bauteilbedingung: zulässige Formänderungen) eine Eigenschaftsgrenze für den gesuchten Werkstoff (Werkstoffbedingung) ableiten. Im Falle der Steifigkeit ist die maßgebliche Materialgröße der Elastizitätsmodul (oder Schubmodul). Möglichkeiten der Variantenbildung sind je nach Freiheit der Konstruktionsparameter über eine unterschiedliche Dimensionierung des Bauteils möglich.

- Für einen Kühlkörper eines Elektronikbauteils muss eine bestimmte notwendige Wärmeabfuhr realisiert werden. Grundlegende Formeln der Wärmelehre zeigen, dass zur Übertragung einer ausreichenden Kühlleistung die Wärmeleitfähigkeit des eingesetzten Materials ausreichend groß zu wählen ist (Untergrenze). Über die einschränkende Bedingung, dass nur eine begrenzte Fläche für die Wärmeübertragung zur Verfügung steht, ist eine Quantifizierung dieses unteren Grenzwertes möglich.

- Für eine Ofentür ist die Größe aufgrund der Beschickung annähernd gegeben. Aufgrund der Wärmeverluste über die Ofentür darf die Wärme- bzw. Temperaturleitfähigkeit eine Obergrenze nicht überschreiten.

- Ein Positionierantrieb soll hohe Beschleunigungen und Verzögerungen von Bauteilen realisieren. Die Grundforderung zur Reduzierung von Massenkräften ist die Leichtbauweise. Die Abschätzung des Volumenbedarfs für das bewegte System führt zu einer oberen Grenze für die Dichte des verwendeten Werkstoffs.

- Aufgrund einer erforderlichen späteren Beschichtung mit Email muss die Ausdehnung eines Bauteils in definierten Grenzen gehalten werden, um ein Abplatzen der Schicht bei vorgegebenen Temperaturwechseln zu vermeiden. In diesem Fall sind Ober- und Untergrenze für den thermischen Ausdehnungskoeffizienten oder auch die Thermoschockbeständigkeit zu überschlagen.

- Um die Warmfestigkeit eines Werkstoffs zu prüfen, wird eine Zugprobe mittels direkten Stromdurchgangs (und damit notwendiger großer Stromstärke) aufgeheizt. Ein Material für die elektrische Zuleitung wird gesucht. Gefordert ist eine hohe elektrische Leitfähigkeit (Obergrenze) bzw. ein niedriger spezifischer elektrischer Widerstand (Untergrenze), um die elektrischen Verluste klein zu halten. Ein hoher Leistungsverlust heizt den Leiter auf und würde die Isolation zerstören.

Auch *Eigenschaftsintervalle* können aus den grundlegenden Berechnungen abgeleitet werden. Dies zeigt das Beispiel der Beschichtung, bei dem eine Ober- und Untergrenze für den thermischen Ausdehnungskoeffizienten ermittelt wird. Sind Maße bei einer gegebenen Querschnittsgröße nach oben und unten begrenzt, so werden in strukturmechanischen Aufgabenstellungen Werkstoffe für ein Eigenschaftsintervall des Elastizitätsmoduls oder einer Festigkeit gesucht. Bei wärmetechnischen Anlagen ist gegebenenfalls die Wärmeleitfähigkeit nach oben und nach unten einzugrenzen.

Die Möglichkeit, den Werkstoffkennwert aus einem Intervall wählen zu können, kann für die Optimierung anderer Zielgrößen (Gewicht, Kosten) oder anderer Bedingungen genutzt werden.

In vielen Fällen erfolgt eine Festschreibung von Grenzen „subjektiv", d. h., vernünftige Vorgaben werden entsprechend einer Bauteilfunktion im Team (z. B. im Brainstorming) erarbeitet und gesetzt.
Die Herangehensweise zieht allerdings die Wechselwirkungen zwischen den Einflussfaktoren nur unzureichend in Betracht; eine nachvollziehbare analytische Vorgehensweise fehlt. Ob aufgrund der komplexen Beziehungen die Empirie immer zur günstigsten Konstruktion führt, muss bezweifelt werden.

Kombination von Randbedingungen mit Zielvorgaben

Die Eigenschaftsgröße eines Materials findet sich als Variable in der Regel nicht nur in einer abgeleiteten Gleichung, sondern auch in anderen, die Bauteilfunktion(en) modellierenden Formeln. *Bei der Ermittlung der Eigenschaftsgrenzen können daher die Bedingungs- und Funktionsgleichungen sowie die Zielfunktionen so miteinander verknüpft werden, dass eine systematische Optimierung der Werkstoffauswahl erfolgen kann.* Das Gleichungssystem stellt die Wechselwirkungen zwischen Konstruktion, Werkstoff und Technologie quantitativ dar. Vielfach konkurrieren Bedingungen mit Zielvorgaben: So ist die Forderung nach einer hohen Festigkeit des Werkstoffs nur wenig mit einer Zielsetzung wie geringe Bauteilkosten vereinbar. Hochfeste Materialien haben ihren Preis. Die Werkstoffwahl hat jedoch beide Ansprüche zu befriedigen; eine Kompromisslösung wird gesucht.
Ashby /1/ verwendet genau diese Zusammenhänge zwischen den Anforderungen für seine detaillierte Methode der Materialauswahl *(siehe Abschnitt 6.3)*. Anhand von Zielfunktionen, die die Materialkennwerte mit der Zielgröße verknüpfen, werden die Zielwerte für beliebig viele Werkstoffe berechnet und damit ein Optimum (meist Minimum) ermittelt.

Funktionsgleichungen, Randbedingungen und Zielfunktionen sind für die systematische Optimierung der Werkstoffauswahl miteinander zu verknüpfen.

Beispiel für die Konkurrenz von Randbedingungen und Zielvorgaben

Der Interessenkonflikt bei der Materialauswahl soll für ein strukturmechanisches Bauteil anhand sehr allgemein formulierter Anforderungen und Ziele verdeutlicht werden:

Bezeichnung: Strukturmechanisches Bauteil (z. B. Druckstrebe)

Funktion: Kräfte aufnehmen

Randbedingungen: 1) Begrenzter Bauraum steht zur Verfügung.

                    2) Verformungsgrenze ist einzuhalten.

Ziel: Möglichst geringe Bauteilkosten

Die Funktion einer Komponente, die in tragenden Strukturen eingebaut wird, ist vorrangig die Aufnahme von Kräften. Da das Konstruktionselement in seinem Bauraum stark eingeengt ist (Randbedingung 1), kann der Konstrukteur die inneren Spannungen nicht über die Wahl eines ausreichend großen Querschnitts herabsetzen. Nach den Gesetzen der Festigkeitslehre berechnet er zunächst aus den äußeren Lasten die inneren Spannungen: In Abhängigkeit von noch machbaren Querschnittsgrößen und verschiedenen Querschnittsformen kann dann der Bereich für die Versagensgrenze für das gesuchte Material ermittelt werden (in der Regel die Streckgrenze, um plastische Verformungen auszuschließen).

Randbedingung 2 begrenzt die Verformung (Verlängerung bei Zug, Durchbiegung bei Biegung, Verdrehwinkel bei Torsion etc.) auf ein zulässiges Maß. Die Festigkeitslehre liefert die Beziehung, um aus der inneren Spannung die Verformung zu erhalten (im einfachen Fall des Zugs das Hookesche Gesetz $\sigma = E \cdot \varepsilon$). Ein elastischer Modul (Elastizitätsmodul oder Schubmodul) wird so neben der Festigkeit zu einer weiteren Materialgröße, die bei der Werkstoffsuche zu berücksichtigen ist. Oft wird dabei von Studierenden übersehen, dass die Berechnung vorhandener Spannungen im Werkstoff noch unabhängig von der Materialwahl ist, die Verformungen jedoch sehr wohl.

Eine hohe Festigkeit konkurriert nicht mit der Forderung nach hoher Steifigkeit. So haben hochfeste Stähle ebenso wie niederfeste einen vergleichbaren Elastizitätsmodul um 210 GPa.

Problematisch wird die Zielvorgabe der geringen Bauteilkosten. Die Aufnahme hoher Kräfte bei begrenztem Bauteilvolumen ist nicht mit einem kostengünstigen, niedrigfesten Material realisierbar. Hochfeste Werkstoffe sind teuer, was der Zielvorgabe entgegenläuft. Zudem bedeutet die mit hoher Festigkeit häufig einhergehende hohe Zähigkeit des Materials einen erhöhten Fertigungsaufwand bzw. die eingeschränkte Verfügbarkeit von kostengünstigen Standard-Halbzeugen. Die zähen, hochfesten Werkstoffe erreichen bereits bei kleineren Abmessungen ihre Verfahrensgrenzen (*vergleiche Abschnitt 6.3.3*).

Um die Kosten zu ermitteln, wird üblicherweise das Volumen (oder die Masse) des Bauteils herangezogen. Multipliziert mit dem Eigenschaftswert „Relativkosten" eines Materials (*vergleiche Abschnitte 4.4.3 und 5.3*) werden die Gesamtkosten abschätzbar. Für die aus den Randbedingungen 1 und 2 technisch in Frage kommenden Materialien ist nun die Lösung mit minimalen Herstellkosten zu suchen.

Der Interessenkonflikt zwischen wirtschaftlichen und technischen Forderungen kann allerdings für dieses Beispiel nur zufriedenstellend gelöst werden, wenn die Querschnittsfläche zum freien Konstruktionsparameter wird. Gelingt dies, wird auch die Verwendung günstigerer niederfester Werkstoffe möglich.

Ähnliche Szenarien lassen sich in anderen Wirkzusammenhängen aufzeigen (z. B. in korrosiv beanspruchten Apparaten hinsichtlich einsetzbarer Blechstärken oder in Wärmetauschern bezüglich der möglichen Fläche zur Wärmeübertragung).

> Technische, technologische und wirtschaftliche Forderungen an ein Bauteil führen bei der Materialauswahl zumeist zu Interessenkonflikten. Das gewählte Material ist stets eine Kompromisslösung.

4.3.3   Die Materialanforderungsliste

Als abschließendes Dokument der Analyse der Aufgabenstellung bleibt die Dokumentation der Ergebnisse in der *Materialanforderungsliste*. Die Ziele (Z), Forderungen (F) und gegebenenfalls Wünsche (W) an den Werkstoff sind in einer Liste auszuweisen. Je höher ihre Zahl, umso mehr ist eine höhere Komplexität der Suche wahrscheinlich. Sind aufgrund der Analyse Ober- und Untergrenzen bzw. Zielgrößen für die Ziele und Forderungen bekannt, werden in einer weiteren Spalte der Materialanforderungsliste die Bedingungsgleichungen mit den maßgeblichen Eigenschaftsgrößen formuliert; damit ist eine Bewertungsrichtung (größer, kleiner, gleich) für die folgende Suche festgelegt.

Für *Eigenschaftsgrößen*, die nicht quantitativ, sondern nur qualitativ bzw. attributiv beschrieben werden können, erfolgt die Festschreibung von Zielgrößen in der Regel in Stufen von 1 bis 5. Dazu gehören z. B. die Schweißeignung, die Oberflächenbehandelbarkeit, die Zerspanbarkeit, die Umformbarkeit oder die Einstufung in Korrosionsklassen.

Wünsche werden in der Konzeptphase bei einer komplexen Werkstoffauswahl selten berücksichtigt; nach der Vorauswahl von Werkstoffen werden sie jedoch zu einer abschließenden Beurteilung miteinbezogen.

Werkstoffspezifische Grundaussage zum Bauteil (Statement)

Collins /23/ schlägt vor, im Anfangsstadium der Werkstoffsuche ein *Statement* (Grundaussage) über den Gebrauch des Bauteils zu treffen. Dieses Vorgehen ist einleuchtend, da bei hoher Komplexität eines Produkts auf diese Weise das Bauteil mit seinen materialspezifischen Eigenschaften im Maschinenverband eine klare Aufgaben- und Anforderungsdefinition erhält. Für die materialspezifischen Belange einer Welle eines Stirnradgetriebes könnte diese Grundaussage wie folgt aussehen:

„Die Welle muss eine hohe Festigkeit, hohe Steifigkeit, ausreichend elastische Verformbarkeit (bis zu Temperaturen von 70 °C) aufweisen. Ein möglichst geringes Gewicht ist aufgrund der Trägheitskräfte anzustreben. Der Kontakt mit unterschiedlichen Konstruktionselementen (Lager, Dichtungen) macht eine verschleißfeste Oberfläche der betroffenen Funktionsflächen nötig. Für das in großen Stückzahlen zu fertigende Teil sind die Kosten so niedrig wie möglich zu halten."

Das Statement gibt die wesentlichen Aspekte der bevorstehenden Werkstoffsuche wieder: Randbedingungen werden an die Materialkennwerte Festigkeit (Streckgrenze, Zugfestigkeit), Elastizitätsmodul, Verschleißfestigkeit und Oberflächenbehandelbarkeit (für eine hohe Verschleißfestigkeit) geknüpft.

Die Zielwerte Gewicht (u. a. Einfluss der Dichte) sowie Herstellkosten (Einfluss der Rohstoffkosten unter Einbeziehung aller anfallenden Produktlebenskosten) sind zu minimieren.

Die Materialanforderungsliste für die Getriebewelle in *Tab. 4-5* fasst die Ergebnisse der Analyse der Werkstoffanforderungen zusammen.

Am Ende der Phase I des Werkstoffauswahlprozesses steht die Erstellung der Materialanforderungsliste. Sie fasst die aus der Analyse der Aufgabenstellung gewonnenen Materialforderungen und -wünsche zusammen. Des Weiteren werden die sich aus den Produkt- bzw. Bauteilanforderungen ergebenden Zielvorgaben für das Material aufgeführt.

Die Darstellung der Eigenschaftsgrößen erfolgt so weit als möglich quantitativ, d. h. über die Angabe von ermittelten Ober- und Untergrenzen bzw. Zielgrößen. Qualitative und attributive Merkmalbeschreibungen ergänzen das Anforderungsprofil des gesuchten Materials.

Eine Zusammenfassung der Anforderungen in einer kurzen werkstoffspezifischen Grundaussage kann weitere Klarheit über den anstehenden Auswahlprozess schaffen.

Mit der Materialanforderungsliste ist die Phase I des Werkstoffauswahlprozesses, die Klärung der Aufgabenstellung, abgeschlossen. Bei allen weiteren Aktivitäten wird dieses Dokument stets zur Prüfung herangezogen, inwieweit Materialien noch den darin festgelegten Forderungen und Wünschen entsprechen. *Die Materialanforderungsliste darf nie als ein starres Dokument angesehen werden, sondern die Forderungen und Wünsche werden mit fortschreitender Detaillierung des Materials auf Plausibilität, Sinnhaftigkeit usw. hinterfragt. Änderungen dürfen jedoch nur im Konsens mit den Prozessbeteiligten erfolgen; die Materialanforderungsliste ist dementsprechend zu pflegen.*

Die systematische Bearbeitung der Produktanforderungen in Richtung der Materialauswahl hat durch das beschriebene Vorgehen
- Materialeigenschaften für eine anstehende Werkstoffsuche identifiziert,
- diesen Materialeigenschaften eine Bewertungsrichtung zugewiesen und
- diese Materialeigenschaften in einer Materialanforderungsliste dokumentiert.

Tab. 4-5: Materialanforderungsliste für ein Getriebewelle

Materialanforderungsliste für das Bauteil GETRIEBEWELLE			Datum: 10. April 2006 Bearbeiter: Willi Welle		
Pos.	Z/F/W[1]	Eigenschaftsgröße	Grenze / Zielwert[2]		
1	F	Elastizitätsmodul (aus Bedingung: Max. Durchbiegung $s_{max} < 0,5$ mm)	$E > 150000$ MPa		
2	F	Streckgrenze	> 800 N/mm²		
3	F	Oberflächenbehandelbarkeit (verschleißfeste Funktionsflächen)	Je nach Behandlungsverfahren gute Einstufungen		
4	F	Hohe Verschleißfestigkeit	Prüfung im Test		
5	F	Gutes plastisches Verformungsvermögen (Kerbschlagzähigkeit)	$K_{IC} > 20$ MPa$\cdot$m$^{1/2}$		
6	W	Fertigung durch Umformung	Gute Umformbarkeit		
7	Z	Geringe Herstellkosten	Minimale Kosten pro Kilogramm		
8	Z	Geringes Gewicht	Minimale Dichte		

1) Z = Ziel, F = Forderung, W = Wunsch   2) Beschreibung durch größer „>", kleiner „<" oder gleich „="

4.4 Hilfreiche Quellen bei der Suche nach Materialanforderungen

Bevor Phase II, der Vorauswahlprozess, näher beschrieben wird, sollen einige weitere Aspekte betrachtet werden, die wertvolle Hinweise auf mögliche Werkstoffanforderungen geben können. So lassen sich Vorgaben aus

- der *Beantwortung fertigungstechnischer (technologischer) Grundfragen,*
- den Ergebnissen von *Schadensanalysen* sowie
- der Kenntnis grundlegender Zusammenhänge *der vom Material beeinflussten Kosten*

gewinnen. Diese Aspekte sind frühzeitig im Sinne eines korrekten und kostenbewussten Auswahlprozesses zu bedenken und mit einzubeziehen.

4.4.1 Fertigungstechnische Materialanforderungen

Sobald die Materialeigenschaften für eine Werkstoffsuche identifiziert sind, sollten erste Überlegungen zu den technologischen Randbedingungen eines Bauteils einsetzen. Diese Auseinandersetzung mit Herstellprozessen offenbart weitere meist technologische *Anforderungen an Materialeigenschaften*, indem die Wechselbeziehungen zwischen Technologie und Werkstoff zur Erstellung des Anforderungsprofils näher beleuchtet werden.

Ein erster wesentlicher Grund, Technologiefragen zur Anforderungsermittlung auszuwerten, liegt in der starken Beeinflussung von Bauteilmerkmalen durch die Herstellweise. *Grobgestalt, Feingestalt oder Oberflächenqualitäten* (Mikro- und Makrogeometrie) sind eng mit der Fertigung verbunden. So sind mit der spanenden Operation Drehen nur rotationssymmetrische Bauteilformen herstellbar. Gießverfahren räumen dem Entwickler bei der Grobgestaltung gegenüber spanenden Fertigungsmethoden fast unbegrenzte Freiheiten ein. In der Feingestaltung erlauben Schleifverfahren sehr kleine Maß-, Form- und Lagetoleranzen; Oberflächen mit geringen Mittenrautiefen werden erreicht. Insbesondere diese Eigenschaften der Feingestalt haben starken Einfluss auf die Bauteilkosten, da sie nicht nur das Fertigungsverfahren, sondern auch die Zahl der notwendigen Fertigungsschritte maßgeblich bestimmen. Wechselwirkungen mit den Materialeigenschaften sind dabei stets im Auge zu behalten (*vergleiche Abschnitt 4.1*). Dazu sind Informationen hinsichtlich der Eignung eines Werkstoffs für ein Fertigungsverfahren (Zerspanbarkeit, Umformbarkeit, Gießbarkeit) und der Möglichkeiten in Bezug auf Toleranzen, Oberflächenqualitäten und Formen frühzeitig ausfindig zu machen.

Aufgrund dieser Zusammenhänge besteht die Gefahr, dass der Konstrukteur – in vielen Fällen unbewusst – Fertigungsverfahren wählt, die die Herstellkosten des Bauteils negativ beeinflussen. Zu den materialspezifischen Hauptkostenaspekten *Materialaufwand* und *Fertigungsaufwand* (inklusive Werkzeugkosten) sind auch viele weniger nahe liegende Kostenanteile bei der technologischen Betrachtung eines Bauteils zu beachten (u. a. Aufwand für Qualitätssicherung und Logistik). So ist die *Verfügbarkeit des Fertigungsverfahrens* ein möglicher Kostenfaktor. Eine externe Fertigung ist in Frage zu stellen, wenn sich aufgrund der Größe des Bauteils oder aufgrund zeitlicher Zwänge die Transportkosten zu sehr erhöhen bzw. ein vereinbarter Auslieferungstermin nicht mehr zu halten ist.

Bauteilgewichte und -größen sind auch in Anbetracht verfahrensspezifischer Grenzen für die Auswahl einer Fertigungstechnologie mitentscheidend. So liegen die maximalen Gießgewichte für Ausschmelzverfahren bei ca. 10 kg; die schwersten Einzelteile des Allgemeinen Maschinenbaus werden im Sandguss hergestellt. Eine mögliche Folge für die Konstruktion ist diesbezüglich das Überdenken des Konzepts der Gesamtkonstruktion des Bauteils: Statt einer Integralbauweise bieten sich Lösungen in der Differenzial- oder Verbundbauweise an. In Einzelfällen führt dies auch im Hinblick auf die Materialauswahl zu völlig neuen Herausforderungen. Montagetechniken und Fügeverfahren sind je nach Konzept werkstoffspezifisch anzupassen.

Ein weiterer gewichtiger Grund für die Einbeziehung der Bauteilherstellung in die Werkstoffwahl liegt im unterschiedlichen *Materialverhalten in Theorie und Praxis*. Werkstoffkennwerte werden in normierten Werkstoffprüfverfahren ermittelt; reale Einsatzbedingungen entsprechen nicht diesen Prüfbedingungen, sodass die vielfältigen Einflüsse auf das Bauteil zu einer nur bedingt vorhersehbaren Leistungsfähigkeit des Werkstoffs führen. Aber nicht nur die Betriebsbedingungen spielen eine Rolle, nicht selten tragen auch Herstellprozesse zu unerwartetem Werkstoffverhalten (und damit Bauteilverhalten) bei.

Die Regeln von Datsko

Um diesen Aspekten bei der Werkstoffwahl und der Wahl der Fertigungstechnologie beizeiten Rechnung zu tragen, hat Datsko /18/ Regeln zur „Herstellbarkeit" aufgestellt. Er weist jedoch ausdrücklich darauf hin, dass die Einhaltung einer Regel die Funktion des Bauteils nicht gefährden darf. Der enge Bezug zu Werkstoffeigenschaften sollte zur Ableitung von Forderungen in der Materialanforderungsliste genutzt werden. Im Folgenden seien diese elf Regeln aufgeführt und fallweise erläutert:

1. *Wähle den Werkstoff eines Bauteils so, dass eine* **einfache Fertigung** *bei niedrigen Gesamtkosten* und **ausreichender Funktionserfüllung** *möglich wird!* Es dürfen nicht nur die Rohstoffkosten bzw. die Kosten für Halbzeuge in die Kostenrechnung eingehen, sondern auch alle abschätzbaren, aus der Materialwahl folgenden Kosten im Laufe eines Produktlebens. Diesbezüglich sind wiederum mögliche Entsorgungskosten von Materialien bzw. Recyclingkosten zu benennen, die ein Produkt verteuern.

2. *Wähle* **einfache Konzepte und Ausführungen**, *bei denen das Bauteil mit einer* **geringen Zahl an Fertigungsschritten** *hergestellt werden kann!* Zu beachten sind dabei die Unterschiede, die sich im Fertigungsaufwand bei unterschiedlichen Losgrößen ergeben. Bei einer Einzelteilfertigung nehmen gegenüber der Massenfertigung Rüst- oder Prüfzeiten im Vergleich zur reinen Fertigungszeit einen großen Raum ein. Die Herstellweise wird daher vielfach stärker von technischen Gesichtspunkten bestimmt als von wirtschaftlichen.
   Bei der Massenfertigung machen Rüst- und Prüfzeiten aufgrund der hohen Losgrößen nur einen Bruchteil der Herstellkosten aus. Die Materialkosten beherrschen bei großen Stückzahlen wesentlich stärker die Gesamtkosten des Produkts; die Gewichtsoptimierung ist ein wichtiges Bauteilziel.
   Da die Losgröße über den wirtschaftlichen Einsatz einer Technologie mit entscheidet, erwachsen daraus gegebenenfalls Anforderungen an die Eignung eines Werkstoffs bezüglich der Bauteilfertigung.

3. *Wähle bei einer Konstruktion möglichst* **einfache Konzepte und Ausführungen**, *sodass die Verwendung von* **verfügbaren Marktlösungen** *(Normalien, Halbzeugen, Standardprüfmitteln, i. Allg. Standards) möglich wird!* Sonderwerkstoffe (z. B. bei Schrauben, Dichtungen) sind unzulässige Kostentreiber und sollten nur in dazu berechtigenden Ausnahmefällen gewählt werden.

4. *Wähle* **Bauteilausführungen**, *die mit möglichst effizienten Herstellprozessen erreichbar sind!* Der effiziente Herstellprozess wird dabei nicht allein von der Losgröße bestimmt. Auch die Ausführung des Teils (z. B. als Schweiß-, Guß- oder Blechteil) kann den Fabrikationsprozess wesentlich vereinfachen, aber auch erschweren. Hier sind insbesondere die Gestaltungsregeln der Fertigungs- und Fügeverfahren einzuhalten (/16/, /19/ u. a.).

5. *Wähle die Herstellprozesse gezielt auf eine* **beanspruchungsgerechte Gestaltung** *eines Bauteils!* Ein Fertigungsverfahren ändert – wie bereits festgestellt – möglicherweise die Eigenschaften von Werkstoffen in lokal begrenzten Bereichen. Zur optimalen Werkstoffausnutzung ist gegebenenfalls den Herstelltechniken der Vorzug zu geben, die zur Erfüllung der Bauteilfunktion beitragen. So kann der umgeformte, kaltverfestigte Bereich eines Blechs mit größerer Oberflächenhärte funktional genutzt werden: Orte der Maximalbeanspruchung oder Verschleißzonen sind durch geeignete konstruktive Maßnahmen wie Formgebung in diesen höherfesten, härteren Bereich zu verlegen. Der umgekehrte Fall tritt bei wärmebeeinflussten Zonen des Schweißens ein: Sie zeigen reduzierte Festigkeiten, und es besteht die Gefahr von lokaler Versprödung. Entsprechend sind diese Bereiche durch konstruktive Maßnahmen vor hohen Belastungen zu schützen. Bei Schweißvorgängen, Kaltumformung und anderen Herstellprozessen sollte der Konstrukteur stets die nicht unerheblichen Einflüsse auf die „lokale" Korrosionsbeständigkeit beachten.

6. *Konstruiere so, dass die benötigten* **Spann-, Referenz- und Prüfflächen** *des Bauteils seine Herstellung und Prüfung vereinfachen!* Vermieden werden diese Konstruktionsfehler nur, wenn der Konstrukteur den Ablauf der vorgesehenen Fertigungs- und Prüfverfahren kennt und ihn „vor seinem geistigen Auge durchläuft". Daraus resultiert nicht nur eine einfache Handhabung der Werkzeugmaschine und der verwendeten Werkzeuge, sondern vielfach werden die Zahl der notwendigen Werkstückeinspannungen und damit die Fertigungskosten reduziert /16/.

7. *Wähle* **Maß-, Form- und Lagetoleranzen** *sowie* **Oberflächenqualitäten** *so, dass die nächstschlechtere Qualität die Funktion des Bauteils nicht mehr erfüllen kann!* Nach Datsko sollten die Maßtoleranzen möglichst nicht unterhalb von 0,05 mm liegen. Unterhalb dieses Werts sind Fertigungsverfahren (wie das Schleifen, Honen oder Läppen) zu verwenden, die einen zusätzlichen Fertigungsschritt, eine längere Fertigungszeit und daraus resultierend höhere Fertigungskosten verursachen. Eine Aufweitung von Toleranzwerten in komplexen Baugruppen kann durch Einbeziehung einer statistischen Toleranzanalyse erfolgen; erwächst daraus die Möglichkeit, ein anderes Herstellverfahren zu wählen, so vermag dies auch zu einer größeren Freiheit bei der Werkstoffwahl führen.

8. *Wähle den Werkstoff so, dass die aus der* **Funktion des Bauteils** *erwachsende* **Beanspruchungsart** *berücksichtigt wird!* Bauteile werden je nach äußeren Lasten (Kräfte, Biege- und Drehmomente) auf die Beanspruchungsarten Zug, Druck, Biegung, Torsion oder Scherung beansprucht. Durch die Formgebung hat der Konstrukteur einen Einfluss auf die entstehenden maximalen inneren Spannungen unterschiedlicher Bauteilabschnitte. Je nach der Art der dominierenden Beanspruchung ist über den Einsatz einer beanspruchungsgerechten Bauteilform ein reduzierter Materialeinsatz möglich. *Abb. 4-4* zeigt die bei gleicher Querschnittsfläche, was einem gleichen Materialeinsatz entspricht, beanspruchungsgerechte Bauteilformen.

	Druck	Biegung	Schub	Torsion
Optimale Querschnittsform	○ dünnwandiges Rohr	I I-Profil	⊘ Kreisprofil	○ dünnwandiges Rohr
Schlechteste Querschnittsform	▨ Rechteckprofil	⊘ Kreisprofil	I I-Profil	I I-Profil
Gestaltungsregel	Querschnitt möglichst 1. symmetrisch 2. dünnwandig 3. hohl	Querschnitt möglichst randfaser-versteift, d.h. "ausgenommen"	Querschnitt möglichst mitten-versteift, d.h. "ausgebaucht"	Querschnitt möglichst 1. symmetrisch 2. dünnwandig 3. hohl

Abb. 4-4: Am besten bzw. am schlechtesten geeignete Querschnittsformen in Abhängigkeit von der Beanspruchungsart /25/

9. *Erkenne die* **Besonderheiten**, *welche die Funktion eines Bauteils gewährleisten!* Diese besonderen Merkmale sind beispielsweise **Funktionsmaße** oder **Oberflächenqualitäten**, die mit einem gewählten Werkstoff durch ein Fertigungsverfahren erreicht werden müssen.

10. *Erstelle den* **Ablauf der Bauteilfertigung**, *um kostenintensive Arbeitsschritte bei der Fertigung zu erkennen!* Diese Arbeitsschritte eines Bauteils können werkstoffbedingt durchaus unterschiedlich sein. Dazu seien zwei Beispiele angeführt:

- Eine spanend bearbeitbare Glaskeramik (z. B. Robax von Schott) verlangt aufgrund der höheren Bruchempfindlichkeit eventuell mehr Einspannungen und damit mehr Arbeitsschritte als ein zäher Konstruktionswerkstoff.
- Ein Aluminiumwerkstoff, dessen geringe Dichte zu Lösungen bei Leichtbaukonstruktionen beiträgt, verformt sich unter den Zerspanungskräften bei einem Drittel des Elastizitätsmoduls von Stahl deutlich stärker; diese Gefahr wächst bei „kleineren" Bauteilen mit geometrisch bedingter niedriger Steifheit. In diesen Fällen sind entsprechende Maßnahmen im Ablauf zum Erhalt gleicher Toleranzwerte (Maß, Form und Lage) zu treffen (z. B. Drehen zwischen Spitzen, geringer Spanabtrag).

11. *Modifiziere das Bauteil, bis eine weitmöglichst* **vereinfachte Herstellart** *erreicht ist!* Bedenke, dass die Materialwahl die Wahl des Fertigungsverfahrens maßgeblich mitbestimmt!

Werden die Regeln auf die Charakterisierung eines gesuchten Werkstoffs angewandt, so werden vermehrt technologische Eigenschaften eines Materials angesprochen. Dazu gehören die Eignung für Fertigungs- und Fügeverfahren (*vergleiche* Regel 2 und 4), die Machbarkeit von Toleranzen und Oberflächenqualitäten (*vergleiche* Regel 7 und 9), die Möglichkeiten der Änderung von Stoffeigenschaften oder der Beschichtung (*vergleiche* Regel 5) usw. Letzteres kann auch zur Ableitung mechanischer, physikalischer, chemischer o. a. Materialeigenschaften führen. Darüber hinaus spielen die wirtschaftlichen Aspekte eine maßgebliche Rolle. Die Bewertung von Relativkosten der Materialien (*vergleiche* Regel 1), Standardisierungsmöglichkeiten (*vergleiche* Regel 3), die Beachtung von Losgrößen und ihre technologischen Auswirkungen (*vergleiche* Regel 2) etc. tragen dazu bei, ein Bauteil kostengünstig zu fertigen.

Nicht jede Regel führt zwangsläufig zu einer neuen Forderung an den gesuchten Werkstoff. Vielfach gelten die Regeln auch der konzeptionell optimierten Gestaltung (*vergleiche* Regel 5, 8, 10 und 11), die indirekt die Werkstoffeigenschaften beeinflussen kann. So führt eine Integralbauweise in Guss zur Notwendigkeit einer Gießeignung, eine Differenzialbauweise zu Anforderungen im Hinblick auf die Eignung für Fügetechnologien.

Insgesamt zeigen die aufgeführten Regeln, wie eng die *Werkstoffwahl mit der Wahl der Fertigungstechnologie* verknüpft ist. Egal, ob wirtschaftliche oder technische Zielsetzungen bei einer Regel im Vordergrund stehen, der Konstrukteur sollte im Hinblick auf die Materialanforderungsliste hinterfragen, welcher tiefere Zusammenhang mit Werkstoffeigenschaften besteht und gegebenenfalls Grenzen für die weitere Materialsuche festlegen. *Die frühe Einbeziehung der Fertigungsaspekte vermeidet den Einsatz teurer und funktionsgefährdeter Bauteile in einem Produkt.* Auch im weiteren Verlauf des Auswahlprozesses ist stets auf die Eigenart des Materials in Bezug auf die Herstellung einzugehen. Dabei helfen auch detailliertere Informationen des Herstellers über Gestaltungsregeln und Fertigungsgrenzen des Werkstoffs weiter.

Bauteilforderungen und -wünsche stehen im Hinblick auf die Grob- (Form, Größe) und Feingestaltung (Maß-, Form- und Lagetoleranzen) sowie die Oberflächenqualitäten in Wechselwirkung mit Fertigungstechnologien. Diese bestimmen wiederum mit über die Herstellkosten und über notwendige Werkstoffeigenschaften (z. B. Schweißeignung). Eine Werkstoffauswahl muss diese Aspekte frühzeitig miteinbeziehen und soweit als möglich in Materialanforderungen formulieren. Die Regeln nach Datsko sollen bei den Entwicklern die vielfältigen Zusammenhänge zwischen Technologie und Material wachrufen und so eine Detaillierung des Anforderungsprofils des Werkstoffs ermöglichen.

4.4.2 Schadensstatistiken und Schadensfälle

Schadensfälle an der eigenen Konstruktion sind für Ingenieure sehr unangenehme, aber auch sehr lehrreiche Erfahrungen. Wird eine *systematische Begutachtung und Analyse der Schäden* betrieben, so werden sie zu einer Quelle des Wissens, die zukünftig Fehler vermeiden hilft. Die wahren Ursachen des Versagens müssen erkannt und konsequent Gegenmaßnahmen für das Produkt getroffen werden. Schadensanalysen bzw. die statistische Auswertung von Schadensfällen können sowohl unternehmensintern als auch durch externe Organisationen (Verbände, Vereine, Interessen-gruppen der Verbraucher etc.) erfolgen.

Eine bekannte Schadensstatistik, welcher sich nicht nur Konstrukteure, sondern auch „Otto Normalverbraucher" bedienen, sind die Pannen- oder Schadensstatistiken des ADAC oder des Technischen Überwachungsvereins (TÜV). Beide geben Auskunft über die Zuverlässigkeit eines Fahrzeugs und erfassen die häufigsten Ausfälle von Komponenten abhängig von der Laufzeit des Fahrzeugs.

Außerhalb dieser öffentlich verfügbaren Berichte wird der Schadensbearbeitung auch aufgrund der erweiterten gesetzlichen *Gewährleistung für Produkte* von mindestens zwei Jahren eine immer größere Aufmerksamkeit seitens der Unternehmen geschenkt. *Hohe Garantiekosten* wirken sich nicht nur negativ auf die Produktkosten aus; als weitaus größeres Problem sind für das Unternehmen die damit verbundenen Image-schäden einzustufen, die zu Umsatzverlusten und Gewinneinbußen führen. Die Aus-wirkungen sind mittel- bis langfristig zu bewerten und nur mit hohem Aufwand zu korrigieren. Daher kümmern sich eigene Abteilungen (Reklamationsabwicklung, Qua-litätswesen) darum, die Schäden zu registrieren, zu analysieren und die Ergebnisse in das Qualitätsmanagementsystem des Unternehmens einfließen zu lassen. Die Maß-nahmen führen dazu, dass nicht nur Entwicklungs- und Konstruktionsabteilungen von diesen Fehlern lernen, sondern auch Fertigungsbereiche oder andere Abteilungen wie die Montage beim Kunden, die Instandhaltung usw. Das Grundprinzip der Fehlerbe-hebung muss lauten:

Jeder Fehler darf nur einmal auftreten!

In diesem Zusammenhang leisten in einem modernen Qualitätmanagementsystem *Risikoanalysen* (wie FMEA oder FTA, *vergleiche Abschnitt 9.4*) entscheidende Bei-träge, Entwicklungsfehler von vornherein auszuschließen. Das Vorausdenken mög-licher Fehlerursachen führt bei der Entwicklung des Bauteils zu den notwendigen Vermeidungsmaßnahmen.

Die Verwendung von Schadensanalysen dient dabei nicht nur der Verbesserung be-stehender Produkte; die Ergebnisse sind gleichermaßen wichtig für die Entwicklung zukünftiger vergleichbarer Produkte.

Schäden entstehen, weil Bauteile versagen, und Bauteile versagen, weil sie

- *verschleißen,*
- *korrodieren oder*
- *brechen /21/.*

Der Ausgangspunkt des Bauteilversagens kann auf Fehler im Entwicklungs- oder Her-stellprozess oder bei Betrieb des Produkts zurückgeführt werden. Eine Klassifizierung der Hauptfehler erfolgt nach den Punkten

- *Konstruktionsfehler* (Gestaltung),
- *Fehler bei der Materialwahl,*
- *Fehler bei der Herstellung* (Prozess, Fabrikation),
- *Montagefehler,*
- *fehlerhafte Verwendung* (Betriebsbedingungen, Missbrauch).

Es ist die Aufgabe des Schadenskundlers, zunächst anhand von Bruchflächen, Gefüge-
analysen usw. zu analysieren, welcher Versagensmechanismus im vorliegenden Fall
wirksam wurde. Über ihn lässt sich Aufschluss über den Ausgangspunkt des Schadens
gewinnen. Mit Blick auf den Materialauswahlprozess und die Ableitung von Materialanforderungen seien diese fünf Fehlerquellen näher betrachtet.

Konstruktionsfehler

Die häufigsten *Konstruktionsfehler* liegen in der Gestaltung von Bauteilen. Meist wird
durch ungünstige Formgebung eine *Kerbwirkung* verursacht. Die auftretenden inneren
Spannungen im Material überbeanspruchen das Material, sodass aufgrund von unzu-
lässiger Verformung oder Bruch die Funktion des Bauteils nicht mehr ausgeübt werden kann. Bezüglich dieses Versagensaspekts ist für die Materialwahl die Forderung
aufzustellen, Werkstoffe mit geringerer Kerbempfindlichkeit zu verwenden. Im Allgemeinen Maschinenbau werden in der Mehrzahl duktile Werkstoffe eingesetzt, die
diese Eigenschaft je nach Werkstoffklasse mehr oder weniger aufweisen. Spröde
Werkstoffe sollten vermieden werden, wenn Spannungsspitzen durch die Gestaltung
des Bauteils nicht auszuschließen sind. Eine geeignete Werkstoffwahl kann im Fall
der Kerbwirkung nur eine zusätzliche Hilfestellung bieten; die Bauteilgestaltung hat
für den Konstrukteur die höchste Priorität.

> Spannungsüberhöhungen durch Kerbwirkung ist ein Hauptfehler in Konstruk-
> tionen; ein Dauerbruch führt im Betrieb zum Ausfall. Werkstoffseitig sind kerb-
> unempfindliche (zähe) Materialien bei dynamischen Lasten zu wählen.

Ein zweiter Ausgangspunkt von Konstruktionsfehlern ist nicht selten in der Frühphase
der Konstruktion zu finden. *Eine unzureichende Situationsanalyse (bzw. Aufgabenklärung) führt dazu, dass die Anforderungen an die Konstruktion nicht ausreichend
beschrieben sind.* Folgen sind eine fehlerhafte Auslegung der Teile, eine fehlerhafte
Fertigungstechnologie, eine fehlerhafte Materialwahl u. a.

Möglich werden Konstruktionsfehler auch, wenn die Berechnungsgrundlagen für
einen (meist neuen) Werkstoff oder für eine gewählte konstruktive Ausführung nicht
ausreichend vorhanden sind. Spannungsverteilungen in komplizierten Formen werden
heute meist mit Hilfe der Finite-Elemente-Methode (FEM) berechnet und grafisch
ausgewertet (*siehe Abschnitt 7.1.3*). Dieses sehr nützliche Werkzeug ist jedoch nur so
gut wie die Qualität der Eingaben in das Rechenprogramm. Die Lastannahmen und
Randbedingungen korrekt zu definieren, ist die Arbeit des Ingenieurs. Sie muss mit
höchster Sorgfalt im Vorhinein geleistet werden.

Falsche Materialwahl

Eine *falsche Materialwahl* ist die eher selten anzutreffende Versagensursache in Konstruktionen. Dies liegt erheblich daran, dass bei komplexeren Materialauswahlprozessen zur Vorbereitung der endgültigen Entscheidung Werkstoffhersteller mit
ihren Experten eine mehr als nur beratende Funktion einnehmen. Sie tragen häufig
einen großen Teil an Entwicklungsarbeit bei, um als Lieferant tätig werden zu dürfen.
Dies gilt insbesondere für Werkstoffneueinführungen, die ein hohes Marktpotenzial

Tab. 4-6: Versagensmechanismen von Werkstoffen und ihre Verknüpfung mit maßgebenden Materialeigenschaften (nach /26/)

Versagensmechanismus	Belastungsfall			Belastungsart			Einsatztemperatur			Kriterien für Werkstoffwahl (Eigenschaftswerte)
	Statisch	Dynamisch	Schlag	Zug	Druck	Schub	Niedrig	Umgebung	Hoch	
Sprödbruch		■	■	■			■			Kerbempfindlichkeit, Übergangstemperatur im Kerbschlagbiegeversuch, Bruchzähigkeit, Zähigkeitsmessung
Duktiler Bruch (Metalle)	■			■				■		Zugfestigkeit, Scherdehngrenze
Dauerbruch (keine Zeitstandfestigkeit)		■		■				■		Dauerfestigkeit (unter Beachtung der Kerbwirkungsfaktoren)
Ermüdungsbruch (bei geringer Lastspielzahl)		■		■				■		Statische Zähigkeit
Korrosion								■		Korrosionsbeständigkeit gegenüber einwirkenden Medien
Ausknicken	■				■			■		Elastizitätsmodul, Druckdehngrenze
Verformung (duktile Metalle)	■			■	■	■		■		Streckgrenze
Kriechen	■			■					■	Kriechfestigkeit, Zeitstandfestigkeiten (bei erhöhter Betriebstemperatur und Lebensdauer)
Wasserstoffversprödung oder andersartige Versprödung durch ein einwirkendes Medium								■		Härte kleiner als 41 HRC (nach Rockwell)
Spannungsrisskorrosion	■			■				■		Zug-Eigenspannungszustand bzw. vorhandene Zugspannungen und Beständigkeit gegenüber Einsatzmedium, Messung der Bruchzähigkeit

versprechen. Des Weiteren greift die Mehrzahl an Konstrukteuren auf bewährte Materiallösungen zurück.

Falsche Materialwahl als Ursache liegt vor, wenn gestellte Werkstoffanforderungen nicht bei der Auswahl des Werkstoffs berücksichtigt wurden. Aus der Analyse der Schadensfälle lassen sich je nach dem Belastungsfall, der Belastungsart und häufig der Betriebstemperatur Werkstoffeigenschaften ableiten, die bei einer Korrekturmaßnahme „Änderung des Konstruktionswerkstoffs" (Werkstoffsubstitution, -alternative) – einerlei, welcher Ausgangspunkt für das Bauteilversagen vorliegt – neu zu überdenken sind. Zur Hilfestellung zeigt *Tab. 4-6* – je nach Versagen und Randbedingungen – den Bezug zu den *maßgebenden Materialkennwerten; Tab. 4-7* fokussiert auf das Versagen im *Langzeitverhalten von Kunststoffen*, wobei technische wie ästhetische Gesichtspunkte zur Beurteilung des Schadens einbezogen werden (*vergleiche /27/, /28/, /21/*). Kurzfristiges Versagen aufgrund mechanischer Ursachen (z. B. durch eine plötzliche Überlastsituation) ist nicht berücksichtigt. Dieses wird in der Regel anhand des Bruchbildes als ein Duktil-, Spröd- oder Faserbruch erkannt. Es sei darauf

Tab. 4-7: Ursachen für Versagensmechanismen im Langzeitverhalten von Kunststoffen

Mechanismen	Erscheinungsform	Ursache / Beschreibung des Versagensmechanismus	Beispiele für Gegenmaßnahmen
A Auswirkungen einwirkender Medien (i. d. R. Chemikalienbeständigkeit)			
Absorption, Diffusion, Desorption	Änderung der mechanischen Eigenschaften (z. B. Versprödung, Festigkeiten) Änderung physikalischer Eigenschaften (z. B. Gewichtzunahme, elektrische Leitfähigkeit, Glasübergangstemperatur) Quellen, Änderungen von Bauteilabmessungen Bläschen (im Werkstoffinneren) mit gegebenenfalls zerstörender Wirkung Auflösung	Strukturell wird die Vernetzung der Molekülketten angegriffen oder die Molekülketten selbst werden gespalten. Auch chemische Reaktionen sind möglich. Letztere führen zu irreversiblen Eigenschaftsänderungen. Wirken die Medien nur „physikalisch" auf den Kunststoff ein, sind die Eigenschaftsänderungen reversibel. Die einwirkenden Medien verändern die mechanischen Eigenschaften der Kunststoffe wie Festigkeiten, Härte, Elastizitätsmodul, Zähigkeit. Je nach Kunststoff und Wirkungsweise des einwirkenden Mediums können die Eigenschaftsänderungen durchaus gegensätzlich ausfallen. Das einwirkende Medium kann auch bei der Diffusion durch den Kunststoff in Fehlstellen kondensieren. Das unter Druck stehende Medium in den Blasen (Blister) kann zur völligen Zerstörung eines Bauteils führen. Mögliche Rissbildung an der Oberfläche durch das Medium erhöht zudem die Gefahr einer umgebungsbedingten Spannungsrisskorrosion (siehe unten).	Hochmolekulare, stärker vernetzte Polymere Höhere Kristallinität Auswahl nach Beständigkeitstabellen (Erhöhung der chemischen Beständigkeit, z. B. Fluorkunststoffe, Polypropylen, Polyethylen)
Permeation	Durchlässigkeit für Medium	Gase und Flüssigkeiten werden auf der Oberfläche adsorbiert, diffundieren durch das Polymer hindurch und werden auf der anderen Seite wieder desorbiert, sodass eine geforderte technische Dichtheit nicht erreicht wird.	Verwendung von Kunststoffen mit hohem Permeationswiderstand (z. B. Fluorkunststoffe)
Umgebungsbedingte Spannungsrissbildung (ESC)	Crazes (Pseudorisse) bis hin zum möglichen Sprödbruch	Wird der Beanspruchung durch ein einwirkendes Medium eine mechanische Beanspruchung überlagert, bilden sich Crazes (Pseudorisse), die sich durch Aufquellvorgänge an den Rissspitzen zu Rissen auswachsen. Die gefährdenden mechanischen Spannungen (Zug-) können zum einen designbedingte (Kanten, Kerben etc.), zum anderen fertigungsbedingte (z. B. beim Spritzguss) Ursachen haben.	Kunststoffgerechtes Konstruieren Auswahl nach Beständigkeitstabellen Auswahl geeigneter Fertigungsprozesse bzw. deren Optimierung
Chemische Reaktion	Verlust mechanischer Eigenschaften (Versprödung, Festigkeiten) Gewichtsverlust Zerstörung	Das einwirkende Medium zerstört die kovalenten Bindungen der Makromoleküle des Kunststoffs.	Auswahl nach Beständigkeitstabellen
Hydrolyse	Veränderung mechanischer und physikalischer Eigenschaften Meist überlagertes Quellen	Wasser wird durch das Polymer aufgenommen und verursacht einen Verlust an Festigkeit und Steifigkeit sowie ein Aufquellen. Insbesondere Kondensationspolymere sind hygroskopisch und nehmen das Wasser aus der umgebenden Luft auf.	Auswahl nach Beständigkeitstabellen
B Auswirkungen biogener Alterung			
Biogene Alterung (unterschiedliche Mechanismen)	Bewuchs Verfärbung Verschmutzung Eigenschaftsänderungen Auflösung Äußere sichtbare Schäden	Durch Organismen (z. B. Bakterien, Pilze, Algen, aber auch Pflanzen, Nager etc.) entstehen sichtbare Schädigungen bis hin zum Status des Polymers als „Nahrungsmittel". Die Reaktionsprodukte biochemischer Vorgänge können sich in ähnlicher Weise wie andere einwirkende Medien (siehe oben) verhalten und entsprechende Eigenschaftsänderungen hervorrufen.	Verwendung von Biostabilisatoren

Tab. 4-7: Ursachen für Versagensmechanismen im Langzeitverhalten von Kunststoffen (Fortsetzung)

	Erscheinungsformen des Versagens von Kunststoffen im Langzeitverhalten (Fortsetzung)		
Mechanismen	**Erscheinungsform**	**Ursache / Beschreibung des Versagensmechanismus**	**Beispiele für Gegenmaßnahmen**
B Auswirkungen biogener Alterung (Fortsetzung)			
Verschleißmechanismen	Materialverlust	Die Größe des mechanischen Verschleißes ist analog den metallischen Werkstoffen eng mit Prozessgrößen und Umgebungseinflüssen sowie der Einsatztemperatur verknüpft. Polymerseitig sind außer den mechanischen insbesondere die thermischen Kennwerten bei der Werkstoffwahl zu berücksichtigen.	Faserverstärkung, Füllstoffe etc. I. d. R. Klärung nur über Versuche möglich!
C Auswirkungen von Sauerstoff (Autooxidationsprozesse)			
Wärmebeanspruchung (Thermo-oxidative Alterung)	Verlust mechanischer Eigenschaften (Versprödung, Festigkeiten)	Bei erhöhten Temperaturen unter Anwesenheit von Sauerstoff neigen Polymere zur Alterung, insbesondere durch Autooxidationsprozesse.	Einsatz von Alterungsschutzmitteln (Lichtschutzmittel, primäre und sekundäre Antioxidantien sowie Metalldesaktivatoren)
Foto-oxidative Alterung (UV-Strahlung, radioaktive Strahlung, sichtbares Licht)	Gewichtsverlust Vergilbung Oberflächenrisse Auskreidung Ausbleichen	Foto-oxidative Alterung führt durch Aufnahme von Lichtenergie zur Änderung von Werkstoffeigenschaften. Je nach Kunststoff sind die Auswirkungen auf die Materialeigenschaften unterschiedlich. Der Alterungsprozess kann durch weitere Einflussparameter wie Luftfeuchte, Temperatur etc. verstärkt werden. Die Energie des UV-Lichts kann die Molekülketten eines Polymers aufbrechen. Eine Rückwandlung in einen klebrigen oder flüssigen Harz ist möglich. Werden die Vernetzungen der Molekülketten angegriffen, sind Versprödung, Haarrissbildung o. Ä. die Folge. Bei Auskreidungen werden Füllstoffe, Pigmente und „verwitterte" Polymerreste aus der Oberfläche herausgelöst („weißlicher Belag"); beim Ausbleichen verlieren hingegen die Kunststoffe an Farbwirkung (Zerstörung der Pigmente).	
Alterung durch Oxidation (Oxidationsbeständigkeit)		Sauerstoff, insbesondere Ozon, kann bei unterschiedlichen Lastkollektiven Autooxidationsprozesse mit den aufgeführten Erscheinungsformen auslösen.	
D Auswirkung mechanischer Beanspruchung			
Retardation Relaxation Werkstoffermüdung	Kriechen Folgen von Maßänderungen (Verwerfungen etc.) Verlust an notwendiger Spannung Crazes Bruch (Dauerbruch)	Die Ursachen mechanischen „Alterns" liegen im visko-elastischen Verhalten der Polymere begründet. Unter (konstanten) Lasten kriecht der Werkstoff aus seiner Anfangsverformung über längere Zeiträume zu größeren Dehnungen (Retardation) bzw. eingebrachte, für die Funktion des Bauteils relevante Spannungen bauen sich durch Relaxation ab. Eine große statische Last führt bei vielen Kunststoffen zur Ausbildung von Crazes. Nach Überschreiten einer Dehnungsgrenze wird mit der überlagerten Beanspruchung eines einwirkenden Mediums eine umgebungsbedingte Spannungsrissbildung ausgelöst (siehe Auswirkungen einwirkender Medien). Ein Dauerbruch ist aufgrund der Werkstoffermüdung des Kunststoffs ähnlich wie bei metallischen Werkstoffen möglich (Wöhlerkurven). Allerdings sind der Rissausbildung Temperatureffekte überlagert, die durch energieverzehrende innere Reibvorgänge (Dämpfung) bei der zyklischen Be- und Entlastung auftreten. Je nach Polymer sind diese mit dem Verlust mechanischer Festigkeit verbunden.	Faserverstärkung, Füllstoffe etc. Kunststoffgerechtes Konstruieren

hingewiesen, dass auch bei diesem „Kurzzeitversagen" der Kunststoffe der Einfluss der Temperatur nicht außer Acht gelassen werden darf.

Um die Fehlerquelle „Materialwahl" bereits im Entwicklungsprozess auszuschalten, ist die frühzeitige Implementierung von *Risikoanalysen* anzuraten. In einer *Fehlermöglichkeits- und Einflussanalyse* (FMEA) oder einer *Fehlerbaumanalyse* (FTA) werden in interdisziplinärer Zusammenarbeit die geforderten Materialeigenschaften erarbeitet, und es wird durch die Erstellung einer Materialanforderungsliste die Grundlage für die Einbeziehung in das Qualitätsmanagement des Entwicklungsprozesses gelegt (*vergleiche Abschnitt 9.4*).

Fehler bei der Herstellung

Materialfehler können bei
- der *Herstellung des Rohmaterials oder des Halbzeugs* (z. B. Fehler in der chemischen Zusammensetzung, Lunker) und
- der *Herstellung des Bauteils oder Produkts*

entstehen.

Um *fehlerhaftes Rohmaterial bzw. Halbzeug* zu vermeiden, ist eine vorbeugende Qualitätssicherung (Wareneingangskontrolle) aufzubauen. Es sei bedacht, dass der Imageschaden für ein fehlerhaftes Produkt stets den Hersteller und nicht den Zulieferer trifft. Es ist daher abzuwägen, welche Risiken auch in Bezug auf die Produkthaftung eingegangen werden können und welche Wareneingangsprüfungen im Unternehmen durchgeführt werden sollten. Häufig wird bei Materialanlieferungen über *Zertifikate* des Zulieferers die Vorab-Qualitätskontrolle zugesichert.

Bei der „Einbringung" von Materialfehlern bei der *Herstellung und Fabrikation* werden die Auswirkungen auf die Funktion des Bauteils (bzw. Bauteilabschnitts) wesentlich von den Werkstoffeigenschaften bestimmt. Dazu seien einige erläuternde Beispiele aufgeführt:
- Kratzer auf keramischen Oberflächen stellen aufgrund der geringen Bruchzähigkeit dieser Materialgruppe eine sehr hohe Bruchgefährdung dar.
- „Eisenspäne" auf rostfreiem Stahl (mit bekannt hoher Korrosionsbeständigkeit) führen zu kleinsten galvanischen Zellen und sind Ausgangspunkt eines Versagens, eingeleitet durch Kontaktkorrosion.
- Fehlerhafte Schweißungen führen in wärmebeeinflussten Zonen zu verminderten Festigkeitseigenschaften, die für ein zuverlässiges Betriebsverhalten nicht ausreichen.

Derartige Materialfehler sind den nachfolgenden Ursachen von Schadensfällen zuzuordnen.

Zu einer *fehlerhaften Ausführung von Prozessen bei der Herstellung* eines Bauteils zählen die Verwendung ungeeigneter Prozessparameter, Bedienungsfehler, falsche Prozessabläufe oder auch ungeplante Störfälle (z. B. ein Bauteil fällt auf den Boden und wird ohne Prüfung in den Herstellprozess zurückgeführt oder der Ausfall einer Ofenheizung). Die Folgen für das Material, wie das Auftreten von unzulässigen Eigenspannungen, Gefügeänderungen oder Rissen, sind Ausgangspunkte des späteren Materialversagens. Letztlich ist die Vermeidung von Prozess- und Herstellfehlern durch das *Qualitätsmanagement* sicherzustellen. Von der Wareneingangsprüfung bis zur Endprüfung vor der Auslieferung werden Kontrollmaßnahmen implementiert, um die Qualität des Produkts zu überwachen. Über die Materialauswahl lassen sich diese Fehlerfolgen nur in geringen Grenzen eindämmen. Gegebenenfalls können Werkstoffeigenschaften, wie Bruchzähigkeit oder Schweißeignung, in der Materialanforderungsliste eine verbesserte Robustheit des Bauteils im Prozess erbringen.

Montagefehler

Montagefehler von Bauteilen, -gruppen und Produkten können auf vielfältige Weise als Ursache für ein späteres Versagen wirken. Als Beispiele für diese Fehlerart sind die Verwendung falscher Teile, eine fehlerhafte Ausrichtung des Bauteils, ein fehlerhafter Einbau (z. B. Einbringen von Schäden an den Laufringen eines Kugellagers beim Einbau), die Anwendung falscher Prozessparameter bei der Montage (z. B. Anziehdrehmoment bei Schrauben, falsche Vorbehandlung der Klebeflächen beim Kleben) zu benennen. Die daraus resultierende, nicht bestimmungsgemäße Beanspruchung kann zu einem sofortigen Versagen führen oder in einem Dauerbruch enden. Auch hier müssen Maßnahmen des *Qualitätsmanagements* zur Fehlervermeidung beitragen.

Fehler bei der Verwendung

Im Betrieb wird ein Versagen vielfach durch die thermische oder mechanische Überbeanspruchung von Werkstoffen hervorgerufen. Aber auch der Verzicht auf das produktgerechte Schmiermittel kann sich als Ursache eines Bauteilversagens herausstellen, da die tribologischen Eigenschaften der verwendeten Konstruktionswerkstoffe nicht auf die veränderten Schmierstoffeigenschaften abgestimmt sind.

> Die Analyse der Versagensaspekte muss als Teilergebnis die Werkstoffeigenschaften identifizieren, die zur Verbesserung der Zuverlässigkeit eines Produkts bzw. Bauteils beitragen; sie sollten zur Ergänzung der Materialanforderungsliste genutzt werden. Das Erkennen der Versagensmechanismen (*siehe Tab. 4-6 und Tab. 4-7*) hilft, den Zusammenhang zwischen Schaden und verantwortlichen Materialeigenschaften herzustellen.
>
> Im modernen Qualitätsmanagementsystem sind Versagensursachen bereits im Entwicklungsprozess vorauszudenken (Risikoanalysen, *vergleiche Abschnitt 9.4*), um entsprechende Vermeidungsmaßnahmen zu konzipieren.

Einem entscheidenden zusätzlichen Konstruktionsprinzip zur Beseitigung von Schadensfällen (und auch von Qualitätsproblemen) gilt abschließend ein besonderer Appell: der *Robustheit* des Bauteil- bzw. Produktdesigns. Die Konstruktion sollte in allen Belangen (Formgestaltung, Technologiewahl, Materialwahl usw.) so ausgeführt werden, dass eine weitmögliche Unempfindlichkeit gegen Störeinflüsse besteht. Wie bereits ausgeführt, können Materialeigenschaften ebenfalls dazu beitragen. Zähe Materialien sind gegenüber spröden deutlich kerbunempfindlicher und damit weniger bruchanfällig. Keramiken und Kunststoffe zeigen eine weitaus bessere Korrosionsbeständigkeit als metallische Werkstoffe; dagegen sind bei thermischen Beanspruchungen Metalle den Kunststoffen – bezogen auf Festigkeit und Stabilität von Abmessungen – deutlich überlegen. Wer die Robustheit des Bauteils in seine Designüberlegungen mit einbezieht, schützt sein Bauteil durch die Werkstoffwahl vor Schäden bei Herstellung, Montage und Einsatz (*vergleiche Abschnitt 7.1.4*).

In jedem Fall müssen im Qualitätsmanagement alle Ergebnisse der Schadensanalysen in Risikoanalysen (FMEA, FTA) einfließen, sodass vereinbarte Gegenmaßnahmen ein weiteres Auftreten der Fehlerursache „auf immer" ausschließen.

4.4.3 Materialanforderungen aus Kostensicht

Wirtschaftliche Faktoren müssen bei der Wahl eines Materials berücksichtigt werden, um den Erfolg eines Produkts am Markt zu gewährleisten. *Zur wirtschaftlichen Beurteilung eines Materials werden alle Kosten analysiert, die im Laufe eines Produktlebens durch den Werkstoff verursacht werden (Lebenslaufkosten, -zykluskosten oder Life Cycle Cost).* Dazu werden nicht mehr alleine die Materialkosten und durch den Werkstoff beeinflusste Fertigungskosten gezählt, sondern auch die beim Einsatz des Produkts (z. B. Wartung, Reparatur im Servicebetrieb) und seiner Entsorgung anfallenden Kosten. Sie können je nach Materialwahl völlig unterschiedlich ausfallen. Beispielsweise ist die Reparatur und Instandhaltung von Verbundwerkstoffen weitaus aufwendiger als die von metallischen Werkstoffen, bei denen auf altbewährte Schweiß- oder Formgebungsverfahren zurückgegriffen werden kann. Beim Recycling müssen Hersteller nicht nur auf die kostengünstige Entsorgbarkeit des Materials achten; ein recyclinggerechtes Konstruieren (in der Regel Verbindungstechnik und Bauteilgestaltung) hält diese „finalen" Kosten im Produktleben gering.

Die Einbeziehung dieser vom Material beeinflussten *Lebenszykluskosten* in die Materialwahl gestaltet sich in der Konzept- und Entwurfsphase eines Produkts bzw. Bauteils äußerst schwierig und sollte von einem Konstrukteur nur in Ausnahmefällen (z. B. beim Einsatz gesundheitsgefährdeter Stoffe, bei notwendiger Wartung von Verbundwerkstoffen) in eine Bewertung einbezogen werden. Das dazu notwendige Datenmaterial kann meist nur im Unternehmen selbst durch Analysen der Lebenslaufkosten der eigenen Produkte erarbeitet werden.

Die Fokussierung gilt daher der Bewertung der *Fertigungskosten F* sowie der *Materialkosten M*, die in Summe die *Herstellkosten H* ergeben:

$$H = F + M\,.$$

Vorkalkulation

In der Frühphase einer Konstruktion ist der Konstrukteur daran interessiert, in kurzer Zeit die Kosten des Produkts bzw. Bauteils abzuschätzen. Die Genauigkeit der Kostenberechnung steht dabei im Hintergrund; Abschätzungen im Rahmen von $\pm\,10\,\%$ bis zu $\pm\,20\,\%$ reichen für vergleichende Untersuchungen häufig völlig aus. Daher werden üblicherweise die Herstellkosten anhand maßstäblicher Skizzen ermittelt.

Die *VDI-Richtlinie 2225* /29/ hält für den Entwickler eine Methode bereit, über *Relativkostenzahlen* vereinfacht die Material- und Herstellkosten zu kalkulieren. Für eine Werkstoffwahl sind zunächst die Materialkosten für die Wirtschaftlichkeit des Bauteils vorrangig zu behandeln.

Materialkosten

Im Maschinenbau betragen sie (einschließlich der Kosten von Kaufteilen) durchschnittlich ca. 43 % der Gesamtkosten des Produkts /30/. Die Schwankungsbreite ist je nach Branche sehr hoch (*vergleiche Abb. 4-5*). Die *Materialkosten* eines Erzeugnisses umfassen bei dieser Betrachtung alle Kosten des Einkaufs, d. h. die Kosten für das Rohmaterial, das Halbzeug, die Norm- und Kaufteile usw. Darin sind die Fertigungskosten, Gewinne und andere Kostenanteile des Zulieferers miteingeschlossen.

Die Kaufteil- und andere Kosten seien zunächst für die Materialwahl außer Acht gelassen. In erster Linie ist der Konstrukteur bestrebt, die direkt vom Rohmaterial bzw. vom Halbzeug verursachten Bauteilkosten möglichst niedrig zu halten. Für eine Entscheidungsfindung beim Vergleich unterschiedlicher Materialien sind sie daher zumindest grob abzuschätzen.

Kalkulation der Materialkosten

Bei den Materialkosten M sind die *Materialeinzelkosten MEK* von den *Materialgemeinkosten MGK* zu trennen.
Materialgemeinkosten sind Kosten, die den einzelnen Materialien nicht direkt zugerechnet werden. Dazu gehören z. B. Beschaffungskosten (Verpackungs-, Frachtkosten), Kosten für ein Lager, in dem unterschiedliche Werkstoffe gelagert werden, oder Kosten für die Wareneingangsprüfung. Lagerkosten können die Betriebskosten sowie Abschreibungen auf das jeweilige Gebäude enthalten. Selbst Kosten für das Personal im Lager werden gegebenenfalls berücksichtigt. Bei der jährlichen Kostenstellenplanung wird ein *Zuschlagsfaktor g_w aus dem Verhältnis der angefallenen Materialgemeinkosten zum jährlichen Materialeinsatz* bestimmt, der den Materialeinzelkosten aufgeschlagen wird. Materialeinzelkosten sind direkt einem Material zurechenbar (z. B. Rohmaterialkosten).

Das Hauptaugenmerk des Konstrukteurs gilt dem *Bauteilvolumen* und den daraus resultierenden Rohmaterialkosten (Materialeinzelkosten). Ausgehend vom Nettovolumen V_n des Bauteils wird bei der vereinfachten Ermittlung über Relativkosten zunächst das *Bruttovolumen V_b*

$$V_b = f_z \cdot V_n$$

ermittelt, wobei der *Verschnittfaktor f_z* den fertigungsbedingten Verlust an Material (Zerspanvolumen, Verschnitt bei der Blechverarbeitung etc.) berücksichtigt. Der Verschnittfaktor basiert auf Erfahrungswerten.

Das Bauteilvolumen ist – und damit ist dieser Bezug sinnvoller als der auf das Gewicht – eine bei der Konstruktion bekannte, dichteunabhängige Größe; deren Ermittlung erfolgt in CAD-Systemen automatisch über einen einfachen Befehl. Über die auf das Volumen bezogenen *spezifischen Werkstoffkosten* k_v (in €/cm³) berechnen sich im nächsten Schritt die *Bruttowerkstoffkosten* W_b

$$W_b = k_v \cdot f_z \cdot V_n.$$

Um zeitintensive Preisbeschaffungen zu vermeiden, ist es ratsam, sich in der Kalkulation von den dem Markt unterliegenden Preisentwicklungen der Materialien zu lösen. Daher verwendet die *VDI-Richtlinie 2225* /29/ einen warmgewalzten Rundstahl mittleren Durchmessers (35 bis 100 mm Durchmesser) aus S235JRG1 nach DIN EN 10025 /31/ als Basiswerkstoff (Vergleichswerkstoff). Für eine Liefermenge von 1.000 kg (ab Werk) können die spezifischen Werkstoffkosten k_{v0} des Rundmaterials durch Anfrage bei einem Hersteller laufend aktualisiert werden. Für alle anderen Konstruktionswerkstoffe zeigt der *Relativkostenfaktor k_v**

$$k_v^* = \frac{k_v}{k_{v0}}$$

an, wie die Mehr- oder Minderkosten der Bruttowerkstoffkosten gegenüber diesem Basiswerkstoff liegen.

Als Bruttowerkstoffkosten ergeben sich somit für ein Bauteil

$$W_b = k_{v0} \cdot k_v^* \cdot f_z \cdot V_n.$$

Diese *technisch-wirtschaftliche Kenngröße k_v** ist in Blatt 2 der VDI-Richtlinie 2225 für Stahl und Eisenwerkstoffe, Nichteisenmetalle und Nichtmetalle tabelliert. Zur wirtschaftlichen Bewertung der Materialkosten haben sich diese Werte über einen längeren Zeitraum als ausreichend konstant erwiesen. Da im Falle der Werkstoffwahl nicht die Qualität der absoluten Kostenrechnung im Vordergrund steht, sondern eine Bewertung für ein Material anhand der relativen Kosten erfolgt, ist das Verfahren für den Kostenvergleich von Materialien bestens geeignet. Eine Differenzierung der Werte erfolgt zusätzlich

- nach Form bzw. Halbzeug (rund, flach, Blech, Sechskant, Vierkant, Draht, Profile etc.),
- nach Größe (klein, mittel, groß),
- nach der Fertigungsart (Druckguss, Gesenkschmieden usw.),
- nach Gewicht und
- nach Schwierigkeitsgrad (der Fertigung).

Eine weitere Tabelle ermöglicht zudem die *fertigungs- und größenbezogene Anpassung des Relativkostenfaktors* an die Stückzahl für Stahl und Eisenwerkstoffe. *Tab. 4-8* und *Tab. 4-9* zeigen beispielhaft die Kenngrößen für Gussstücke und für Nitrier- und Einsatzstähle.

Die Größe von k_v* ist quasi auch ein Maß für die „Qualität" eines Materials. Der Begriff der Qualität des Werkstoffs bezieht sich dabei nur in Sonderfällen auf die Reinheit oder Güte einer chemischen Zusammensetzung; vielmehr werden die in der Hauptsache von der Funktion des Bauteils geforderten Materialeigenschaften die wahren Kostentreiber für den Rohmaterialpreis. Eine höhere Werkstoffqualität kennzeichnet im Allgemeinen Maschinenbau meist die Eignung des Materials, hohe Beanspruchungen bei Raumtemperatur oder bei erhöhten Temperaturen oder auch bei nur ho-

Tab. 4-8: Wirtschaftlich-technische Kennwerte von Gussteilen aus Eisenwerkstoffen (nach /19/)

Stückgewicht kg	Werkstoff				Stückzahlen[2]	k_v^* [1] für Schwierigkeitsgrad			
	DIN EN 1562	DIN EN 1561	DIN EN 1563	DIN 1681		Vollguss ohne Kerne und Aussparungen	Vollguss mit einfachen Kernen und Aussparungen	Hohlguss mit einfachen Rippen und Aussparungen	Hohlguss mit schwieriger Kernarbeit
< 0,1	Temperguss GJMW-, GJMB-	Gusseisen mit Lamellengrafit GJL-	Gusseisen mit Kugelgrafit GJS-	Stahlguss GS-	5000	2,7	3,2	-	-
0,1 ... 0,5					1000	2,3	2,9	-	-
0,5 ... 1					500	2,15	2,5	4,1	5,4
> 1 ... 5					100	2,0	2,3	3,4	4,7
> 5 ... 10					50	1,8	2,15	3,0	4,3
> 10 ... 50					10	1,6	2,0	2,9	4,0
> 50 ... 100					5	1,45	1,8	2,7	3,6
> 100 ... 500					1	1,45	1,6	2,5	3,2
> 500 ... 1000					1	1,45	1,6	2,3	3,0
Umrechnungszahl[3]	1,7	1,0	1,5	2,0					

Dichte in kg/dm³ :

		E-Modul in N/mm²:		Festigkeitsklassen:	
EN-GJMW: EN-GJMB:	7,2 ... 7,7	EN-GJMW: EN-GJMB:	$(1,7 ... 1,9) \cdot 10^5$	EN-GJMW-350-4 EN-GJMB-300-6	... EN-GJMW-550-4 ... EN-GJMB-800-1
EN-GJL:	7,2 ... 7,4	EN-GJL:	$(0,9 ... 1,4) \cdot 10^5$	EN-GJL-100	... EN-GJL-350
EN-GJS:	7,1 ... 7,3	EN-GJS:	$(1,7 ... 1,8) \cdot 10^5$	EN-GJS-350-22	... EN-GJS-900-2
GS-:	7,85	GS-:	$2,15 \cdot 10^5$	GS-38	... GS-60

Relative Werkstoffkosten $\quad k_v^* = \dfrac{k_v}{k_{v0}} \quad$ (k_{v0} = spezifische Werkstoffkosten in € /cm³ für warmgewalzten Rundstahl S235JRG1 DIN EN 10025 mittlerer Abmessungen)

1) Die angegebenen Werte dienen der Abschätzung. Sie sind nicht für die Kalkulation vorgesehen.
2) Die genannten Stückzahlen dienen als Richtwerte. Vor allem bei niedrigen Stückzahlen können deshalb die k_v^*-Werte erheblich abweichen.
3) Die in der Tabelle genannten k_v^*-Werte für den Schwierigkeitsgrad sind – zur Berücksichtigung des Werkstoffes – mit der Umrechnungszahl zu multiplizieren.

hen Einsatztemperaturen zu ertragen. Dies führt zu den sehr hohen Materialkosten bei Turbinenschaufeln in der Luftfahrt oder bei Leichtbauwerkstoffen wie den kohlenstofffaserverstärkten Kunststoffen oder den Titan- und Magnesiumlegierungen (*vergleiche Abb. 5-18*). Aber auch technologische Eigenschaften wie Umformbarkeit können den Preis eines Materials nach oben treiben.

Unter Einbeziehung des *Materialgemeinkostenzuschlags* g_w ermitteln sich über die *Bruttowerkstoffkosten* abschließend die *Materialkosten*

$$M = W_b \cdot (1 + g_w),$$

welche in die Bewertung der Werkstoffe Eingang finden.

Fertigungskosten

Die Fertigungseigenschaften nehmen starken Einfluss auf die *Fertigungskosten* eines Materials. Je nach Werkstoffgruppe (Keramik, Metall, Kunststoff etc.) ist die Eignung für Herstellverfahren (Zerspanbarkeit, Umformbarkeit, Gießbarkeit) unterschiedlich. Aber auch innerhalb dieser Gruppen variieren die Fertigungskosten aufgrund materialabhängiger Haupt-, Neben- oder Rüstzeiten (*siehe auch Abschnitte 4.1 und 4.4.1*). Weitere Fertigungsaspekte lassen sich ebenfalls auch vereinfacht nur unzureichend kostenmäßig darstellen: So können – je nach Toleranzanspruch und Oberflächenqualität – Fertigungskosten für unterschiedliche Werkstoffe stark variieren.

Tab. 4-9: Wirtschaftlich-technische Kennwerte für die Werkstoffwahl von Einsatz- und Nitrierstählen (nach /19/)

Werkstoff	Statische Festigkeitswerte (bei E im Kern, bei NT vergütet)			Technologische Eigenschaften				Formnormung	Relative Werkstoffkosten k_v^* Maße			Eigenschaften und Anwendung
	R_m N/mm² ≥	$R_{p0,2}$ N/mm² ≥	A_5 %	Schw	Oh	Zerspanbarkeit ∇	Zerspanbarkeit ⩌		klein	mittel	groß	
C 15 E	600 bis 800	360	14	1	E	1,0	1,4	⊘ DIN 1013	2,7	1,4	1,5	Für oberflächenharte Teile mit geringer Beanspruchung, wie Hebel, Büchsen, Bolzen und Zapfen zu bevorzugen. Für umfangreiche Zerspanungsarbeit 10S20E bevorzugen.
								▨ DIN 1014				
								⊘ DIN 1015	2,85	1,45	1,6	
								▨ DIN 1017	2,65	1,35	1,4	
17 Cr 3	800 bis 1050	450	11	2	E	1,1	1,5	⊘ DIN 1013	2,75	1,5	1,6	Höhere Festigkeitsanforderungen als bei Ck 15 möglich, aber teurer. Für Schaltstangen, Kolbenbolzen, Messzeuge u. Ä.
								▨ DIN 1014				
								⊘ DIN 1015	2,8	1,6	18	
								▨ DIN 1017	2,75	1,55	1,7	
16 Mn Cr 5	800 bis 1100	600	10	4	E	1,1	1,5	⊘ DIN 1013	3,0	1,7	1,8	Für Teile mit mittleren Anforderungen, wie kleinere bis mittlere Zahnräder, Getriebewellen, Gelenkwellen, Steuerungsteile.
								▨ DIN 1014				
								⊘ DIN 1015	3,6	1,85	2,0	
								▨ DIN 1017	3,5	1,8	1,9	
20MnCr5	1000 bis 1300	700	8	4	E	1,15	1,6	⊘ DIN 1013	3,6	1,9	2,0	Für Teile mit hoher Beanspruchung; Vorzugsstahl für Getriebeteile.
								▨ DIN 1014				
								⊘ DIN 1015	4,0	2,0	2,2	
								▨ DIN 1017	3,9	2,0	2,1	
18 CrNiMo 13-4	1200 bis 1450	800	7	4	E	1,3	1,8	⊘ DIN 1013	3,5	2,3	2,4	Für Teile mit höchsten Anforderungen, wie Getriebeteile im Nutzfahrzeugbau.
								▨ DIN 1014				
								⊘ DIN 1015	4,9	2,4	2,8	
								▨ DIN 1017	4,7	2,3	2,6	
34 Cr Al Ni 7	850 bis 1000	600	13	–	NT	1,2	1,6	⊘ DIN 1013	5,4	2,9	3,2	Relativ gut bearbeitbarer Nitrierstahl für Bauteile mit großen Querschnitten.
								▨ DIN 1014				
								▨ DIN 1017	5,7	3,1	3,4	
31 Cr Mo 12	1100 bis 1350	800	11	–	NT	1,3	1,8	⊘ DIN 1013	5,55	3,05	3,4	Nitrierstahl hoher Festigkeit und Verschleißfestigkeit; für Ventilspindeln, Extruderschnecken.
								▨ DIN 1014				
								▨ DIN 1017	5,9	3,2	3,6	

☐ zu bevorzugen

E = 2,15 · 10⁵ N/mm²

G = 0,83 · 10⁵ N/mm²

Technologische Eigenschaften

Schw = Eignung für Schmelzschweißen

1 = sehr gut   4 = bedingt
2 = gut   5 = schwierig
3 = geeignet   – = ungeeignet

Relative Werkstoffkosten:

$$k_v^* = \frac{k_v}{k_{v0}}$$

(k_{v0} = spezifische Werkstoffkosten in € /cm³ für warmgewalzten Rundstahl S235JRG1 DIN EN 10025 mittlerer Abmessungen)

Zerspanbarkeit:

S235JRG1 = 1,0

Sind die Möglichkeiten ihrer Bestimmung informationsseitig oder durch zeitliche Rahmenbedingungen eingeschränkt, erscheint eine empirische Abschätzung der Kosten, z. B. über eine fünfstufige Bewertungstabelle (sehr hoch bis sehr gering), am sinnvollsten; sie ergänzt die wirtschaftliche Bewertung eines Werkstoffs.

Vereinfachte Ermittlung der Herstellkosten

Die *vereinfachte Methode zur Ermittlung der Herstellkosten nach VDI-Richtlinie 2225* genügt nicht einer notwendigen Bewertung der Fertigungskosten für unterschiedliche Materialien, da sie von konstanten Fertigungskostenanteilen für ein Erzeugnis ausgeht. Sie sei hier aber nicht nur der Vollständigkeit halber aufgeführt. Die Richtlinie gibt

Auskunft über die voraussichtliche *Kostenstruktur eines Produkts* (*vergleiche Abschnitt 9.2.2*), d. h., die prozentuale Aufteilung der Herstellkosten in Material- und Fertigungskosten. Sie kann damit für die Bewertung des Nutzens einer Materialeinsparmaßnahme miteinbezogen werden.

Wurden durch die vorangegangene Rechnung die *Materialkosten M* des Bauteils abgeschätzt, so ergeben sich bei Kenntnis des *Materialkostenanteils M'* die Herstellkosten aus

$$H = \frac{M}{M'}.$$

Diese Anteile sind je nach Produktart unterschiedlich; für eine Reihe von Erzeugnissen des Maschinenbaus und der Elektrotechnik wurden diese Richtwerte *M'* ermittelt (*vergleiche Abb. 4-5*).

Sind im weiteren Entwicklungsprozess verfeinerte Aussagen über die Herstellkosten zu treffen, so sind genauere Kalkulationsmethoden für die Kostenermittlung zu nutzen. Im Hinblick auf die Zuverlässigkeit der Relativkosten-Methode weist die VDI-Richtlinie 2225 darauf hin, dass Untersuchungen über einen längeren Zeitraum eine vertretbare Konstanz der *Gemeinkostenzuschläge*, der *Relativkostenzahlen* und der *Materialkostenanteile* ergaben. Die VDI-Richtlinie wird zurzeit überarbeitet, um die Zahlen aus dem Jahr 1997/98 zu aktualisieren. Eine genauere Analyse der Kostenstruktur im Unternehmen, auf die diese vereinfachte Berechnung angewandt werden kann, verbessert weiter die Zuverlässigkeit der Bewertung.

Reduzierung werkstoffseitig beeinflusster Kosten

Aus der Ermittlung der *Materialkosten* kristallisieren sich die wirtschaftlichen Schwachstellen eines aus vielen Bauteilen und -gruppen zusammengesetzten Erzeugnisses für unterschiedliche Werkstoffe am stärksten heraus. Die vereinfachte Ermittlung kann frühzeitig signalisieren, an welchen Bauteilen Materialkostenreduzierungen sinnvoll sind (*Schwerpunktbildung*). Die Kosten können in einer *ABC-Analyse* überschaubar dargestellt werden (*vergleiche Abschnitt 9.2.1*).

Der Konstrukteur muss aufgrund des erheblichen Anteils der Materialkosten an den Herstellkosten stets anstreben, sie zu reduzieren. Einen Überblick über die Möglichkeiten, die *Rohmaterialkosten* für ein Produkt zu senken, geben Ehrlenspiel, Kiewert und Lindemann in *Abb. 4-6 /32/*.

Die *absoluten Kosten für das Bruttovolumen des Bauteils* können durch die Konstruktionsstrategien

- *Kleinbau bzw. Leichtbau*,
- *Sparbau* und
- *Abfall senken*

reduziert werden.

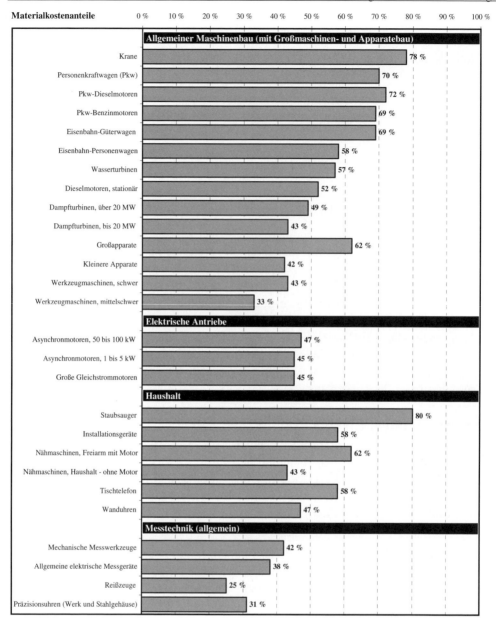

Abb. 4-5: Materialkostenanteile von Erzeugnissen (nach /29/)

Kleinbau gelingt bei strukturmechanischen Aufgabenstellungen im Hinblick auf die *Werkstoffwahl* durch den Einsatz hochfester bzw. hochsteifer Materialien. Sinnvoll ist dabei eine *auswahlorientierte Darstellung der Kennwerte*. So besitzt der Quotient der spezifischen Werkstoffkosten k_v und der Festigkeit R_m (oder des Elastizitätsmoduls E) eine anwendungsbezogen stärkere Aussagekraft als die Relativkosten für sich. *Abb. 4-7* verdeutlicht am Beispiel der Stähle, dass hochfeste Stahlsorten niedrigere

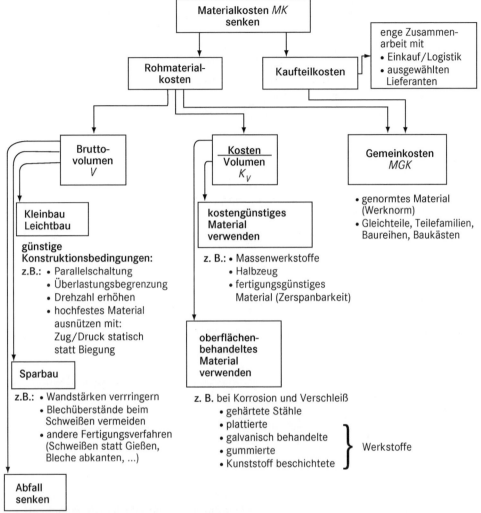

Abb. 4-6: Möglichkeiten zur Reduzierung von Rohmaterialkosten /32/

Relativkosten aufweisen als niederfeste und stellt in Aussicht, dass die Gesamtkonstruktion damit kostengünstiger ausgeführt werden kann.

Ein klassisches Beispiel ist die Dimensionierung von Schrauben: Hochfeste Schraubenwerkstoffe führen zu kleineren Schraubengrößen, sodass auch das konstruktive Umfeld kleiner gestaltet werden kann. Insgesamt erbringt dies fallweise eine Reduzierung der Materialkosten durch ein geringeres Nettobauteilvolumen.

Kleinbau bedeutet auch, die eingesetzten Werkstoffe bis an die Grenze ihrer Festigkeitswerte zu belasten. Eine optimale Werkstoffausnutzung wird angestrebt. Die über Materialwahl und Gestaltung „abgemagerten" Bauteilquerschnitte sollten dann durch

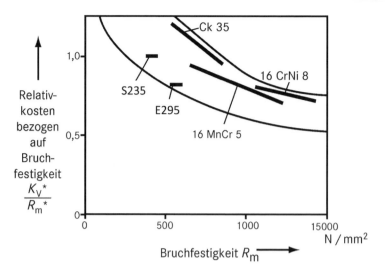

Abb. 4-7: Relative Materialkosten am Beispiel von Stählen /32/

geeignete Maßnahmen gegen Überlast geschützt werden, z. B. über eine entsprechende Sicherheitsstrategie (Überlastsicherungen).

Auf dem Gebiet des *Leichtbaus* sind für die Materialwahl vor allem die neuesten Werkstoffentwicklungen (z. Z. die Metallschäume) interessant. Insgesamt sind Leichtmetalllegierungen (Magnesium, Aluminium, Titan) und Kunststoffe – zur Zähigkeits- und Festigkeitssteigerung faserverstärkt – den Markt dominierende Leichtbauwerkstoffe.

Darüber hinaus schafft das Durchspielen unterschiedlicher konzeptioneller Lösungen *Bauteilkonstruktionen in Integral- und Differenzialbauweise* oder anderer Konstruktionsstrategien (wie die *Hybrid- oder Sandwichbauweise*). Damit eröffnen sich verschiedene Freiheiten (bzw. Einschränkungen) für die Materialauswahl.

Leichtbau ist stets mit einer konsequenten Anwendung von *Konstruktionsprinzipien* verbunden. *Beanspruchungsgerechtes und fertigungsgerechtes Gestalten*, gepaart mit einem *klaren und eindeutigen Konzept*, welches mit wenigen Bauteilen die Funktion einfach und sicher erfüllt, kann je nach Material unterschiedlich starke Beiträge zur Kostenreduzierung erbringen. Grundsätzlich ist aus Materialsicht eine Gestaltung mit dem Ziel einer Zug-Druck-Last des Bauteils (Prinzip der kurzen und direkten Kraftleitung) gegenüber einer Biegelast vorzuziehen. Der Werkstoff erfährt so nicht nur in den Randzonen eine hohe Beanspruchung, sondern über seinen gesamten Querschnitt. Dies schafft eine bessere Ausnutzung der Festigkeitswerte und entsprechend reduziertes Bauteilvolumen.

Wer sich des *Sparbaus* bedient, sollte im Hinblick auf die Werkstoffwahl insbesondere die *Wahl des Fertigungsverfahrens* berücksichtigen. So können sich *Schweißkonstruktionen* und *Blechkonstruktionen* aufgrund geringerer Ausführungsdicken der Teile als vorteilhafter gegenüber *Gusskonstruktionen* erweisen.
Eine Reduzierung des notwendigen Bruttovolumens des Bauteils wird mit anderen oder *endformnahen Herstellverfahren* realisierbar. Hierbei ist stets zu klären, welche

Einschränkungen möglicherweise für Werkstoffe auftreten. So kommt man mit dem Wachsausschmelzverfahren oder dem Präzisionsschmieden näher in Form und Maß an die endgültige Ausführung des Bauteils heran, sodass eine geringere Zahl an Fertigungsschritten die Fertigungskosten und ein geringeres Bruttowerkstoffvolumen die Materialkosten senken.

Maßnahmen zur *Reduzierung des Abfalls* („Abfall senken") müssen verfahrensspezifisch durchdacht werden. *Abb. 4-6* weist auf zwei typische Beispiele im Bereich der spanenden Bearbeitung und der Blechverarbeitung hin, die den Verschnittfaktor verkleinern. Endformnahe Fertigungsverfahren vermögen diesbezüglich eine drastische Reduzierung von Materialschrott.

Ist das Potenzial „Verringerung des Bauteilvolumens" ausgeschöpft, sind kostenreduzierende Maßnahmen für die *relativen Kostenanteile* (d. h. die volumenspezifischen Materialkosten) auszuloten. Die Beurteilung der relativen Kosten wird direkt über den *Relativkostenfaktor k_v^** aus Blatt 2 der *VDI-Richtlinie 2225* ermöglicht. Das erste, die Materialwahl maßgeblich betreffende Gebot ist es, ein *kostengünstiges Material zu verwenden*. Anwendungstypische Werkstoffe werden herstellerseitig in größeren Mengen bereitgestellt und weisen daher einen niedrigeren Einkaufspreis auf (Massenwerkstoffe). Des Weiteren kann durch die Nutzung marktüblicher Halbzeuge ein günstiger Zukauf für eine Vielzahl von Werkstoffsorten erfolgen.

Wie sehr sich ein Material für eine Fertigung eignet, ist zunächst grundsätzlich an den *technologischen Eigenschaften* (Zerspanbarkeit, Umformbarkeit, Gießbarkeit, Schweißbarkeit usw.) festzumachen. Dennoch sollte der Einfluss auf die Fertigungskosten nicht allein an dieser Eignung beurteilt werden. Die Zeit zum Erzielen einer guten Oberflächenqualität oder von kleinen Toleranzen führt je nach Material zu kürzeren oder längeren *Hauptzeiten*; ebenso sind die Abhängigkeiten von *Neben- und Rüstzeiten* zu beurteilen. Weitere Kostenfaktoren, die den Maschinenstundensatz bestimmen, sind Abschreibungen für Werkzeuge (materialabhängige Standzeiten!), für etwa anzuschaffende Werkzeugmaschinen, Energiekosten und Raumkosten. Die Bedienung der Maschinen erfordert je nach Fertigungsverfahren einen unterschiedlichen Personaleinsatz; dieser wird im Lohnkostensatz berücksichtigt.
Eine Materialwahl ist aus Kostensicht daher auch im Hinblick auf *Automatisierbarkeit* zu hinterfragen. Die Notwendigkeit von Handarbeit für das Erreichen eines bestimmten Qualitätsstandards ist bisweilen auf die Materialwahl zurückzuführen. Rechnerische Ansätze zur Abschätzung von Fertigungskosten werden ausgiebig in /32/ vorgestellt.

Zur Reduzierung der relativen Kosten bietet sich als weitere Alternative an, *oberflächenbehandeltes Material zu verwenden*. Die Veredelung eines Materials über eine *Oberflächenbehandlung* treibt die Herstellkosten nach oben. Daher ist zunächst zu überlegen, ob der Zukauf bereits gehärteter Stähle oder plattierter, gummierter oder andersartig beschichteter Werkstoffe diesen Mehrkosten entgegensteuern kann. Ist eine Oberflächenbehandlung nach der Fertigung des Bauteils unumgänglich, bleibt immer noch der Vorteil, kostengünstigere Grundmaterialien zu veredeln. Dies erlaubt es, auch mit „weichen" Werkstoffen nach einer kostengünstigen Zerspanung Forderungen nach verschleißfesten Funktionsflächen des Bauteils über eine Wärmebehandlung zu erfüllen. Oder Baustähle werden durch einen Säureschutzanstrich gegen Korrosion geschützt. Die Ziele einer Oberflächenveredelung sind heute unter anderem Verbesserungen der Verschleißfestigkeit, der Korrosionsbeständigkeit und vieler Gebrauchseigenschaften (z. B. Reinigungsfreundlichkeit von Duschkabinen mittels des Lotuseffekts durch nanokristalline Schichten), aber auch über die technischen Aspekte hinaus ästhetische Gesichtspunkte.

Auch im Hinblick auf die Relativkosten sollte der Konstrukteur in seiner geistigen Auseinandersetzung mit dem Design eines Bauteils wiederum die Einflussmöglichkeiten einer Integral- und Differenzialbauweise erkennen. Die Verwendung hochfester teurer Materialien erlaubt es speziell bei großen Werkstücken und hohen Stückzahlen nicht, ein „Bauteil" aus einem Stück zu fertigen. Möglichkeiten der Trennung von weniger und hoch belasteten Bauteilbereichen führen zu *Differenzial- oder Verbundbauweisen*. Dabei lassen sich niederfeste Grundkörper (Baustähle) mit hochfesten Werkstoffen (Vergütungs-, Einsatz- und Nitrierstähle) mechanisch fügen oder stoffschlüssig verbinden. Ein typisches Beispiel ist die Fertigung großer Zahnräder mittels eines Zahnkranzes aus einem Vergütungsstahl. Er wird über eine Schraubverbindung oder eine Presspassung mit einem kostengünstig herstellbaren gegossenen Radkörper verbunden.

Außer der Reduzierung der Rohmaterialkosten über das Bruttovolumen des Bauteils und die Relativkosten des eingesetzten Werkstoffs kann eine *Materialgemeinkostenreduzierung* angestrebt werden. Große *Liefermengen* garantieren Preisnachlässe; eine Bündelung von Aufträgen aus anderen Produkten oder Produktvarianten kann dies ermöglichen. Werknormen und damit die Standardisierung von Bauteilen und Materialien tragen auch zu geringen Lagerhaltungskosten bei.

Eine Senkung der *Kaufteilkosten* ist in der Regel nicht die Aufgabe des Entwicklers, sondern anderer Unternehmensabteilungen (meist der Einkauf).

Die Wirtschaftlichkeit einer Werkstofflösung zeigt sich in den Herstellkosten eines Produkts. Niedrige Materialkosten tragen dazu den größten Anteil bei. Zur Ableitung von Materialanforderungen sind daher folgende Punkte zu bedenken:

Die Kostenstrukturen sowie die Kenntnis der werkstoffseitig beeinflussten Kostenarten sind zu analysieren. Die Erstellung der Kostenstruktur eines Erzeugnisses führt zur Beantwortung der grundsätzlichen Frage, welche Bauteile am dringlichsten – z. B. über eine Materialwahl – wirtschaftlich zu optimieren sind (Schwerpunktbildung).

Die für eine Materialwahl notwendigen Kostenvergleiche sollten zur Reduzierung des Arbeitsaufwandes mit der vereinfachten Material- bzw. Herstellkostenrechnung der VDI-Richtlinie 2225 erfolgen. Zur Bestimmung von Herstellkosten können unternehmensspezifische Kennzahlen die Abschätzung verbessern. Damit wird für die Konzept- und Entwurfsphase in der Mehrzahl der Fälle eine ausreichende Vergleichsmöglichkeit konkurrierender Materialien geschaffen.

Eine Abschätzung der Fertigungskosten kann in der Regel nur qualitativ erfolgen. Die Einbeziehung von Lebensdauerkosten ist nur in Sonderfällen sinnvoll.

4.4.4   Ableitung weiterer Materialanforderungen

Je nach Anwendungsfall sind für die Analyse der Werkstoffanforderungen weitere
Gesichtspunkte heranzuziehen. Die Vielfalt der Produkteigenschaften macht eine vollständige Aufzählung aller Aspekte unmöglich. Zu berücksichtigen sind u. a.:

- *Marketinganforderungen*
  Insbesondere bei Konsumgütern spielen nicht nur technische und technologische
  Kennwerte eine wichtige Rolle; ästhetische oder „neue" Eigenschaften treten in
  den Vordergrund.
- Anforderungen durch den *Vergleich mit Wettbewerbsprodukten*
  Der Benchmark (*vergleiche Abschnitt 9.3.2*) kann in Verbindung mit Reverse En-
  gineering Materialvorteile von Wettbewerbsprodukten aufzeigen, die zur Grund-
  lage eigener Produktentwicklungen werden.
- Anforderungen aus der *Produkthaftung* sowie anderer gesetzlicher bzw. norma-
  tiver Vorgaben (z. B. Recycling, Sicherheit, Ausführungsvorschriften)
- *Patentrechtliche Anforderungen*
  In manchen Anwendungen können für Werkstoffe Patentansprüche bestehen (z. B.
  korrosionsfeste Legierungen der Bleielektroden in Autobatterien). Dies grenzt die
  Möglichkeiten der Materialwahl ein; in der Regel sind in diesem Fall Werkstoffeigenschaften für die Leistungsfähigkeit des Produkts maßgebend.

4.5   Kontrollfragen

4.1   Welche grundlegenden Wechselwirkungen sind bei der Auswahl eines Werkstoffs zu beachten?

4.2   Erläutern Sie an drei Beispielen, inwieweit die Frage der Bauteilherstellung
(Technologiewahl) die Materialwahl mitbestimmt!

4.3   Nennen Sie drei Beispiele, bei denen die Gestaltung einer Konstruktion Einflüsse auf die Werkstoffwahl besitzt!

4.4   Nennen Sie drei Fertigungsverfahren von Bauteilen, die bei höchsten Qualitätsanforderungen an Oberfläche und Toleranzen als Endfertigungsstufe für Bauteile ausgeschlossen werden können!

4.5   Welche Vorteile bieten endformnahe Fertigungsverfahren in Bezug auf die Herstellkosten? Nennen Sie drei Beispiele für diese Herstellweisen!

4.6   Wie unterscheidet sich eine Differenzialbauweise von einer Integralbauweise
eines Bauteils? Welche Auswirkungen hat dies auf die gesuchten Werkstoffe?

4.7   Welche Aspekte sind bei der Werkstoffwahl im Hinblick auf die Herstellbarkeit
eines Bauteils zu beachten?

4.8   Nennen Sie zwei Beispiele von Herstellweisen, bei der Einschränkungen in der
Formgebung eines Bauteils erfolgen! Benennen Sie diese Einschränkungen.
Welche Fertigungsverfahren bieten höchste Freiheiten in der Gestaltung?

4.9   Wie werden die Herstellkosten durch ein Material außerhalb der Rohmaterialkosten noch beeinflusst? Nennen Sie Beispiele!

4.10 Welche Kosten sind außerhalb der Herstellkosten über den Verlauf eines Produktlebens im Hinblick auf die Materialwahl zu beachten (mit Beispiel)?

4.11 In welche fünf Gruppen lassen sich Werkstoffeigenschaften eingruppieren? Welches Materialverhalten ist über die Eigenschaftsgröße hinaus für eine Konstruktion von entscheidender Bedeutung im Hinblick auf die Zuverlässigkeit?

4.12 Welcher Art sind die Werkstoffeigenschaften „Schweißbarkeit", „thermischer Ausdehnungskoeffizient" und „metallisch glänzend"? Welche Art von Eigenschaften ist für Vorauswahlprozesse am besten geeignet und warum?

4.13 Was ist das „Eigenschaftsprofil" eines Materials? Was ist unter dem Anforderungsprofil bei der Materialsuche zu verstehen?

4.14 Auf welche „einfache" Fragestellung reduziert sich das Vorgehen einer Materialsuche?

4.15 Welchen Vorteil bietet eine Checkliste bei der Analyse der Materialanforderungen für ein Bauteil? Warum gibt es keine einheitliche Checkliste zur Identifizierung materialspezifischer Produktanforderungen für alle gestellten Konstruktionsaufgaben (Beispiel nennen)?

4.16 Warum darf auf eine sorgfältige Analyse des Anforderungsprofils aus Wirtschaftlichkeitsgründen nicht verzichtet werden?

4.17 Was versteht man unter der „Übersetzung von Bauteil- in Materialanforderungen"? Nennen Sie drei Beispiele von „Übersetzungen" bei der Sohle eines Dampfbügeleisens!

4.18 Ordnen Sie dem Anforderungsprofil des vorangegangenen Beispiels die Einstufungen „Forderung" (F), „Wunsch" (W) und „Ziel" (Z) zu.

4.19 Welche materialspezifischen Produktanforderungen bestehen für die Wäschetrommel einer Waschmaschine (mit Schleudergang)? Welche Materialeigenschaften sind diesen zuzuordnen? Was sind Zielgrößen (Z), was Forderungen (F), was Wünsche (W)?

4.20 Welche Bedingungen werden gegebenenfalls an Materialeigenschaften geknüpft? Woraus werden diese abgeleitet?

4.21 Welche Bedeutung besitzen freie Konstruktionsparameter für die Materialauswahl?

4.22 Was ist Grundvoraussetzung für ein einfaches, sicheres und eindeutiges Konstruieren eines Bauteils? Welcher Zusammenhang besteht zur Materialwahl?

4.23 Welche Hauptfunktion ist der Sohle eines Bügeleisens zuzuweisen? In welcher Grundgleichung der Ingenieurwissenschaften wird dieses Bauteilverhalten „modelliert"?

4.24 Welche Hauptfunktion ist der Wäschetrommel der Waschmaschine zuzuweisen? In welcher Grundgleichung der Ingenieurwissenschaften wird dieses Bauteilverhalten „modelliert"?

4.25 Welche weiteren Bedingungsgleichungen sind für die Sohle des Bügeleisens ableitbar? In welchen Grundgleichungen der Ingenieurwissenschaften können diese Bedingungen „modelliert" werden? Sind Zielgrößen vorhanden?

4.26 Welche Anforderungen führen zu weiteren Bedingungsgleichungen im Hinblick auf die Materialauswahl der Wäschetrommel? In welchen Grundgleichungen der Ingenieurwissenschaften können diese Bedingungen „modelliert" werden? Was sind mögliche Zielgrößen?

4.27 Welche Materialeigenschaft des „Bügeleisens" ist sowohl im Hinblick auf wirtschaftliche als auch auf technische Forderungen von Bedeutung (Verknüpfung!)? Welche Größe kann als „freier" Konstruktionsparameter angesehen werden?

4.28 Welche Materialeigenschaft der „Wäschetrommel" ist aus wirtschaftlicher und technischer Sicht zweifelsfrei miteinander verknüpft?

4.29 Was beinhaltet eine Materialanforderungsliste?

4.30 Formulieren Sie die Grundaussagen zur Materialsuche für die Sohle eines Dampfbügeleisens und für die Trommel einer Waschmaschine!

4.31 Welche drei weiteren Hauptbetrachtungsweisen sind hilfreiche Quellen zur Formulierung von Materialanforderungen?

4.32 Was ist beim Zukauf von Normalien im Hinblick auf die Materialwahl zu beachten?

4.33 Welche Vorteile ergeben sich bei dem Vorausdenken des Fertigungsprozesses im Hinblick auf die Werkstoffwahl?

4.34 Weshalb stellen Schadensstatistiken vorhandener bzw. vergleichbarer Produkte eine Quelle des Wissens bezüglich notwendiger Materialeigenschaften dar?

4.35 Welche Bedeutung hat ein vorbeugendes Qualitätsmanagement im Hinblick auf die Vermeidung von Produktschäden?

4.36 Wie lautet das Grundprinzip der Fehlerbehebung?

4.37 Welche Arten von Schäden können entstehen?

4.38 Wie lassen sich die Hauptfehler klassifizieren, die bei der Entwicklung eines Produkts bzw. bei seiner Anwendung auftreten?

4.39 Welcher Fehler führt bei der Konstruktion eines Produkts am häufigsten zum Versagen? Sind materialspezifisch Gegenmaßnahmen vorstellbar?

4.40 Worin ist die Ursache zu suchen, wenn ein Schaden auf „falsche Materialwahl" zurückzuführen ist?

4.41 Nennen Sie zwei Beispiele für Fehler bei der Herstellung, die zu einem Materialschaden führen!

4.42 Was ist unter einem „robusten" Produktdesign zu verstehen?

4.43 Nennen Sie ein Beispiel, bei dem die Lebenslaufkosten eines Produkts hinsichtlich der Materialauswahl von Bedeutung sind?

4.44 Welchen Vorteil bietet der Relativkostenfaktor der VDI-Richtlinie 2225 bei der Materialauswahl?

4.45 Über welche drei Konstruktionsstrategien lassen sich die absoluten Kosten für das Bruttovolumen des Bauteils reduzieren? Nennen Sie je ein Beispiel mit Bezug zum eingesetzten Werkstoff!

4.46 Wie können Materialkosten beim Zukauf reduziert werden?

5 Phase II – Vorauswahl

Nachdem alle Anforderungen an den gesuchten Werkstoff identifiziert sind und in einer Materialanforderungsliste zusammengefasst wurden, kann Phase II unserer Werkstoffauswahl starten: die Vorauswahl geeigneter Werkstoffe (*vergleiche Abb. 3-3*). Zur Erinnerung: Phase I hatte vornehmlich die Aufgabe, die Bauteil- und Produktanforderungen in konkrete Materialkennwerte zu übersetzen.

Die nun stattfindende Suche hat das vorrangige Ziel, Materialien mit möglichst weitgehender Übereinstimmung zwischen Anforderungsprofil des gesuchten Werkstoffs und Eigenschaftsprofilen von Konstruktionswerkstoffen zu finden. Um innerhalb der riesigen Zahl an Werkstoffen den richtigen bzw. die richtigen zu finden, ist es unbedingt erforderlich, einen Vorauswahlprozess zu gestalten, der zunächst in Frage kommende Lösungen grobmaschig identifiziert. Diese *Vorauswahl* soll zu einer Gruppe möglicher Werkstofflösungen führen, die den Arbeitsaufwand für die nachfolgenden detaillierenden Prozessschritte auf ein vernünftiges Maß reduzieren. Die anschließende Suche nach tiefer gehenden Informationen über einen Werkstoff erfordert vom Entwickler eine weitaus intensivere Auseinandersetzung mit den Produktansprüchen und den daraus resultierenden Materialanforderungen. Eine Beschränkung auf maximal zehn Lösungen im Vorauswahlprozess ist daher anzuraten.

Eine Vorauswahl identifiziert üblicherweise noch keine Werkstoffsorten. Darunter seien die endgültigen Bezeichnungen eines Werkstoffs verstanden, wie beispielsweise der Stahl mit der genormten Kurzbezeichnung 1.4571 (oder X6CrNiMoTi17 12 2), die Magnesiumlegierung EN-MC MgAl9Zn1 (nach DIN EN 1754, häufig unnormiert als AZ91 bekannt), die Nickelbasislegierung 2.4858 (NiCr21Mo) oder der Kunststoff PMMA (Kurzzeichen nach DIN EN ISO 1043, Polymethylmetaacrylat). Darüber hinaus sind Materialien durch ihre Markennamen (wie die hochwarmfeste Nickellegierung Nimonic® 75, der rostfreie Stahl Nirosta® 4301 oder der Kunststoff Polystyrol 143E) eindeutig gekennzeichnet. *Die Sorten gehören Gruppen, Untergruppen oder auch Familien, und schließlich Hauptgruppen an, die jeweils ähnliche Eigenschaftsprofile besitzen.* So wird Nimonic® in unterschiedlichen, leicht veränderten Eigenschaftsprofilen (Nimonic® 80, 90 oder C 263) geliefert. Als grundlegende Gruppierung (Cluster) gehören die Nickellegierungen und die Stähle zu der Hauptgruppe der Metalle, Polystyrol zu der Hauptgruppe der Kunststoffe. Eine genaue Struktur über alle Materialien hinweg findet sich in der Literatur nicht, sondern sie wird vornehmlich an den Besonderheiten der Werkstoffe festgemacht (z. B. zählt Nirosta® zu der Gruppe der rost- und säurebeständigen Stähle).

Die Vorauswahl widmet sich – wie eingangs betont – zunächst der Suche nach Werkstofffamilien oder -untergruppen. Äußerst selten sind Anforderungsprofile von gesuchten Materialien bereits so spezifisch, dass eine Werkstoffsorte als Lösung eruiert wird. Phase II stellt somit eine prinzipielle Lösungssuche, ähnlich der aus der Konstruktionssystematik bekannten Suche nach Wirkprinzipien für eine Funktion dar.

Gemäß *Abb. 3-3* umfasst sie den

- Schritt 2.1: *Ermittlung einschränkender Vorauswahlkriterien* und
- Schritt 2.2: *Vergleich der Eigenschaftsprofile von Werkstoffen mit dem Anforderungsprofil und Ermittlung von Lösungskandidaten.*

Ausgangssituation für die Vorauswahl

Je nach *Entscheidungssituation* ist der Startpunkt der Vorauswahl unterschiedlich zu bewerten. Bei einer *Werkstoffinnovation* sind keine Werkstoffe von vornherein auszuschließen, da sonst der innovative Charakter einer Materialwahl verloren geht. Werden *Werkstoffsubstitutionen* gesucht, wird die Auswahl meist nur aus der Werkstoffgruppe des bisher eingesetzten Werkstoffs gewählt. Für *Werkstoffalternativen* gilt dies ebenfalls; hier kann der neue Werkstoff sogar ein Mitglied der gleichen Werkstofffamilie sein. *Eine Werkstoffinnovation verlangt den umfassendsten Auswahlprozess.*

Die Vorauswahl muss für alle Ausgangssituationen einschränkende Werkstoffanforderungen nutzen, um Werkstoffgruppen, -untergruppen oder selbst Werkstofffamilien vom weiteren Auswahlprozess auszuschließen. Werkstoffgruppen, -untergruppen und -familien besitzen kennzeichnende Eigenschaftsprofile, die sie für einen bestimmten Einsatz auszeichnen. Die Gestaltung des Auswahlprozesses wird daher – ausgehend von einer sehr groben Auswahlrasterung – stets in ein immer feineres Maschenwerk der Auslese verlaufen. Der Suchpfad führt von den Werkstoffgruppen über die -untergruppen bis in die -familien hinein, wo potenzielle Werkstofflösungen identifiziert werden können. Je nach gefordertem Eigenschaftsprofil werden bei einer umfassenden Suche Lösungen in verschiedenen Werkstoffgruppen entdeckt; eine frühe Festlegung auf Metalle, Kunststoffe u. a. sollte daher nicht erfolgen.

Die Vorauswahl dient der Identifizierung von Materiallösungen, bei denen Anforderungsprofil des gesuchten Werkstoffs und die Eigenschaftsprofile der angedachten Lösungen weitgehend übereinstimmen. Die Lösungen sind in den seltensten Fällen Werkstoffsorten, sondern vielmehr Werkstofffamilien, -untergruppen oder -gruppen, Unter diesen firmieren Werkstoffe mit ähnlichen Eigenschaftsprofilen.

Da der dem Vorauswahlprozess folgende Detaillierungsprozess weitaus mehr Aufwand fordert, ist die Zahl der Werkstoffkandidaten auf eine für den weiteren Verlauf praktikable Anzahl zu begrenzen.

Dem Konstrukteur sollten für den nun folgenden ersten Schritt der Vorauswahl, die Ermittlung von Suchkriterien, die grundlegenden kennzeichnenden Materialeigenschaften von *Werkstoffhauptgruppen* bekannt sein. Sie ergeben sich (werkstoffwissenschaftlich) aus den Unterschieden in den atomaren Bindungskräften und haben richtungsweisenden Charakter bei der Materialwahl. Die Werkstoffgruppen und ihre Charakteristika seien daher kurz im Überblick dargestellt.

5.1   Eigenschaften der Werkstoffhauptgruppen

Jede Materiallösung einer Konstruktion ist einer der *Werkstoffhauptgruppen* Metalle, Keramiken, Gläser oder Polymere (Kunststoffe) oder deren Verbunde (*vergleiche Abb. 5-1*) zuzurechnen.

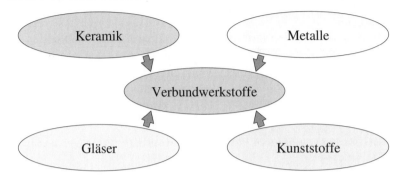

Abb. 5-1: Werkstoffhauptgruppen

Tab. 5-1 kann dem Konstrukteur als ein erstes Werkzeug dienen, grundlegende Unstimmigkeiten zwischen Anforderungsprofil und Eigenschaftsprofil auf der Ebene der Werkstoffhauptgruppen zu erkennen und je nach Ausgangssituation das Suchfeld einzugrenzen. Es sei hier nochmals wiederholt, dass eine solche Einschränkung die Chance auf eine Werkstoffinnovation drastisch schmälert.

Die tabellarische Beschreibung zeigt die *Stärken und die Schwächen der Materialien in den Hauptgruppen* auf. Werkstoffentwicklungen haben immer wieder dazu beigetragen, spezielle Familien zu generieren, um typische Nachteile von Werkstoffgruppen und -untergruppen oder -familien zu überwinden. Das Ziel ist die Erschließung neuer Anwendungsgebiete, um die Umsätze der Hersteller zu steigern. Als Beispiel sei das ADI-Gusseisen (Austempered Ductile Iron) angeführt, welches bei hohen Zugfestigkeiten von 800 bis 1400 N/mm² und hohen Bruchdehnungen (über 10 %) nicht mehr als „spröder" Gusseisenwerkstoff bezeichnet werden darf. Auch die in den siebziger und achtziger Jahren des 20. Jahrhunderts entwickelten Hochtemperaturkunststoffe (z. B. die Polyimide), die Dauergebrauchstemperaturen von bis 300 °C ermöglichen, unterstreichen dies.

Ein anderer Weg, die unterschiedlichen Vorteile der Werkstoffgruppen zu verbinden, ist das „Designen" von *Verbundwerkstoffen*. Ihre kennzeichnenden Eigenschaften ergeben sich aus der Zusammenstellung der Komponenten. Allerdings können pauschale Aussagen über die Eigenschaften von solchen Hybriden nur sehr allgemein bleiben. Genauere Spezifizierungen von Merkmalen ergeben sich erst bei Wahl einer Hybridgruppe, wie z. B. den Cermets (Keramik und Metall) oder den mit Glasfasern, Kohlestofffasern oder Polyamidfasern verstärkten Kunststoffen. Aber auch dann ist die Art des Verbundes für die Ausbildung des Eigenschaftsprofils zu beachten. So weisen Kurzfaserverbunde andere Merkmale auf als Langfaserverbunde; durch regel-

Tab. 5-1: Eigenschaften von Werkstoffgruppen (nach /33/)

Werkstoffgruppe	Vorteile	Nachteile
Metalle	• Hohe Zähigkeit • Hohe Elastizitätsmodule • Hohe Festigkeiten • Hohe Verschleißfestigkeiten • Gute thermische und elektrische Leit- fähigkeiten • Gute Gieß-, Umform-, Schweißbarkeit • Unkompliziertes Konstruieren	• Z. T. hohe Dichte • Z. T. anfällig gegen Korrosion • Schlechte Dämpfungseigenschaften • Maximale Betriebstemperaturen unterhalb 1000 °C
Polymere	• Geringe Dichte • Geringe Elastizitätsmodule (hohe Flexibi- lität) • Relativ gute Korrosionsbeständigkeit • Gute Temperaturwechselbeständigkeit • Gute elektrische Isolationseigenschaften • Gute Dämpfungseigenschaften • Gute Einfärbbarkeit • Mögliche Transparenz • Große konstruktive Gestaltungsfreiheit • Einfache und wirtschaftliche Fertigung komplizierter Massenteile	• Geringe Festigkeiten • Geringe Warmfestigkeiten • Geringe Bauteilsteifigkeiten • Z. T. niedrige Verschleißfestigkeiten • Maximale Betriebstemperaturen unterhalb 200 °C • Brennbarkeit (mit daraus resultierender Umweltproblematik)
Keramik	• Hohe Verschleißfestigkeit • Hohe Warmfestigkeit • Gute Korrosionsbeständigkeit • Gute elektrische Isolationseigenschaften • Geringe thermische Ausdehnung • Hohe maximale Betriebstemperaturen (bis weit über 1000 °C möglich) • Z. T. gute Gleiteigenschaften • Relativ niedrige Dichte	• Geringe Zähigkeit (hohe Sprödigkeit) • Probleme bei der Fertigung, Nachbearbei- tung, Prüfbarkeit, thermische Wechselbe- ständigkeit, Fügen • Hohes Know-how bei der konstruktiven Gestaltung notwendig
Verbundwerkstoffe (je nach Komponenten)	• Hohe Festigkeiten • Hohe Steifigkeiten • Geringes spezifisches Gewicht • Gute chemische, thermische (o. ä.) Beständigkeiten • Hohe Verschleißfestigkeiten möglich • Belastungsgerechte Optimierung von Bauteilen • Hohe Flexibilität (in den Eigenschaften) durch Wahl der Verbundkomponenten	• Relativ geringe Zähigkeit • i. d. R. Anisotropie der Werkstoff- eigenschaften • Hohe Fertigungskosten bei großen und komplizierten Teilen • Probleme beim Herstellen, Fügen, Recyclen • Hohes Know-how bei der konstruktiven Gestaltung notwendig

lose Orientierung der Fasern wird z. B. die ausgeprägte Anisotropie der Festigkeitseigenschaften bei unidirektional eingebetteten Langfasern überwunden.

Die Kenntnis und das Verständnis der tabellierten Eigenschaften führen zu einem für die Werkstoffwahl nützlichen Grundverständnis.

5.2   Kriterien für die Vorauswahl

Das Erkennen der Kriterien *(vergleiche Schritt 2.1 in Abb. 3-3)*, die den Ausschluss von Werkstoffgruppen, -untergruppen oder -familien in der Phase II der Vorauswahl erlauben, *muss für eine deutliche Reduzierung der Zahl der zu untersuchenden Werk-*

stoffe sorgen. Diese Kriterien entscheiden wesentlich mit über die Qualität des Materialauswahlprozesses, sodass sie mit höchster Sorgfalt identifiziert werden müssen. Sie dürfen keine Werkstoffe mit Lösungspotenzial frühzeitig ausschließen; gleichzeitig bedarf es aber der Einschränkung der *Suchfelder,* um den Auswahlprozess überschaubar und im Hinblick auf den nachfolgenden Arbeitsaufwand wirtschaftlich zu gestalten.

Quantitative Merkmale

Im ersten Schritt der Vorauswahl ist die *Materialanforderungsliste* auf diejenigen Materialeigenschaften zu durchsuchen, die sich als *Suchkriterien* eignen. *Die zur Suche am besten geeigneten Kriterien für die Vorauswahl sind dabei jene Eigenschaften, die zahlenmäßig beschreibbar sind: die quantitativen Merkmale.* Mit diesen können Werkstoffe rechnergestützt aus *Datenbanken* selektiert werden, welche einschränkende Ungleichungen bzw. Gleichungen aus der Materialanforderungsliste erfüllen. Typisch für diese Frühfaktoren der Auslese sind beispielsweise Festigkeiten, Elastizitätsmodule, Bruchzähigkeiten oder Einsatztemperaturen. Neben den klassischen mechanischen, thermischen oder chemischen Merkmalen können auch sehr spezielle technische Forderungen, wie z. B. die Notwendigkeit optischer Transparenz oder die eines Einsatzes unter radioaktiver Belastung, zum Suchkriterium werden.

Darüber hinaus sind *wirtschaftliche Vorgaben* (z. B. Vorgaben einer Kostengrenze) vor allem bei Massen- und Großserienprodukten für eine weitere Betrachtung der Materialien interessant. Mit den bereits vorgestellten Relativkosten (*vergleiche Abschnitt 4.4.3*) ist eine quantitative Analyse der Eignung eines Materials möglich.

> Mit quantitativen Merkmalen als Suchkriterien bzw. einschränkende Kriterien kann eine Vorauswahl am einfachsten gestaltet werden, da Datenbanken die Abfrage von Grenzbedingungen erlauben. Damit wird eine rasche Eingrenzung auf in Frage kommende Werkstofflösungen möglich.

Qualitative und attributive Merkmale als Kriterien

Vielfach sind die zur Eingrenzung der Werkstoffe verwendeten Eigenschaften attributiv oder qualitativ. Werden *qualitative Einstufungen* von Merkmalen als Zahlenwerte ausgedrückt und in Tabellenform wiedergegeben, so kann eine Selektion auch für diese Eigenschaften quantitativ erfolgen.

Derartige Einstufungen und damit Bewertungen über Klassen finden sich für Merkmale wie die *Eignung* für Fertigungsverfahren (Umformbarkeit, Schweißbarkeit etc.), die Korrosionsbeständigkeit oder verschiedene Formen der Beständigkeit (Zunder-, Oxidationsbeständigkeit). So können den qualitativen Aussagen „gut schweißbar" bis „schlecht schweißbar" Zahlen von „1" bis „5" zugeordnet werden. Insbesondere Beständigkeiten eines Materials gegen einwirkende Medien (z. B. Schwefelsäure, Salzwasser etc.) sind dadurch auf einfache Weise einer numerischen Bewertung zugänglich. Diese Auswertemöglichkeit wird von vielen Datenbanken und Softwaresystemen angeboten (*vergleiche Abschnitt 8.4.2*).

Die Vorauswahl über *attributive Eigenschaften* ist deutlich schwieriger. Sie werden daher üblicherweise nicht als Selektionskriterien verwendet und erst im späteren Verlauf des Suchprozesses eingesetzt. Sind sie für die Anforderungen der Konstruktionsaufgabe von entscheidender Bedeutung, kann in Datenbanken über eine vielfach installierte Textsuche eine Auswahl an Werkstofflösungen ermittelt werden. Ein Ingenieur wird jedoch immer versuchen, das Attribut (bzw. die Beschreibung) in ein Maßsystem zu überführen, um damit Transparenz in der Bewertung zu erhalten.

Unter Umständen sind auch (interne) restriktive Randbedingungen, z. B. aus der Forderung nach Eigenfertigung abgeleitete Werkstoffeigenschaften oder Marketingaspekte, in der Anforderungsliste enthalten und heranzuziehen.

Qualitative und attributive Merkmale sind als Suchkriterien bei der Vorauswahl deutlich schwieriger handhabbar. Wenn möglich müssen Daten ermittelt werden, welche die Merkmale über Einstufungen quantitativ beschreiben. Auch die Möglichkeit der Textsuche in Datenbanken kann zum Erfolg führen.

Ausschlusskriterien

Als *Ausschlusskriterien* sollen Bedingungen charakterisiert werden, *die im Gegensatz zu anderen Suchkriterien durch ihre strikte Grenzziehung zum Ausschluss von Werkstoffen führen*. Dazu einige Beispiele:
- Die Einsatztemperatur des Bauteils liegt oberhalb 600 °C, sodass die Kunststoffe als Werkstofflösung ausscheiden.
- Das Bauteil muss transparent ausgeführt werden.
- Um die Bruchgefährdung möglichst gering zu halten, ist eine Bruchzähigkeit von größer als 10 MPa m$^{1/2}$ gefordert.
- Wird der Werkstoff in radioaktiver Umgebung eingesetzt, so verbieten sich Materialien mit hoher Halbwertszeit.

Die restriktiven Anforderungen finden über bekannte quantitative Merkmale (Transparenz, Einsatztemperatur, Bruchzähigkeit) zur Eingrenzung der Werkstofflösungen Verwendung. Die Restriktion zeigt sich insbesondere in der Unabhängigkeit von anderen Kennwerten. So wird den benannten Beispielgrößen kein Spielraum über die Variation eines anderen Konstruktionsparameters eingeräumt. Bei der Festigkeit ist dies häufig der Fall: Durch Variation der Querschnittsgröße und -form können niederfeste wie hochfeste Materialien zwischen Ober- und Untergrenzen eingesetzt werden. Daher ist die Festigkeit für diesen Fall ein Suchkriterium und kein Ausschlusskriterium.

Ein Ausschlusskriterium führt ohne Abhängigkeit von anderen Suchkriterien zu einer Einschränkung der Werkstofflösungen und sollte zu Beginn einer Vorauswahl angewendet werden. Der Anwender muss sicher gehen, dass durch die Variationsmöglichkeiten anderer Kennwerte ein (vermeintliches) Ausschlusskriterium nicht doch einen Freiheitsgrad erhält.

Informationsbeschaffung für die Vorauswahl

Besondere Vorsicht muss der *Informationsbeschaffung* (*vergleiche Kapitel 8*) gelten: *Das verwendete Informationsmedium muss Eigenschaftswerte einer Gruppe, Untergruppe oder Familie umfassend dokumentieren und damit stets den neuesten Stand der Werkstoffentwicklungen einbeziehen.* So muss die Bezugsquelle für die Familie der Gusseisenwerkstoffe auch die Bruchdehnungen des Austempered Ductile Iron (ADI) beinhalten. Wenn nicht, bleiben neue Werkstoffe im weiteren Auswahlprozess unberücksichtigt – das Auffinden einer innovativen Lösung der Materialfrage ist in Frage gestellt.

Als Werkzeuge für die *Vorauswahl* und für den weiteren Auswahlprozess dienen breit gefächerte *Informationsmittel* wie Internet, Literatur (insbesondere Lehr- und Fachbücher), Werkstoffschaubilder, Datenbanken usw. Neben den geschriebenen und elektronisch gespeicherten Formen ist für die Vorauslese das Werkstoffschaubild von Vorteil. In diesem werden dem Konstrukteur Materialinformationen visuell und in vergleichender Form präsentiert. Diese anwenderfreundliche Darstellung nutzt Ashby /1/ auch zur detaillierten Auswahl von Werkstoffen, indem Suchfelder definiert werden, welche die potenziellen Werkstofflösungen enthalten (*siehe Abschnitt 6.3.1*). Trotz ihrer hohen Aussagekraft sind diese Schaubilder in Konstruktionsabteilungen noch wenig verbreitet. Da sie aber für viele Aufgabenstellungen aufschlussreiche Ergebnisse erbringen, sollen *Werkstoffschaubilder* für die wichtigsten konstruktiven Materialgrößen als Hilfsmittel für den Vorauswahlprozess vorgestellt werden.

5.3 Werkstoffschaubilder

Die grafische Veranschaulichung von Werkstoffeigenschaften kommt vor allem dem materialkundlich weniger geschulten Konstrukteur zunutze. Visuell werden die Grenzen der Werkstoffeigenschaften von Materialfamilien in übersichtlicher Form „zur Schau" gestellt. *Aus der Anforderungsliste und deren Analyse (siehe Abschnitt 3.1) ist für eine gegebene Konstruktionsaufgabe bekannt, welche Eigenschaften die Leistungsfähigkeit des Bauteils (Produkts) bestimmen.* Danach werden für die Eigenschaftswerte so weit als möglich objektivierte Grenzen festgelegt, um eine (grobe) Vorauswahl von Werkstofflösungen zu treffen. Werkstoffschaubilder ermöglichen es, die Materialgruppen, -familien und gegebenenfalls auch -sorten zu finden, die die gesuchten Wertebereiche der Eigenschaftswerte erfüllen. Sie sind zudem in der Lage, diese Eigenschaftswerte für unterschiedliche Werkstoffgruppen bzw. -familien vergleichend darzustellen.

Balkendiagramm zur Gegenüberstellung von Eigenschaftswerten

Im einfachsten Fall (insbesondere beim Anwenden von Ausschlusskriterien) wird für die Eingrenzung der Werkstofflösungen die Grenzbedingung für eine Eigenschaftsgröße herangezogen. In einem *Balkendiagramm* können die unterschiedlichen Werkstoffe anschaulich miteinander verglichen werden; es ermöglicht direkt die gewünschte Aussage, welche Werkstoffe im Prozess weiterzuverfolgen sind.

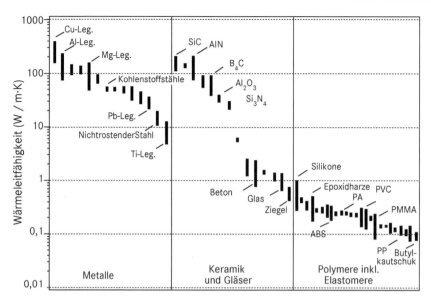

Abb. 5-2: Wärmeleitfähigkeit von Werkstoffen, dargestellt als Balkendiagramm (nach /1/)

Am Beispiel der thermischen Leitfähigkeit von Materialien sei diese Form des Auswahlwerkzeugs in *Abb. 5-2* veranschaulicht. Die Ermittlung der Materialanforderungen für einen Formenwerkstoff hat ergeben, dass eine Wärmeleitfähigkeit von 100 W/(m · K) gefordert wird. Anhand des Balkendiagramms scheiden daraufhin alle Werkstoffe unterhalb dieses Wertes aus. Übrig bleiben bei den Metallen die Kupfer-, Aluminium- und Magnesiumlegierungen sowie bei den Keramiken das Siliziumkarbid und Aluminiumnitrid. Kunststoffe sind für die Aufgabe nicht verwendbar. Durch die Grenzbedingungen werden viele Werkstoffe ausgeschlossen, sodass die weitergehende Evaluierung von Lösungen mit einer kleineren Materialanzahl wirtschaftlich erfolgen kann. Weitere Einschränkungen können diese noch weiter reduzieren.

Zweidimensionale Werkstoffschaubilder

In der Regel ist mehr als nur eine Eigenschaft für die Vorauswahl heranzuziehen. Falls es sich um restriktive *Ausschlusskriterien* (Grenzbedingungen) handelt, erbringt eine aufeinanderfolgende Anwendung zweier Balkendiagramme mit den entsprechenden Eigenschaftswerten die gewünschte Auslese. Häufiger ist aber auf zweidimensionale Werkstoffschaubilder zurückzugreifen, die zwei eingeschränkte Materialeigenschaften gleichzeitig darstellt und somit eine gleichzeitige Beurteilung beider Größen erlaubt. Unkompliziert wird dem Konstrukteur vermittelt, welche Werkstoffe für seinen Anwendungsfall im Falle der beiden zu untersuchenden Materialeigenschaften in Frage kommen.

Zunächst ein Blick auf die Darstellungsform im Schaubild. Betrachtet man den Bereich der möglichen Eigenschaftswerte von Konstruktionswerkstoffen – z. B. die Dichten – so sind diese über alle Werkstoffgruppen hinweg stark unterschiedlich. Schäume mit Dichten von 0,1 kg/m³ bis hin zu Schwermetallen mit Dichten von

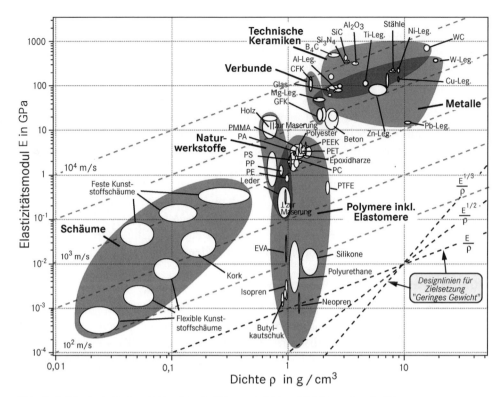

Abb. 5-3: Werkstoffschaubild – Elastizitätsmodul E und Dichte ρ (nach /1/)

100 kg/m³ sind auf einer linear skalierten Achse nicht zu verbildlichen. Man greift daher auf eine *logarithmische Skalierung* der Achsen zurück. In ähnlicher Weise verhält es sich mit fast allen (quantitativen) Kenngrößen der Materialien; der Elastizitätsmodul reicht von 0,1 GPa (Schäume, vereinzelt noch darunter) bis zu über 700 GPa (z. B. Wolframkarbid). Hier erstreckt sich die logarithmische Auftragung über erstaunliche sieben Dekaden.

Logarithmische Darstellung der Werte

Abb. 5-3 zeigt das Werkstoffschaubild für die beiden genannten Eigenschaftswerte *Elastizitätsmodul* und *Dichte*. Deutlich wird, dass die Eigenschaftsprofile der Werkstofffamilien sich im Diagramm in Clustern anordnen. Die Punktmenge der Vertreter einer Familie wird als „Blase" gezeigt. Teilweise überschneiden sich diese Blasen; andere stehen völlig isoliert. Der Vorteil für den Konstrukteur ergibt sich aus der schnellen Identifikation von Materialien, die sowohl für „leichte" als auch für „steife" Konstruktionen in Frage kommen. Als leichteste Vertreter mit Dichten unterhalb 1,1 g/cm³ weist das Diagramm Kunststoffschäume, Holz und Polymere aus; als „steife" Materialien mit Elastizitätsmoduln über 10 GPa (= 10.000 N/mm²) können beispielhaft die Kupfer-, Wolfram- und Nickellegierungen, die Stähle, Keramiken wie Aluminiumoxid, Siliziumnitrid, -karbid und Wolframkarbid sowie die Gruppe der kohlenstofffaserverstärkten Kunststoffe herausgelesen werden.

Sind nun die Forderungen „leicht" und „steif" Teil der *Materialanforderungsliste*, so entscheiden Grenzbedingungen wie „$E > 10$ GPa" über die in Frage kommenden Materialien. Für unseren Fall bieten sich kohlenstofffaserverstärkte Kunststoffe und Keramiken an. Das Beispiel zeigt, wie wichtig es ist, alle Werkstoffe in einem Schaubild darzustellen. Die z. Z. in den Markt drängenden Metallschäume sind Leichtbauwerkstoffe mit hoher Festigkeit, jedoch geringerem Elastizitätsmodul gegenüber dem Vollmaterial; die hohe Steifigkeit wird durch das Füllen von steifen metallischen Hohlprofilen mit dem Schaum erreicht. Der entstehende Werkstoffverbund erfüllt beide Anforderungen an die Konstruktionsaufgabe, wird aber nicht im Schaubild gezeigt. Die Aktualität der Schaubilder ist somit ein Kriterium für die Qualität unseres Auswahlprozesses. Nur Programme, die mit den Daten neuester Werkstoffentwicklungen frühzeitig gefüttert werden und auf deren Grundlage Werkstoffschaubilder erstellt werden, können dieses Problem meistern (*vergleiche Abschnitt 6.3.6*). Sind weitere Werkstoffeigenschaften zu beurteilen, sind entsprechend andere Schaubilder zu Materialkennwerten heranzuziehen bzw. zu erstellen.

Für die Vorauswahl bedeutende Suchkriterien

Am einfachen Beispiel des Elastizitätsmoduls und der Dichte hat sich gezeigt, wie die vielfach verwendeten unübersichtlichen, wenig vergleichenden Tabellen aus Lehrbüchern, Firmenunterlagen usw. in wertvolle grafische Auswahlwerkzeuge überführt werden können. Für Konstruktionen im Allgemeinen Maschinenbau existieren ungefähr 30 wichtige *Eigenschaftswerte*, die je nach Aufgabe für eine Vorauswahl Verwendung finden. Darunter lassen sich

- *die mechanischen Festigkeiten σ_f,*
- *der Elastizitätsmodul E,*
- *die Dichte ρ,*
- *die Bruchzähigkeiten K_{1C},*
- *die maximale Betriebstemperatur T_{max},*
- *die Wärmeleitfähigkeit λ,*
- *die Temperaturleitfähigkeit a,*
- *der thermische Ausdehnungskoeffizient α,*
- *der Reibkoeffizient μ (meist zu Stahlwerkstoffen) ,*
- *die Verschleißfestigkeit,*
- o *die Härte,*
- *der Verlustfaktor η,*
- *die elektrische Leitfähigkeit ρ_e und*
- *die gewichts- (oder volumenspezifischen) Rohmaterialkosten k_v**

in Werkstoffschaubildern übersichtlich verwerten. Aufgrund der Praxisnähe zu typischen Konstruktionsaufgaben sollen Werkstoffschaubilder zu diesen Größen in sinnvoller Kombination kurz aufgezeigt und erläutert werden. Die Zusammenstellungen ergeben sich durch die meist bei Konstruktionsaufgaben parallel auftretenden Einflussgrößen. So sind in der Strukturmechanik Dichte, Festigkeiten, Steifigkeiten und Bruchzähigkeiten bestimmende Materialgrößen, in der Wärmetechnik spielen thermi-

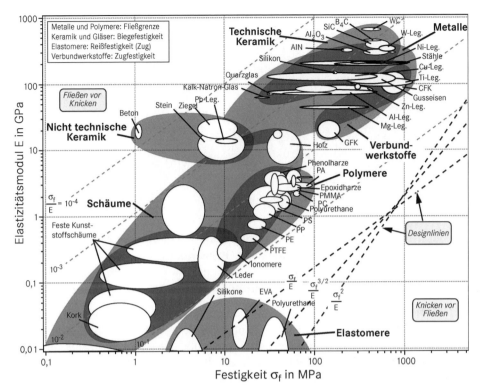

Abb. 5-4: Werkstoffschaubild – Elastizitätsmodul E und Festigkeit σ_f (nach /1/)

sche Ausdehnungskoeffizienten, Temperatur- und Wärmeleitfähigkeiten eine tragende Rolle, und im Leichtbau sind Dichte, Festigkeit und Steifigkeit miteinander verknüpft.

Im Folgenden werden unterschiedliche Werkstoffschaubilder vorgestellt, die in vielen Fällen zu einer richtungsweisenden Vorauswahl verhelfen. Beliebige Zusammenstellungen von zwei Materialkennwerten sind von Hand nur unzureichend möglich, da eine Vielzahl von Kennwerten grafisch auszuwerten ist. Leisten kann dies das Softwareprogramm *CES* (*Cambridge Engineering Selector*) der Fa. Grantadesign (http://www.grantadesign.com [Stand: 24. April 2014]), welches aus strukturierten Datenbanken für Werkstofffamilien den Wertebereich einer Größe ermitteln und grafisch darstellen kann. Alle gezeigten Werkstoffschaubilder wurden über diese Software generiert. Blasen in den Schaubildern, die aus Gründen der Lesbarkeit nicht bezeichnet wurden, stehen ebenfalls für Werkstofffamilien mit der entsprechenden Eingruppierung ihrer Kennwerte.

5.3.1 Mechanische Werkstoffkennwerte

Zunächst seien zweidimensionale Schaubilder zu mechanischen Werkstoffkennwerten erläutert, wobei bereits ein Diagramm „Elastizitätsmodul und Dichte" einleitend in *Abb. 5-3* erläutert wurde.

Elastizitätsmodul E und Festigkeit σ_f

Die *Festigkeit* und *Steifigkeit* eines Bauteils sind bei der Gestaltung von struktur-mechanischen Elementen im Allgemeinen Maschinenbau die am häufigsten abzu-stimmenden Werkstoffeigenschaften (*siehe Abb. 5-4*). Der Begriff Festigkeit eines Materials ist im Schaubild für unterschiedliche Werkstoffgruppen verschieden ver-wendet: Bei Metallen und Polymeren (außer Elastomere) wird die Streck- oder Dehn-grenze (oder bei Polymeren die Streckspannung) herangezogen, für Keramiken die Biegefestigkeit, für Elastomere die Zug-Reißfestigkeit und für Verbunde die Zug-versagensspannung. Das Versagen eines Werkstoffs wird somit von der am meisten verwendeten Betrachtungsweise gekennzeichnet, dass *duktile* Materialien Schaden beim Verlassen des elastischen Bereichs auslösen, *spröde* Materialien bei den Bruch-spannungen.

Häufig wünschen sich Konstrukteure beides: hohe Festigkeiten und hohe Elastizitäts-module, letzteres für große Steifigkeiten. Die Konstruktionsaufgaben erfordern, dass die aufgrund der äußeren Lasten (Kräfte, Momente) auftretenden Spannungen und Verformungen zulässige Werkstoffkennwerte oder von der Funktion bestimmte zuläs-sige Verformungsgrenzen nicht überschreiten.

Die Festigkeiten bestimmen unter Einbeziehung der Bauteilform im Wesentlichen die Dimensionierung. Der *Elastizitätsmodul E* in einer Konstruktion zeigt sich quasi als „Federrate" des Bauteils für die Größe z. B. einer Durchbiegung verantwortlich. Hohe Elastizitätsmodule führen zu geringeren Verformungen. Dabei ist zu bedenken, dass Materialien ähnlichen Elastizitätsmoduls mit vergleichbarer Verformung auf eine äu-ßere Last reagieren. Werden für die festeren Materialien kleinere Querschnitte ausge-führt, werden bei geringen Belastungen die zulässigen Verformungsgrenzen erreicht (z. B. im Falle hochfester und niederfester Stähle). Bei tragenden mechanischen Struk-turen wird auch die Formgestaltung ein wesentlicher Aspekt einer Konstruktion (z. B. bei Verwendung von I-Trägern im Stahlbau), um hohe innere Spannungen und De-formationen zu vermeiden.

Ebenfalls sei angemerkt, dass der Elastizitätsmodul materialseitig erheblichen Einfluss auf die Folgen einer *Knickung* und die *Beulung* eines Bauteils besitzt. Bauteile aus Werkstoffen mit niedrigem Modul knicken bereits bei kleineren Schlankheitsgraden elastisch und daher bei niedrigeren Lasten.

Hohe Festigkeiten und geringere Elastizitätsmoduln können durchaus zum Zielkon-flikt mit technologischen Anforderungen führen: So steigen z. B. die Umformkräfte für die Bearbeitung des Werkstoffs stark an oder ein Werkstück verformt sich unter den Zerspankräften. Dadurch treten Verfahrensgrenzen bezüglich maximaler Bauteil-größe oder erreichbarer Toleranz auf.

Festigkeit und Elastizitätsmodul sind für viele Bauteile des Allgemeinen Maschi-nenbaus wesentliche Auswahlkriterien. Die durch äußere Lasten verursachten inne-ren Spannungen dürfen je nach Gestalt die entsprechend der Werkstoffgruppen de-finierten Festigkeitswerte nicht überschreiten (Grenzbedingungen). Jede Last ist mit einer Verformung verbunden, deren Ausmaß von der Größe des Elastizitäts-

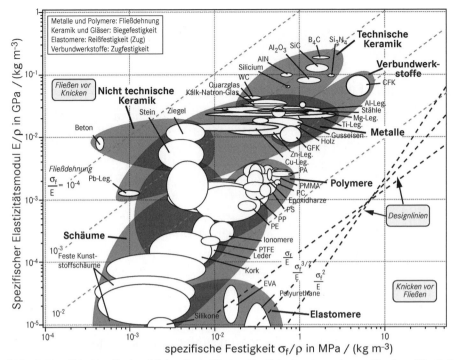

Abb. 5-5: Werkstoffschaubild – Spezifische Festigkeit σ_f/ρ und spezifischer Elastizitätsmodul E/ρ (nach /1/)

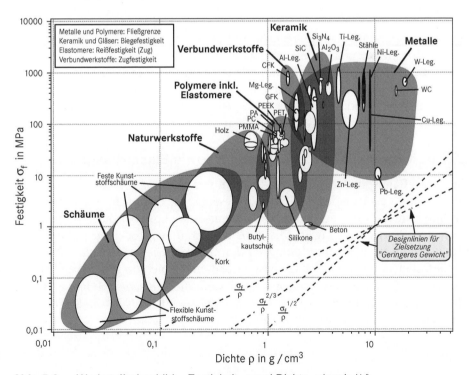

Abb. 5-6: Werkstoffschaubild – Festigkeit σ_f und Dichte ρ (nach /1/)

moduls bestimmt wird. Das Überschreiten einer Verformungsgrenze kann zum funktionellen Ausfall des Bauteils führen, woraus ebenfalls eine Grenzbedingung abgeleitet werden kann.

Elastizitätsmodul E, Festigkeit σ_f und Dichte ρ

Der Aufbau von tragenden Strukturen erfordert für den *Leichtbau* die Verwendung „leichter" Werkstoffe. Die *Dichte* eines Werkstoffs in Verbindung mit *Elastizitätsmodul* und *Festigkeit* wird dann zu einer bestimmenden Größe der Materialvorauswahl. *Abb. 5-3* und *Abb. 5-6* erleichtern, zunächst getrennt bezüglich der Anforderungen „steif" und „leicht" oder „fest" und „leicht", dem Konstrukteur die Auswahl von Werkstofffamilien.

Treten alle drei Forderungen kombiniert auf, so hilft ein Werkstoffschaubild weiter, welches den Elastizitätsmodul und die Festigkeit jeweils bezogen auf die Dichte des Materials ausweist (siehe Abb. 5-5).

Die typischen Ingenieurlegierungen, zu deren Hauptvertreter die Stähle zählen, zeigen – wie auch neuere technische Keramiken – hohe Festigkeiten und Steifigkeiten bei geringem Gewichtseinsatz. Dennoch werden Ingenieurkeramiken selten als tragende Werkstoffe eingesetzt, da eine Parallelforderung einer geringen *Bruchempfindlichkeit* durch die niedrigen Bruchzähigkeiten dieser Werkstoffgruppe nicht erfüllt wird.

Die Gruppe der höherfesten *Leichtbauwerkstoffe* umfasst bei den Metallen im Wesentlichen die Magnesium-, Aluminium- und Titanlegierungen. Darüber hinaus haben sich die Verbunde insbesondere die kohlenstofffaserverstärkten Kunststoffe etabliert.

Im Leichtbau werden Werkstoffe gesucht, die über eine hohe Festigkeit und ein großes Elastizitätsmodul hinaus eine geringe Dichte aufweisen. In diesem Fall bietet sich die Suche nach spezifischen, im Falle des Leichtbaus auf die Dichte bezogenen Werkstoffkennwerten an. Ein Material mit hoher spezifischer Festigkeit oder mit hohem Elastizitätsmodul führt bei entsprechender Gestaltung zu leichteren Bauteilen als Konstruktionswerkstoffe wie Stahl.

Bruchzähigkeit K_{1C} und Elastizitätsmodul E sowie Elastizitätsgrenze σ_f

Bei dynamischer Beanspruchung entscheidet nicht nur die *Dauerfestigkeit* (oder *Zeitfestigkeit*) über das Versagen des Bauteils; als wesentlicher Faktor muss die Frage der *Rissausbreitung* unter einer gegebenen Verformung bzw. Last beachtet werden. Der heranzuziehende Werkstoffkennwert, die *Bruchzähigkeit* K_{1C} (oder auch *Risszähigkeit*), charakterisiert die *Widerstandsfähigkeit des Materials gegenüber einer Rissausbreitung*. Einfacher ausgedrückt, stellt diese Größe eine Toleranz gegenüber Fehlern im Werkstoff dar. In der nachfolgenden Formel kann die *kritische Spannung* σ_c, bei der ein Risswachstum initiiert wird, in Abhängigkeit der Risszähigkeit K_{1C} des gewählten Werkstoffs und der Risslänge a ermittelt werden. Es gilt:

$$\sigma_c = \frac{K_{1C}}{Y \cdot \sqrt{\pi \cdot a}}.$$

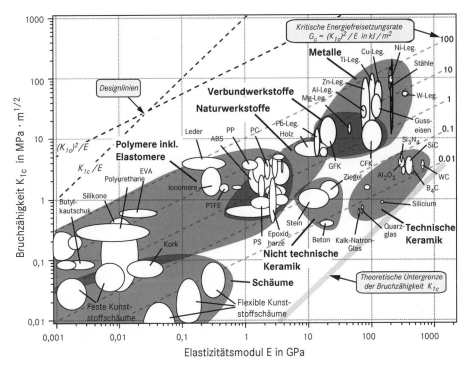

Abb. 5-7: Werkstoffschaubild – Bruchzähigkeit K_{1C} und Elastizitätsmodul E (nach /1/)

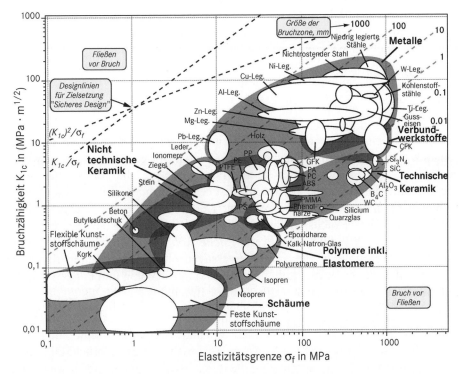

Abb. 5-8: Werkstoffschaubild – Bruchzähigkeit K_{1C} und Elastizitätsgrenze σ_f (nach /1/)

Y ist ein dimensionsloser Geometriefaktor, der gegen Eins geht, wenn die Risslängen *a* deutlich kleiner als die Bauteilabmessung bleiben. Diese Spannung kann bereits für kleine Risslängen, die durch die Fertigung, beim Einsatz oder andersartig verursacht wurden, deutlich unterhalb der Festigkeit bzw. Elastizitätsgrenze eines Werkstoffs liegen (unterkritisches Risswachstum). *Die Festigkeit bzw. Elastizitätsgrenze bestimmt dann nicht mehr die kritische Lastgröße!*

In einem spröden Material mit niedriger Bruchzähigkeit führt bereits ein kleinerer Riss schnell zum Versagen; ein Bauteil aus zähem Material mit hoher Bruchzähigkeit würde diesen kleinen Riss ohne weiteres Risswachstum ein Leben lang „verbergen". Ein größerer Riss im zähen Werkstoff wächst langsam, und es besteht die Möglichkeit, ihn bei Inspektionen aufzuspüren. Bauteile, bei denen innere Risse vorhanden sein können und die diese Risse über ihr Bauteilleben ohne Versagen verschmerzen müssen, sind somit mit einem Werkstoff hoher Risszähigkeit auszustatten. Eine aus einer niedrigen Bruchzähigkeit erwachsende Gefahr für die Konstruktion und ihre Umgebung (Personen, Sachen, Umwelt) sind schwerwiegende Kriterien, die die Vorauswahl bestimmen und demzufolge die Suchfelder deutlich einschränken.

Abb. 5-7 und *Abb. 5-8* unterstreichen die Bedeutung der Konstruktionsstähle, wenn es gilt, bei strukturmechanischen Bauteilen eine hohe Toleranz gegenüber Rissen zu „konstruieren". Bei hohen Lasten, geforderten hohen Steifigkeiten und hohem Sicherheitsbedürfnis gegenüber Rissen sind metallische Werkstoffe allen anderen Materialien überlegen. Die Entwicklung von faserverstärkten Kunststoffverbunden (mittels Glasfasern GFK oder Kohlenstofffasern CFK etc.) durchbricht jedoch diese Phalanx heute immer häufiger. Polymere selbst weisen bezüglich der Rissausbreitung in *Abb. 5-7* deutlich schlechtere Werte als die zähen Metalle auf. Die *Faserverstärkung* führt jedoch zu deutlich höheren Festigkeiten und Elastizitätsmoduln und die Fasern hemmen die Rissausbreitung, sodass ein Verbund mit hohen Bruchzähigkeiten entsteht. Aufgrund des Vorteils der niedrigeren Dichte gegenüber den metallischen Konkurrenten sind diese Materialien wie geschaffen für den Einsatz in leichten, tragenden mechanischen Strukturen.

Polymere und *Keramiken* haben Bruchzähigkeiten mit vergleichbaren Größenordnungen. Dennoch werden Keramiken nur in Sonderfällen als tragende Bauteile verwendet. Dies liegt in der zum Risswachstum erforderlichen Energie, die bei Polymeren weit höher liegt als die der Keramiken. Eine plastische Verformung vor der Rissspitze ist bei Polymeren möglich, bei Keramiken nicht. Deutlich wird dieser Sachverhalt, der einer geforderten hohen Bruchsicherheit von Bauteilen entgegensteht, im Werkstoffschaubild „Bruchzähigkeit über Festigkeit" (*siehe Abb. 5-8*). Die Werkstoffe, die in Richtung der rechten unteren Ecke liegen, versagen ohne Vorwarnung („Bruch vor Fließen"). Die Materialien in Richtung links oben sind fließfähig und künden den Ausfall durch plastisches Verformen an („Fließen vor Bruch").

Darüber hinaus ist zu beachten, dass ein Gefährdungspotenzial durch den Einsatz von *Werkstoffen bei tiefen Temperaturen* erwachsen kann. Bei einigen Materialien wechselt das Bruchbild vom gewünschten Verformungsbruch zum Sprödbruch. Diagramme oder Tabellen über die Temperaturabhängigkeit der Bruchzähigkeit finden sich jedoch

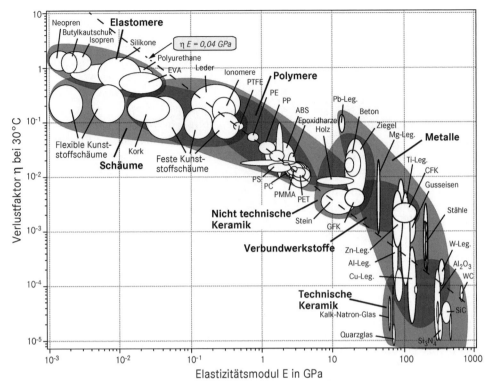

Abb. 5-9: Werkstoffschaubild – Verlustfaktor η und Elastizitätsmodul *E* (nach /1/)

selten. Eine ausreichende Sprödbruchsicherheit ist auch mittels anderer Werkstoff-kennwerte, meist der Schlagzähigkeit (Izod-, Charpy- oder Kerbschlagzähigkeit), überprüfbar. Dafür werden Daten für unterschiedliche Temperaturen in Mehrpunktta-bellen aufgeführt.

Die Bruchzähigkeit (Riss-) eines Materials ist ein Maß für die Toleranz gegenüber inneren Fehlstellen (Rissen). Ist diese Toleranz nur gering, so können durch das Risswachstum herstell- oder betriebsbedingter Fehler Ausfälle bereits unterhalb der Festigkeiten eines Materials auftreten. Die Bruchzähigkeit wird damit zu einem wesentlichen Auswahlkriterium für strukturmechanische und sicherheitsrelevante Bauteile.

Verlustfaktor η und Elastizitätsmodul *E*

Anforderungen an *Schwingungs- oder Körperschalldämpfung* (Geräuscharmut) kön-nen anhand des *Verlustfaktors* η beurteilt werden. *Er ist ein Maß für das Abklingen einer Schwingung.* Das Dämpfungsvermögen und damit die Fähigkeit, von äußeren Lasten induzierte Verformungen irreversibel in inneren Reibungsvorgängen aufzulö-sen, stehen in umgekehrt proportionalem Verhältnis zum Elastizitätsmodul. Die Clu-ster der Werkstofffamilien im doppelt-logarithmischen Werkstoffschaubild (*siehe Abb. 5-9*) ordnen sich um eine Hyperbel an.

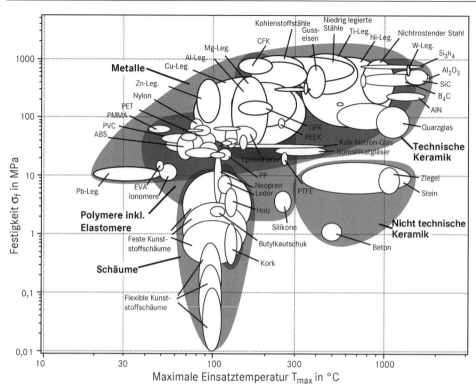

Abb. 5-10: Werkstoffschaubild – Festigkeit σ_f und maximale Einsatztemperatur T_{max} (nach /1/)

Die Elastomere eignen sich am meisten zur Schwingungsdämpfung und sind daher als dämpfende Zukaufteile in großer Zahl verfügbar. Keramik und Gläser bilden das Schlusslicht.

> Die Güte einer Schwingungsdämpfung (Körperschall, mechanische Schwingungen) wird vom Verlustfaktor η des Materials bestimmt. Hohe Verlustfaktoren reduzieren die Amplituden von Schwingungen, indem durch innere Reibvorgänge dem System Schwingungsenergie entzogen wird.

5.3.2 Thermische Eigenschaftswerte

Diese Kennwerte sind für viele Einsatzfälle im Apparatebau, aber auch im Allgemeinen Maschinenbau für die Auslegung heranzuziehen. Dabei muss insbesondere über alle Werkstoffschaubilder hinaus auf die Temperaturabhängigkeit von Werkstoffeigenschaften hingewiesen werden, die das Versagen eines Bauteils verursachen kann.

Festigkeit σ und maximale Einsatztemperatur T_{max}

Wird ein Bauteil bei erhöhten Temperaturen eingesetzt, kann die *maximale Einsatztemperatur des Werkstoffs* als Vorauswahlkriterium herangezogen werden. Sie ist eines der am stärksten einschränkenden Kriterien, sodass ein stark verkleinertes Suchfeld zurückbleibt.

Hohe Temperaturen führen je nach Werkstoff zum Ausfall des Bauteils

- durch *Kriechen*, da sich Längenabmessungen des Bauteils über die Zeit unzulässig verändern,
- durch Bruch (oder Knicken), die auf eine Beanspruchung über der Warmfestigkeit des Materials (oder entsprechend reduzierter Knickspannung) zurückzuführen ist,
- durch *Zersetzung* des Werkstoffs (z. B. Duroplaste),
- durch *Erweichen* des Materials (z. B. Thermoplaste),
- durch die *erhöhte Reaktionsbereitschaft* des Werkstoffs mit umgebenden Medien, welche sich in Eigenschaften wie der Korrosions-, Oxidations- oder Zunderbeständigkeit wiederfindet,
- durch *Veränderung anderer Werkstoffeigenschaften* wie der Transparenz, Farbwirkung oder dem spezifischen elektrischen Widerstand.

Um das Suchkriterium „*maximale Einsatztemperatur*" quantitativ festzulegen, sind die produktspezifischen Eigenheiten zu untersuchen, also welche Produktmerkmale sich bei den erhöhten Temperaturen nicht verändern dürfen. Da insbesondere die Festigkeitseigenschaften bei Strukturwerkstoffen unter erhöhten Betriebstemperaturen eine wesentliche Rolle in der Konstruktion spielen, werden die Festigkeit und die maximale Einsatztemperatur in einem Werkstoffschaubild (*siehe Abb. 5-10*) zusammengeführt. Das Schaubild zeigt, dass technische Keramiken und Quarzglas bei hohen Temperaturen noch gute Festigkeiten haben und daher als Hochtemperaturwerkstoffe gefragt sind. Für weniger mechanisch beanspruchte Konstruktionen, die vielfach im Bereich des thermischen Apparatebaus (z. B. Ofenauskleidungen, thermische Isolationen) zu finden sind, bietet sich der Einsatz nicht-technischer Keramiken (z. B. Schamotte oder Emails) mit niedrigeren Festigkeitswerten an. Größte Bedeutung im Hochtemperaturbereich besitzen hochwarmfeste Superlegierungen der Nichteisen-Elemente und hochschmelzende Metalle. So wäre der Bau von Antriebseinheiten der Luft- und Raumfahrttechnik ohne die Nickel- und Kobalt-Basis-Legierungen ebenso undenkbar wie die Fertigung der alltäglich verwendeten Glühlampe mit ihrer Glühwendel aus Wolframdraht.

> Die maximale Einsatztemperatur ist ein Kriterium, welches die Suchfelder bei der Vorauswahl rasch eingrenzen kann. Dabei ist zu hinterfragen, welche Eigenschaften ein Werkstoff bei den höheren (oder auch tiefen) Temperaturen nicht verlieren darf. In strukturmechanischen Aufgabenstellungen darf der Werkstoff insbesondere nicht zu viel Festigkeit (aber auch Elastizitätsmodul) verlieren.

Wärmeleitfähigkeit λ und spezifischer elektrischer Widerstand ρ_e

Die Suche nach Werkstoffen, die eine gute thermische Isolation erbringen oder umgekehrt eine schnelle Abfuhr von Wärme ermöglichen, findet sich vielfach mit anderen Materialeigenschaften kombiniert. Zunächst werden die *Wärmeleitfähigkeit* λ und der *spezifische elektrische Widerstand* ρ_e kombiniert. Zur Erinnerung an die Grundla-

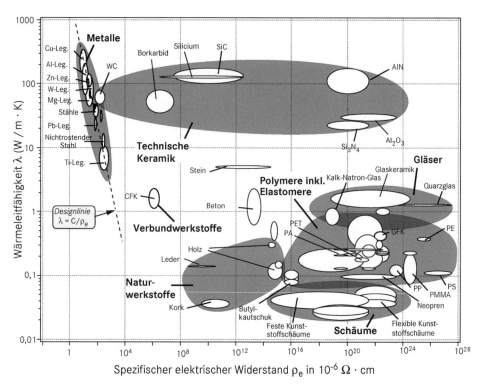

Abb. 5-11: Werkstoffschaubild – Wärmeleitfähigkeit λ und spezifischer elektrischer Widerstand ρ_e (nach /1/)

genvorlesungen sei an die grundlegenden Beziehungen erinnert, in denen diese Werkstoffkennwerte verwendet werden.

Für ein Bauteil der Dicke d und einer wärmeübertragenden Fläche A ergibt sich für eine Temperaturdifferenz ΔT ein Wärmestrom dQ/dt gemäß

$$\frac{dQ}{dt} = \lambda \cdot \frac{A}{d} \cdot \Delta T.$$

Als Isolationswerkstoffe sind Materialien mit geringerer thermischer Leitfähigkeit gesucht. Nach *Abb. 5-11* sind dies für die häufig im Allgemeinen Maschinenbau eingesetzten Konstruktionswerkstoffe die Kunststoffe. Kupferlegierungen zeigen über alle Werkstoffgruppen die beste Wärmeleitfähigkeit und sind – wie auch viele andere Metalle –gut dafür geeignet, Wärme schnell von der Wärmequelle abzuführen. Technische Keramiken weisen ähnliche Kennwerte wie die Metalle auf.

Die *elektrische Leitfähigkeit* ρ_e (auch als Resistivität bezeichnet) dient als Werkstoffkennwert der Ermittlung des elektrischen Widerstands R_e eines Leiters (oder Isolators) der Länge ℓ und mit Querschnitt A:

$$R_e = \rho_e \cdot \frac{\ell}{A}.$$

Dieser Widerstand findet auch Eingang in die Berechnung der elektrischen Verlust-leistung, die zur Wärmeentwicklung in mechatronischen Produkten führt.

Das Zusammenspiel von Wärmeleitfähigkeit und spezifischem elektrischen Wider-stand soll an einem elektrischen Isolatormaterial verdeutlicht werden: Als Isolator muss der Werkstoff einen niedrigen spezifischen elektrischen Widerstand aufweisen. Vorteilhaft ist eine hohe Wärmeleitfähigkeit, um gegebenenfalls die in Wärme gewan-delte elektrische Verlustleistung abzuführen. Häufig noch entscheidender ist jedoch die Einsatztemperatur, bei denen PTFE und Silikonkautschuke gegenüber Kunststof-fen wie PE und PVC weitere Vorteile bieten.

Die Wärmeleitfähigkeit eines Materials bestimmt, wie schnell Wärme durch das Material abgeführt werden kann. Sie ist ein wichtiges Auswahlkriterium für Auf-gabenstellungen mit thermischen Anforderungen (Isolierung, Wärmetauscher etc.). Forderungen an den spezifischen elektrischen Widerstand eines Materials treten bei notwendiger elektrischer Isolation, aber auch bei Einsatz des Materials als elektri-scher Leiter auf. Seine Größe steht in unmittelbarem Zusammenhang mit der elekt-rischen Verlustleistung, die in der Regel in Wärme umgesetzt wird.

Wärmeleitfähigkeit λ und Temperaturleitfähigkeit a

Die *Wärmeleitfähigkeit* λ ist für Konstruktionen mit Anforderungen an Wärmeüber-gang und Temperaturprofilen nicht immer die allein ausreichende Größe. Entschei-dend ist häufig, wie schnell ein *Temperaturausgleich* stattfindet bzw. wie sich Auf-heiz- und Abkühlvorgänge gestalten. In diesem Fall spielt die *spezifische Wärmekapa-zität* c des Stoffes eine entscheidende Rolle.

Die Wärmeleitfähigkeit λ beschreibt, wie schnell Wärme durch einen Stoff transpor-tiert werden kann; die spezifische Wärmekapazität c eines Materials hingegen ist ein Maß, wieweit thermische Energie (Wärme) gespeichert werden kann. Beide Größen beeinflussen den instationären Wärmeübergang. Zu seiner Beurteilung sollte als Stoff-größe die *Temperaturleitfähigkeit a* (auch Temperaturleitzahl oder Wärmediffusivität) herangezogen werden. Sie ergibt sich als Quotient der Wärmeleitfähigkeit λ und der volumenspezifischen Wärmekapazität ($\rho \cdot c_p$):

$$a = \frac{\lambda}{\rho \cdot c_p}.$$

Vereinfacht beschreibt diese Größe, wie schnell sich eine Temperaturänderung in einem Material ausbreitet.

Die Berechnung räumlicher (Koordinaten x, y, z) und zeitlicher Temperaturaus-gleichsvorgänge *($\partial T/\partial t$)* gestaltet sich schwieriger; je nach Aufgabenstellung sind die Lösungen aus der Fourierschen Differenzialgleichung

$$\left(\frac{\partial T}{\partial t} \right) = a \cdot \left[\frac{\partial^2 T}{\partial x^2} + \frac{\partial^2 T}{\partial y^2} + \frac{\partial^2 T}{\partial z^2} \right]$$

zu ermitteln.

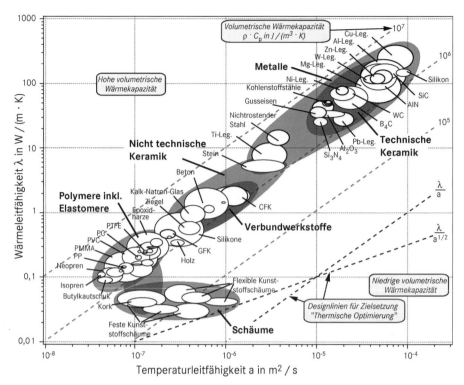

Abb. 5-12: Werkstoffschaubild – Wärmeleitfähigkeit λ und Temperaturleitfähigkeit a (nach /1/)

Die *Temperaturleitzahl* ist in thermischen Apparaten, im Formenbau, in technischen Systemen mit Wärmequellen (z. B. Verbrennungsmotoren) ein Merkmal der Werkstoffauswahl. Einerseits wird damit ein hoher thermischer Wirkungsgrad eines technischen Systems oder ein homogenes Temperaturfeld einer Wärmequelle erzielt (wärmetechnisch „träge" Systeme), andererseits kann das Abkühlen und Aufheizen von Formen in kurzer Zeit ermöglicht werden (wärmetechnisch „flinke" Systeme).

Das Werkstoffschaubild zeigt einen nahezu *linearen Zusammenhang zwischen Wärmeleitfähigkeit λ und Temperaturleitfähigkeit a* (siehe Abb. 5-12). Neue Werkstoffe wie Schäume aus Kunststoff oder Metall weichen von der Geraden ab und können durch ihren strukturellen Aufbau (ähnlich eines Verbundwerkstoffs Luft/Kunststoff) einen schnelleren Temperaturausgleich bei kleinen Wärmeleitfähigkeiten ermöglichen. Dies führt in einigen Anwendungen möglicherweise zu einer neuen innovativen Materiallösung.

Für Temperaturausgleichprozesse gewinnt die Temperaturleitfähigkeit für eine Materialauswahl an Bedeutung. Sie beschreibt, wie schnell Temperaturänderungen von Materialien „verarbeitet" werden. Für den sich dann einstellenden zeitunabhängigen stationären Wärmeübergang ist die Wärmeleitfähigkeit heranzuziehen.

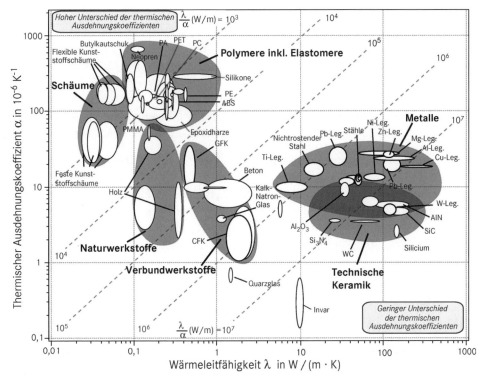

Abb. 5-13: Werkstoffschaubild – Thermischer Ausdehnungskoeffizient α und Wärmeleitfähigkeit λ (nach /1/)

Wärmeleitfähigkeit λ und thermischer Ausdehnungskoeffizient α

Wenn Bauteile sich erwärmen oder abkühlen, dehnen sie sich aus bzw. ziehen sich zusammen. Der *thermische Ausdehnungskoeffizient* α gibt an, um welche Wärmedehnung ein Material sich pro Grad Temperaturunterschied ausdehnt. Die Änderung der Länge $\Delta\ell$ gegenüber der Ausgangslänge ℓ_0 ist bei einem Temperaturunterschied ΔT gemäß

$$\frac{\Delta\ell}{\ell_0} = \alpha \cdot \Delta T$$

zu ermitteln.

Ein in der Konstruktion geläufiges technisches Problem besteht in der unterschiedlichen Ausdehnung von Produktkomponenten unterschiedlichen Materials bei Erwärmung. Die daraus resultierenden hohen inneren Wärmespannungen können ein Bauteil zerstören bzw. zu Verformungen führen, die die Funktion beeinträchtigen. Daher ist bei der Konstruktion die Differenz der thermischen Ausdehnungen des Bauteils und der umliegenden Teilen zu berücksichtigen. Die beschriebene Problematik wird beim Bimetallstreifen für die Erfüllung einer Funktion (häufig Schaltfunktion) verwendet.

Auch eine z. B. für Messzwecke notwendige thermische Stabilität der Abmessungen führt dazu, den thermischen Ausdehnungskoeffizienten als Suchparameter zu verwenden. Da die Wärmeabfuhr für Bauteile im Hinblick auf die Betriebstemperatur (thermisches Gleichgewicht) sinnvoll gewählt werden muss, ist die Kombination Wärmeleitfähigkeit und thermischer Ausdehnungskoeffizient für die Vorauswahl und damit für ein Werkstoffschaubild zweckdienlich. *Abb. 5-13* zeigt die für Messwerkzeuge am häufigsten verwendete Eisen-Nickellegierung INVAR (64 % Fe, 36 % Ni) mit einer thermischen Wärmeausdehnung nahe Null und einer guten thermischen Wärmeleitfähigkeit. Auch die Anwendung der Glasmaßstäbe in der Längenmesstechnik basiert auf der geforderten geringen Wärmeausdehnung, welche das Quarzglas aufweist.

Der thermische Ausdehnungskoeffizient von Materialien spielt insbesondere eine Rolle beim Zusammenspiel eines Bauteils mit seiner konstruktiven Umgebung. Die Auswahl eines Werkstoffs muss vermeiden, dass die Bauteilfunktion durch Wärmespannungen (bis hin zum Versagen) nicht erfüllt werden kann.

Zudem kann der thermische Ausdehnungskoeffizient für spezielle Anforderungen wie Längenstabilität bei Temperaturwechseln Bedeutung erlangen.

Thermischer Ausdehnungskoeffizient α und Elastizitätsmodul E

Thermische Ausdehnungen von Bauteilen können, wie bereits beim letzten Werkstoffschaubild diskutiert, im Bauteil selbst und in der konstruktiv angebundenen Umgebung thermisch induzierte Spannungen verursachen, die zu einem funktionellen Versagen des Bauteils führen (*siehe Abb. 5-14*). Der *Elastizitätsmodul* als verbindende Größe zwischen der Verformung und der Spannung lässt am ehesten die Auswahl geeigneter Werkstoffe im Hinblick auf das Versagen durch thermische Dehnung zu. Hohe Elastizitätsmodule verursachen bei kleinen Verformungen bereits hohe Spannungen: Das Fließen, der Bruch oder das Ausknicken (Ausbeulen) können daher das Bauteil gefährden. Die Berechnung der Versagensspannungen folgt jedoch unterschiedlichen Gesetzmäßigkeiten. Bleibt der Elastizitätsmodul klein, sinkt die Gefährdung durch hohe Spannungen; das Bauteil verformt sich bei gleicher Spannung stärker. So sind Kunststoffe trotz hoher Wärmedehnungen weniger bruchgefährdet als Metalle mit ihren niedrigeren Ausdehnungskoeffizienten, aber hohen induzierten Wärmespannungen.

Thermische Spannungen spielen auch die entscheidende Rolle bei der *Temperaturschockbeständigkeit* bzw. der *Temperaturwechselbeständigkeit* eines Werkstoffs oder Bauteils. Der Werkstoff spannt sich bei lokalen thermischen Belastungen quasi selbst ein und die Bewegungshinderung führt bei großen Elastizitätsmoduln zu hohen Spannungen und der Werkstoff (bzw. das Bauteil) versagt.

Drei *Temperaturschockkoeffizienten* werden unterschieden. Zum einen kann ein *Temperaturschock auf der Oberfläche* (bei unendlich großer Wärmeübertragung) zum Versagen führen. In diesem Fall darf der Thermoschock maximal durch eine Temperaturdifferenz von

$$R_1 = \Delta T_{max} = \frac{\sigma \cdot (1 - \upsilon)}{\alpha \cdot E}$$

erfolgen, um die Festigkeit σ (gegebenenfalls die kritische Spannung bei einer Risslänge) nicht zu überschreiten; υ entspricht der Querkontraktionszahl des Werkstoffs.

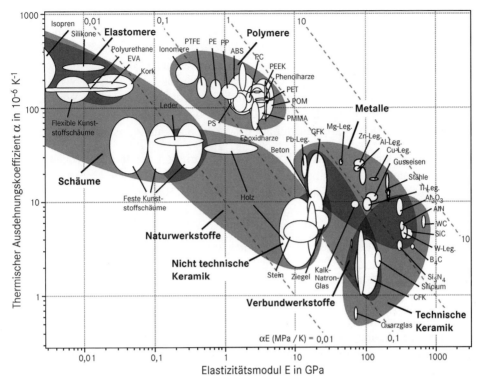

Abb. 5-14: Werkstoffschaubild – Thermischer Ausdehnungskoeffizient α und Elastizitätsmodul E (nach /1/)

Aber auch die *langsame Durchwärmung des Materials* durch einen konstanten Wärmestrom an der Oberfläche kann zum Aufbau zerstörerischer Wärmespannungen führen. In diesem Fall ist R_1 mit der Wärmeleitfähigkeit λ zu multiplizieren:

$$R_2 = R_1 \cdot \lambda.$$

Ein letzter Fall beschreibt, *wenn die Oberfläche des Materials mit einer konstanten Aufheizrate erhitzt wird*. In diesem Fall spielt die Temperaturleitfähigkeit die entscheidende Rolle und es gilt

$$R_3 = R_1 \cdot a.$$

Diese vornehmlich für *Keramiken und Gläser verwandten Definitionen* zeigen, dass *Thermoschockbeständigkeit* wesentlich durch

- einen *niedrigen thermischen Ausdehnungskoeffizienten* α (verursacht eine geringe Wärmedehnung und damit eine geringe Wärmespannung),
- eine *große Wärmeleitfähigkeit* λ (vermeidet ein starkes lokales Aufheizen),
- einen *niedrigen Elastizitätsmodul* E (führt zu einer geringen Wärmespannung),
- eine *hohe Festigkeit* σ_f bzw. Bruchzähigkeit K_{1C} (ist ein Maß für das Ertragen von Wärmespannungen),
- eine *niedrige spezifische Wärmekapazität* c_p (vermeidet ein starkes lokales Aufheizen) und
- eine *kleine Querkontraktionszahl* ν (mit nur wenig Beeinflussungsmöglichkeiten)

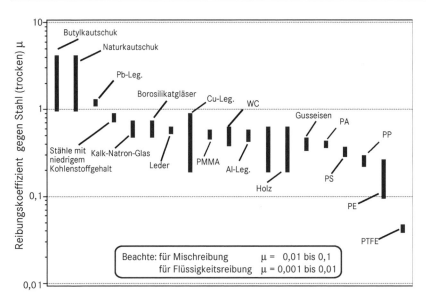

Abb. 5-15: Reibkoeffizient verschiedener Materialien mit einer trockenen Stahloberfläche (nach /1/)

verbessert werden kann.

Werkstoffe mit Ausdehnungskoeffizienten nahe Null sind gegenüber Temperaturwechsel am beständigsten. Dazu gehören z. B. die Glaskeramiken Robax oder Ceran der Schott AG (Deutschland) mit einem Elastizitätsmodul $E = 93.000$ N/mm², die Eisen-Nickel-Legierung INVAR (Imphy Alloys S. A., Frankreich) mit $E = 145.000$ N/mm² oder die technische Keramik Aluminiumtitanat ($E = 10$ bis 50.000 N/mm²).

> Der thermische Ausdehnungskoeffizient und der Elastizitätsmodul haben beträchtlichen Einfluss auf die Temperaturschockbeständigkeiten eines Werkstoffs. Hohe Temperaturschockbeständigkeit kann durch einen Wärmeausdehnungskoeffizienten nahe Null und einen kleinen Elastizitätsmodul erreicht werden.

5.3.3 Tribologische Werkstoffkennwerte

Tribologische Problemstellungen sind nur schwer in Werkstoffschaubildern zu erfassen und müssen im Detail anwendungsspezifisch gelöst werden. Daher werden nur sehr allgemeine Werkstoffschaubilder vorgestellt, welche nur einen Hinweis auf das Reib- und Verschleißverhalten von Werkstofffamilien geben können.

Reib- und Verschleißwiderstand

Reib- und *Verschleißwiderstand* hängen unmittelbar voneinander ab. Wo starke Reibung stattfindet, ist Verschleiß zu beobachten und umgekehrt. Bei technischen Systemen, bei denen diese Eigenschaften die Funktion des Bauteils wesentlich beeinflussen (z. B. in Reibkupplungen und Bremsen, in Gleit- und Wälzlagern), besteht die Schwierigkeit, dass nicht alleine Werkstoffeigenschaften für das Gesamtverhalten verantwort-

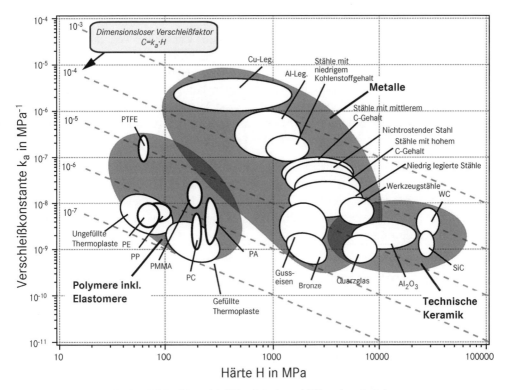

Abb. 5-16: Werkstoffschaubild – Verschleißfestigkeit und Härte (nach /1/)

lich sind. Der Output (wie Verschleißraten, Reibkoeffizienten, Wärme) eines *„Tribosystems"* ist stark von den Betriebseigenschaften abhängig; Werkstoffeigenschaften wie Härte und Festigkeit, Korngröße, Bruchzähigkeit, Elastizitätsmodul, Temperaturleitfähigkeit oder Korrosionsbeständigkeit wirken sich auf das Produktverhalten aus. Der Vergleich von Tribosystemen fällt umso schwerer, da veränderte Betriebsbedingungen zu stark abweichendem Werkstoffverhalten führen.

Die Werkstoffauswahl für diese Systeme erfolgt daher meist aus der Erfahrung der Unternehmen bzw. aus dem Know-how der Materialhersteller. Es wird versucht, Werkstoffdatenbanken aufzubauen, die die Beurteilung des tribologischen Werkstoffverhaltens anhand standardisierter Versuchsergebnisse ermöglichen sollen (*siehe Abschnitt 8.4.2.6*). In der Regel wird jeder Konstrukteur aber auf eigene *Verschleißversuche* zurückgreifen, um eine ausreichende Zuverlässigkeit des Produkts zu gewährleisten.

Im Umfeld der *Tribosysteme* findet sich häufig die Forderung nach einem bestimmten Reibwert (oder Reibkoeffizient) zwischen einem beliebigen Werkstoff und einer (ungeschmierten) Stahloberfläche. Als Beispiel für mögliche Werkstoffschaubilder zeigt das Balkendiagramm (*siehe Abb. 5-15*), dass die Paarung mit Polytetrafluorethylen (PTFE, z. B. Teflon) zu niedrigsten Reibkoeffizienten führt, hingegen Gummi für eine hohe Reibkraft und damit hohe Kraftübertragung sorgt.

Verschleißmessungen ermöglichen die Bestimmung eines *Verschleißkoeffizienten* (einer Verschleißintensität), in dem das über einen Verschleißweg auftretende Abriebvolumen ins Verhältnis zur angreifenden Normalkraft gesetzt wird. Einen Überblick über den Verschleiß von Ingenieurwerkstoffen vermittelt *Abb. 5-16* in Relation zur Härte. Niedrige Verschleißkoeffizienten zeigen Kunststoffe, Gusseisen und Bronze sowie technische Keramiken; viele metallische Werkstoffuntergruppen sind dagegen bei Verschleißbeanspruchung weniger geeignet. Im Einzelfall ist stets das Verhalten für definierte Betriebsbedingungen zu untersuchen.

Werkstoffpaarungen unter unterschiedlichen Betriebsverhältnissen führen zu Reib- und Verschleißbedingungen, die nur schwer in Werkstoffschaubildern oder in Datenbanken zu standardisieren sind. Die hohe Zahl der Parameter macht es nötig, dass insbesondere Verschleißversuche bei der Entwicklung eines Produkts selbst organisiert werden müssen.

5.3.4 Werkstoffkosten

Die Grundlagen der Materialkosten von Bauteilen wurden bereits in Abschnitt 4.4.3 vorgestellt. Die nachfolgenden Schaubilder stellen Relativkosten von Werkstoffen in Bezug auf mechanische Eigenschaften dar.

Elastizitätsmodul *E*, Festigkeit σ_f und Relativkostenfaktor $k_v{}^*$

Zur Beurteilung des wirtschaftlichen Aspekts wurden in Abschnitt 4.4.3 bereits die Relativkosten vorgestellt. Für die nachfolgenden Werkstoffschaubilder verwendet Ashby ebenfalls auf ein Einheitsvolumen bezogene *Relativkosten*. Diese spezifischen Werkstoffkosten sind nicht nur vom Rohstoffpreis, sondern auch von anderen Faktoren, wie benötigte Materialmenge, Lieferkosten, Zufuhrengpässen u. a. abhängig. Wie die *VDI-Richtlinie 2225 (siehe Abschnitt 4.4.3)* bedient sich Ashby daher eines Basiswerkstoffs (unlegierter Rundstahl) mit $k_v{}^* = 1$. Mit den Relativkostenfaktoren $k_v{}^*$ werden Werkstoffschaubilder generiert, die nicht laufend an Währungs- und Preisschwankungen angepasst werden müssen und die Kosten des gewählten Werkstoffs relativ zu den Kosten des unlegierten Rundstahls ausweisen. Diese Vorgehensweise ist völlig ausreichend für eine Vorauswahl an Werkstoffen, bei dem es nicht um absolute Kosten eines Bauteils geht, sondern um die Vorauswahl wirtschaftlicher Lösungen und ihre Eignung gegenüber ebenfalls ermittelten Werkstoffalternativen.

In vielen Fällen werden Strukturwerkstoffe gesucht, die bei geringer Verformung (hohe Elastizitätsmoduln erwünscht) oder hohen Beanspruchungen (hohe Festigkeiten erwünscht) niedrigste Bauteilkosten realisieren. Für vergleichende Untersuchungen geben *Abb. 5-17* und *Abb. 5-18* Auskunft, welches Material eine kostengünstige Lösung für die jeweilige Forderung darstellt. Es sei jedoch nochmals daran erinnert, dass bei der Kostenbeurteilung gegebenenfalls nicht nur die Rohmaterialkosten, sondern auch die Fertigungsaspekte oder Lebensdauerkosten zu berücksichtigen sind.

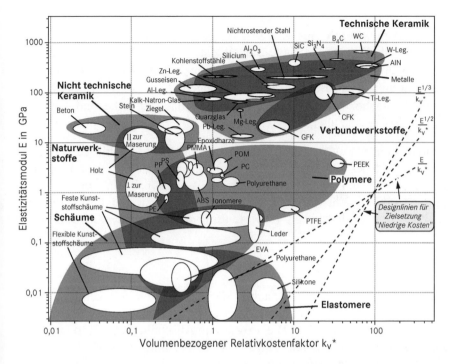

Abb. 5-17: Werkstoffschaubild – Elastizitätsmodul E und Relativkostenfaktor $k_v{}^*$ (nach /1/)

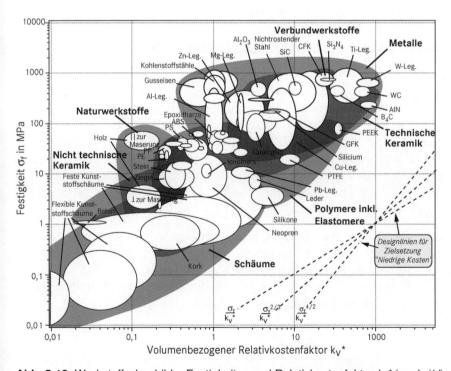

Abb. 5-18: Werkstoffschaubild – Festigkeit σ_f und Relativkostenfaktor $k_v{}^*$ (nach /1/)

Ein Blick auf die *Relativkosten* zeigt, dass die Fertigung von Bauteilen aus speziellen technischen Keramiken wie SiN, aus Titanlegierungen oder auch aus faserverstärkten Kunststoffen (CFK, GFK) deutlich höhere Bauteilkosten verursachen. Es muss aber in Betracht gezogen werden, dass diese Bauteile gegenüber Stahl (ρ = 7,8 kg/dm³) ein geringeres Gewicht aufweisen. Bei den Titanlegierungen (ρ = 4,5 kg/dm³) beträgt der Unterschied das 1,7-fache, bei SiN (ρ = 2,7 kg/dm³) das 2,9-fache und bei CFK (ρ = 1,5 kg/dm³) sogar das 5,2-fache.

Mit den Relativkosten von Materialien können Lösungen ausgewählt werden, die als kostengünstig bis teuer eingestuft werden können. Eine absolute Bewertung der entstehenden Bauteilkosten ist nicht möglich, sodass Grenzbedingungen (z. B. Bauteilkosten < 1.000 €) nicht verwertet werden können. Die Relativkosten dienen der wechselseitigen wirtschaftlichen Bewertung vorausgewählter Materiallösungen.

Fazit

Die Zusammenstellung der in einem Schaubild dargestellten Größen kann nur unter der Prämisse erfolgen, dass die Produktanforderungen und die daraus abgeleiteten Materialanforderungen bekannt sind. Die in diesem Abschnitt aufgeführten Werkstoffschaubilder versuchen – wie bereits eingangs des Abschnitts erwähnt –, eine möglichst große Zahl an Anwendungsfällen abzudecken. Sinnvoll ist jedoch, für den Konstruktionsfall spezifische Schaubilder zu kreieren. Möglich macht dies ein Programm der Fa. Granta Design Ltd. (http://www.grantadesign.com [Stand: 24. April 2014]), das durch Zugriff auf Datenbanken Daten der Werkstofffamilien, -untergruppen und -hauptgruppen aufbereitet und in das gewünschte Werkstoffschaubild umsetzt (*siehe Abschnitt 6.3.6*).

Zusammenfassend ist festzustellen, dass Werkstoffschaubilder auch dem weniger in Materialien geschulten Ingenieur einen schnellen, umfassenden und überschaubaren Überblick über alle Werkstoffe ermöglichen. Sie stellen damit in der Frühphase der Konstruktion (Konzept und Entwurf) eine wesentlich praktikablere Alternative zur Lösungsfindung und für eine Vorauswahl von Werkstoffen dar als die in der Regel wenig vergleichenden, meist unübersichtlichen Materialdatentabellen. Die Verwendung von Werkstoffschaubildern ist bei der Vorauswahl zur Identifizierung neuer Werkstoffideen anzuraten.

Um die Nutzung der Werkstoffschaubilder, aber auch anderer Ressourcen von Werkstoffdaten noch effizienter und anwendungsspezifischer zu gestalten, bietet sich der Gebrauch von Design- bzw. Materialindizes zur Werkstoffauswahl an. Die Arbeit mit diesen Indizes verbessert die Qualität der Materialsuche und ist für eine stärkere fachliche Durchdringung einer Werkstofffrage unentbehrlich.

5.4 Designparameter und Materialindizes

Mit der Verwendung von *Designparametern* kann die Werkstoffwahl wesentlich anwendungsbezogener im Hinblick auf die Verknüpfung von Funktion, Gestalt und Material vollzogen werden. Insbesondere Ashby /1/ verwendet zur Suche der optimalen Werkstoffe eine ausgefeilte Systematik der Design- und Materialindizes. Sie führt zu Lösungsgeraden (oder -kurven) in Werkstoffschaubildern und dient dem grafischen Auffinden gleichwertiger Materiallösungen (*siehe Abschnitte 6.3.1 und 6.3.2*)

5.4.1 Funktionsindex, Geometrieindex, Materialindex

Die Ableitung von Designparametern sei an einem einfachen Beispiel erläutert. *Ein zylindrisches Bauteil habe die Funktion, Zuglasten aufzunehmen.* Weitere Forderungen der Materialanforderungsliste seien

* hohe Festigkeit aufgrund sehr großer angreifender Zugkräfte und

* geringe Dichte, da das Bauteil mit hoher Geschwindigkeit bewegt wird und die Massenkräfte klein zu halten sind.

Der erste Schritt zur Ermittlung von Designparametern ist es, die grundlegenden funktionellen Gleichungen für die Auslegung und Dimensionierung des Teils zu durchblicken.

Ausgehend vom Ziel, ein geringes Gewicht zu erzielen, wird die *Zielfunktion* zur Berechnung des Bauteilgewichts G aufgestellt:

$$G = A \cdot \ell \cdot \rho = \frac{\pi \cdot d^2}{4} \cdot \ell \cdot \rho,$$

wobei das Gewicht G des Stabs von der Fläche A (mit Durchmesser d), der Länge ℓ und der Dichte ρ bestimmt wird. Ziel der Konstruktion und der Materialwahl ist das Auffinden eines Minimums für die Gewichtsfunktion.

Für das „lebenslange" *Ertragen einer Zuglast F* darf eine zulässige Spannung abhängig vom Werkstoff und dem Belastungsfall (duktil oder spröde, dynamisch oder statisch) – z. B. für den statischen Fall die mit einem Sicherheitsfaktor bewertete Fließspannung oder Bruchfestigkeit σ_f (im Folgenden Festigkeit genannt) – im Bauteil nicht überschritten werden. Die Bedingungsgleichung lautet entsprechend

$$\frac{F}{A} = \frac{F \cdot 4}{\pi \cdot d^2} \leq \sigma_f.$$

Der *freie Konstruktionsparameter* des Teils ist der Durchmesser d; die Kraft F wird von der Konstruktionsaufgabe vorgegeben, und die Festigkeit ist die materialspezifische Größe. Der freie Parameter d darf nun durch Zusammenführen beider Gleichungen ersetzt werden, sodass aus der Gleichung für das Gewicht des Bauteils und der Bedingungsgleichung für den Festigkeitsnachweis die Zielfunktion neu formuliert werden kann:

$$G \geq F \cdot \ell \cdot \left(\frac{\rho}{\sigma_f} \right).$$

Die Zielfunktion ist nun in eine Form überführt, die die drei unterschiedlichen Stellgrößen der Zielfunktion aufzeigt. Sie werden als Designparameter bezeichnet und werden für unser Bauteilgewicht G wie auch für andere Zielwerte wie folgt benannt:

• Der *Funktionsindex*:
  Er entspricht in diesem Fall der Kraft F. Sie ist eine rein von funktionalen Gesichtspunkten abhängige und völlig materialunabhängige Größe.

• Der *Geometrieindex*:
  Er ist hier die Länge ℓ und wird durch die konstruktive Umgebung festgelegt. Mit ihm werden die geometrischen Aspekte der Konstruktionsaufgabe berücksichtigt.

• Der *Materialindex*:
  Er ist der entscheidende Parameter für die Materialauswahl. Für unsere Aufgabenstellung ergibt sich der Materialindex als Quotient aus Dichte und Festigkeit ρ/σ_f eines Werkstoffs. Je kleiner dieser Materialindex, umso geringer bleibt das Bauteilgewicht.

Es wird also nicht nach dem Material mit der kleinsten Dichte oder der größten Festigkeit gesucht, sondern nach dem Werkstoff mit dem kleinsten Verhältnis dieser beiden Größen (bzw. dem größten Verhältnis bei Betrachtung von σ_f/ρ). Dies entspricht der Definition unserer *spezifischen Festigkeit* im Werkstoffschaubild der *Abb. 5-5*. Eine Vorauswahl wird möglich, falls eine Grenzbedingung für den Materialindex formuliert werden kann.

Aus den grundlegenden Ingenieurgleichungen zur Funktion eines Bauteils (oder zu anderen Aspekten wie Kosten) lassen sich Designparameter ableiten. Sie verdeutlichen Wechselwirkungen zwischen Funktion, Geometrie und Material.
Der Funktionsindex beinhaltet äußere Lasten oder andere für die Funktion des Bauteils entscheidende Größen (z. B. Temperaturdifferenz, elektrische Spannung). Sie sind in der Regel durch die Konstruktionsaufgabe vorgegeben (z. B. notwendige Leistung).
Der Geometrieindex enthält Maße, die für ein Bauteil variiert werden können. Diese freien Konstruktionsparameter erlauben es, durch die Gestaltung eine Forderung möglichst gut zu erfüllen.
Der Materialindex ist derjenige Parameter, den es im Hinblick auf die Werkstoffwahl zu optimieren gilt. Anders als einzelne Materialeigenschaften sind in ihm die Eigenschaftsgrößen eines Werkstoffs anwendungsspezifisch miteinander verknüpft. Mit dem Materialindex liegt daher ein wesentlich genaueres Suchkriterium für die Vorauswahl vor.

5.4.2 Vorauswahl über Materialindizes

Die Ermittlung der *Designparameter* im vorangegangenen Beispiel zeigt Wechselwirkungen zwischen Funktion, Geometrie und Material auf. Die Ableitung des für die Anwendung gültigen Materialindex schafft – wie bereits ausgeführt – ein schärferes

Such- und Bewertungskriterium, da Materialeigenschaften nicht mehr einzeln ausgewertet, sondern in Beziehung zueinander gesetzt und verwendet werden.

Im vorliegenden Beispiel werden die Dichte und die Versagensspannung in ihrem Zusammenwirken – und nicht unabhängig voneinander – beurteilt. Die Einzelbewertung der Eigenschaften würde eine weniger treffende Werkstoffbeurteilung als über den Materialindex ergeben, da sie den Zusammenhang zwischen Gewicht und Festigkeit nicht berücksichtigt.

Stehen keine Werkstoffschaubilder zu einer Vorauswahl zur Verfügung, lassen sich die notwendigen Materialeigenschaften über Tabellenwerke oder Datenbanken ausfindig machen (*siehe Kapitel 8*). Für alle in Betracht gezogenen Werkstoffe werden die Materialindizes (ρ/σ_f) berechnet. Die Materialien mit den niedrigsten Werten sind – falls keine Einschränkung an den Durchmesser gestellt ist – die am besten für die Konstruktionsaufgabe geeigneten und umgekehrt. Ein *Ranking* (Bilden einer Rangfolge) führt zu Spitzenreitern, die im Auswahlprozess weiterverfolgt werden.

Ergänzende Randbedingung eines „freien" Konstruktionsparameters

Darf der Durchmesser *d* durch die konstruktive Umgebung nicht beliebig groß gewählt werden, folgt mit dem maximal machbaren Maß d_{max} aus dem Festigkeitsnachweis (*siehe vorherige Seiten*)

$$\frac{F \cdot 4}{\pi \cdot d_{max}^2} \leq \sigma_{f,\,min}.$$

An den Werkstoff wird somit eine weitere *Bedingung* gestellt: Er muss eine Mindestfestigkeit $\sigma_{F,min}$ aufweisen, um den Festigkeitsnachweis zu erfüllen.

Mit Hilfe des Werkstoffschaubildes in *Abb. 5-6* kann damit untersucht werden, welche Materialien oberhalb dieser Mindestversagensspannung liegen und gleichzeitig günstige Werte bezüglich des Materialindex liefern oder umgekehrt. Die *Randbedingung* über die Bauteilgröße hat somit zu einer Grenzbedingung bei der Versagensspannung geführt, die die Suchfelder der Vorauswahl weiter eingegrenzt hat.

Randbedingungen an eine Konstruktion setzen Grenzbedingungen für Materialeigenschaften, was die Suchfelder weiter eingrenzt.

5.4.3 Einbeziehung des Kostenaspekts

Ein weiteres Beispiel erläutert das Einbeziehen des *Kostenaspekts*, welcher fast ausnahmslos in konstruktiven Aufgabenstellungen zu berücksichtigen ist. Die Ziele und Anforderungen an eine druckbeanspruchte, zylindrische Stütze (mit Querschnitt *A*) seien wie folgt beschrieben:

- Kostengünstigste Lösung, daher die Forderung nach niedrigen Materialkosten
- Hohe Steifigkeit der Konstruktion (geringe Durchbiegungen, kein Knicken), daher Materialanforderungen an den Elastizitätsmodul *E*.

Die Länge ℓ der Stütze und die Last *F* sind aufgrund der Funktion, der notwendigen konstruktiven Anbindung an die umgebenden Bauteile und der äußeren Beanspruchungen festgelegt. Die Fläche A ist hingegen frei wählbar, die Form allerdings durch die Forderung nach einem Kreisquerschnitt festgelegt.

Das Ziel bei der Konstruktion des Bauteils, möglichst geringe Materialkosten, ist formelmäßig zu erfassen. Für die Materialkosten K des Werkstoffs gilt

$$K = G \cdot k_G = A \cdot \ell \cdot \rho \cdot k_G = A \cdot \ell \cdot k_v.$$

Die „gewichtsspezifischen" Werkstoffkosten k_G ergeben sich aus den in Abschnitt 4.4.3 vorgestellten „volumenspezifischen" Werkstoffkosten k_v durch Division mit der Dichte ρ. Die Größe wird häufig bei Kalkulationen zur Abschätzung der Bauteilkosten herangezogen. Die Größe K ist der *Zielwert* im Hinblick auf das weitere Vorgehen. Nun sind die Anforderungen an die Festigkeit zu überdenken.

Bei einer kostengünstigen und damit schlanken Stütze tritt ein Versagen nicht durch das Überschreiten der Druckfestigkeit auf, sondern es besteht bereits bei kleineren Lasten die Gefahr des elastischen Ausknickens (anfänglich ohne eine bleibende Verformung). Um diese elastische Verformung zu vermeiden, darf die Druckkraft F_D nach Euler die *Knickkraft* F_K nicht überschreiten (Stabilitätsnachweis):

$$F_D \leq F_K = \pi^2 \cdot \frac{E}{\lambda^2} \cdot A = \frac{\pi}{4} \cdot \frac{E \cdot A^2}{(k \cdot \ell)^2}.$$

Der Schlankheitsgrad λ berechnet sich aus dem Quotienten der freien Knicklänge L_K und dem Trägheitsradius i. Für den Kreisquerschnitt gilt

$$i = \frac{d}{4}.$$

Die freie Knicklänge L_K wird aus der Länge der Stütze ℓ und dem Parameter k ermittelt, der von der Anbindung der Druckstütze an die Konstruktion abhängig ist:

$$L_K = k \cdot \ell.$$

Für beidseitig gelenkige Anbindung wird $k = 1$, für beidseitig feste Einspannungen $k = \frac{1}{2}$. Daraus folgt

$$F_D \leq F_K = \pi^2 \cdot \frac{E}{\lambda^2} \cdot A = \pi^2 \cdot \frac{d^2}{4^2 \cdot (k \cdot \ell)^2} E \cdot A = \frac{\pi}{4} \cdot \frac{E \cdot A^2}{(k \cdot \ell)^2}.$$

Die Ungleichung beschreibt, unter welcher Bedingung die technische Funktion der Druckstütze erfüllt wird, d. h. unter welcher Voraussetzung die Stütze nicht durch Knicken versagt.

Die aus dem Stabilitätsnachweis resultierende Bedingung ist in Zusammenhang mit dem *Zielwert K*, den Kosten, zu bringen. Dazu wird der *freie Konstruktionsparameter*, die Querschnittsgröße A, durch Substitution eliminiert,

$$F_D \leq F_K = \frac{\pi}{4} \cdot \frac{E}{(k \cdot \ell)^2} \cdot \left(\frac{K}{\ell \cdot k_v} \right)^2,$$

und es folgt:

$$K \geq \left(\frac{4 \cdot k^2}{\pi} \right)^{0,5} \cdot F_D^{0,5} \cdot \ell^2 \cdot \left(\frac{k_v}{E^{0,5}} \right).$$

Der erste Term der Kostenermittlung ist eine Konstante; die drei folgenden sind wieder die angestrebten drei Designparameter für die Kostenoptimierung:

- der Funktionsindex → die Wurzel aus der äußeren Last, der Druckkraft F_D,
- der Geometrieindex → das Quadrat der Länge ℓ der Stütze,
- der Materialindex → der Quotient aus den Relativkosten k_v und der Wurzel des Elastizitätsmoduls E des Werkstoffs.

Das Produkt aus Funktionsindex und Geometrieindex wird in der Literatur häufig auch als *Strukturindex* bezeichnet, da er ohne den Materialeinfluss quasi das strukturmechanische Problem (Lasten, Geometrien) beschreibt.

Der *Materialindex* ($k_v/E^{0,5}$) enthält die materialabhängigen Eigenschaften Relativkosten k_v und Elastizitätsmodul E. Sie stehen dem Konstrukteur quasi als werkstoffseitige Stellgrößen für eine Optimierung der Bauteilkosten zur Verfügung. Das Vorgehen bei der Suche nach dem kostengünstigsten Material wird damit von den Werkstoffeigenschaften

- Dichte ρ,
- Elastizitätsmodul E und
- spezifische Werkstoffkosten k_v

bestimmt. *Eine Suche ohne Materialindex würde den funktionalen Aspekt nicht ausreichend berücksichtigen,* da die Suche nach dem größten Elastizitätsmodul E und nicht nach dem größten Wert seiner Wurzel erfolgen würde.

Tabellarisch können nun zur Vorauswahl für die in die Untersuchung einbezogenen Werkstoffe die Materialindizes ($k_v/E^{0,5}$) berechnet werden; die Werkstoffe mit den kleinsten Materialindizes führen unter Erfüllung der funktionalen Bedingungen zu geringen Bauteilkosten und müssen im Auswahlprozess weiterverfolgt werden.

Für die spezifischen Materialkosten k_v und den Elastizitätsmodul E wurde bereits ein Werkstoffschaubild (*siehe Abb. 5-17*) vorgestellt; für die Lösung der Werkstoffauswahl im Diagramm ist der Materialindex ($k_v/E^{0,5}$) zu verwenden. Der dazu notwendige grafische Lösungsansatz mittels Lösungsgeraden wird in Abschnitt 6.3.1 erläutert.

Je nach *Bewertungsrichtung der Ziele* (z. B. größte Leistung, geringste Kosten) ist durch eine geeignete Materialwahl ein Optimum für die Zielfunktion (meist Minimum, seltener Maximum) erreichbar. Das ordnende Kriterium für die Werkstoffwahl ist der Materialindex. Aus den für die untersuchte Werkstoffgruppe ermittelten Materialindizes ist (in der Regel tabellarisch) entsprechend der Größe eine Rangfolge der Materialeignung zu erstellen, und die geeigneten Werkstoffe im Prozess sind weiterzuverfolgen.

Eine ausführlichere Beschreibung, wie Materialindizes bei unterschiedlichen Aufgabenstellungen der Werkstoffsuche (Anzahl und Art der Bedingungen und Ziele) Verwendung finden, kann Abschnitt 6.3.1 entnommen werden.

Zur Ermittlung von Designparametern sind aus der Funktion des Bauteils, seinen Zielen und den einschränkenden Bedingungen für die Konstruktion über die Verwendung von grundlegenden Ingenieurgleichungen die Zielwerte in Abhängigkeit

von drei Designparametern – dem Funktionsindex F, dem Geometrieindex G und
dem Materialindex M – darzustellen. Diese ingenieurwissenschaftliche Analyse ist
bereits in der Phase I des Auswahlprozesses für die Identifikation von Materialanforderungen notwendig, sodass die notwendigen Gleichungen zur Ermittlung der
Designparameter meist schon vorliegen.
Hinsichtlich der vorliegenden, unvermeidbaren Wechselwirkungen zwischen Form,
Gestalt und Material ist der Materialindex die Stellgröße der Konstruktion, welche
die Materialeigenschaften in eine beziehungsgerechte Abhängigkeit setzt. Er wird
zum neuen Suchkriterium des Auswahlprozesses und zum Bewertungskriterium für
unterschiedliche Werkstoffe.

5.5   Liste möglicher Materiallösungen

Die Phase II unseres Auswahlprozesses wird durch die Erstellung einer *Liste möglicher Materiallösungen* abgeschlossen. Sie ist das Ergebnis einer Suche, die anhand
sinnvoller *Suchkriterien* die große Zahl der Konstruktionswerkstoffe rasch auf die für
den Anwendungsfall passenden Materialien eingrenzt. Wie viele Werkstoffe letztlich
in dieser Liste aufgeführt werden, hängt stark von den Möglichkeiten der Informationsbeschaffung ab. Der Zugriff auf über die unterschiedlichen Werkstoffgruppen aufgebauten, permanent aktualisierten Datenbanken oder der Einsatz des Cambridge Engineering Selector bietet das größte Lösungspotenzial. Häufig ist dies nicht der Fall
und Lösungen werden aus den Methoden der Lösungsfindung (*siehe Tab. 3-1*) in müh-
samer Kleinarbeit erarbeitet. Die Kennwerte lassen sich über die in Kapitel 8 aufge-
zeigten Wege beschaffen. Gerade bei der Werkstoffvorauswahl eignen sich die in
Fachbüchern über Werkstoffgruppen und -familien abgedruckten Übersichtstabellen.

Ein sehr einfaches Beispiel, betreffend Materiallösungen für die druckbeanspruchte
Stütze, zeigt *Tab. 5-2*. Die hinsichtlich der Grenzbedingung in Frage kommenden Lösungen sind grau hinterlegt. Die *Liste der möglichen Materiallösungen* sollte in jedem
Fall auch die Kriterien beinhalten, die bei der Suche angewandt wurden; sie wurden an
die Tabelle unten angefügt. Dadurch wird das Vorgehen bei der Auswahl nachvollziehbar. Wie in Abschnitt 5.2 erläutert, *bieten sich für die Vorauswahl eher quantitative Eigenschaftsgrößen zur Lösungsfindung an; gegebenenfalls können qualitative
Merkmale durch Klassifizierungen quantifiziert werden.* In dieser Frühphase des Prozesses sind jedoch *attributive Merkmale* in der Regel ungeeignet.

Die Materialien werden mit ihren Eigenschaftswerten und den berechneten Materialindizes tabellarisch dargestellt. Da die Materialfamilien je nach den Werkstoffsorten
ihrer Vertreter unterschiedliche Eigenschaftswerte aufweisen, bewegt sich auch der
Materialindex in einer Wertespanne zwischen einer Ober- und Untergrenze. Bei der
Materialgruppe der Polyethylene (PE) und Polypropylene (PP) wird deutlich, dass es
Vertreter dieser Materialgruppe gibt, welche die Bedingung erfüllen und welche, die
sie nicht erfüllen. Bei der späteren *Feinauswahl* sind daher die Kunststoffsorten des
Clusters ausfindig zu machen, die dem Anforderungsprofil der Konstruktionsaufgabe
entsprechen.

Tab. 5-2: Liste möglicher Materiallösungen mit nur einem Suchkriterium und einer Randbedingung

Liste möglicher Materiallösungen					
Eigenschaften / Materialien	E-Modul E [GPa]	Relativkosten k_v [-]	Materialindex m [GPa$^{-0,5}$]		
	E_{min}	E_{max}	-	m_{min}	m_{max}
Niedrig legierter Stahl	201	217	1	0,1	0,1
Mg-Legierungen	42	47	2	0,3	0,3
Al-Legierungen	68	82	1	0,1	0,1
Ti-Legierungen	90	120	45	4,1	4,7
Aluminiumoxid	215	413	3,5	0,2	0,2
PP	0,9	1,55	1	1,0	1,1
PE	0,6	0,9	1	1,1	1,3
GFK	15	28	5	0,9	1,3
CFK	69	150	22	1,8	2,6
Vorauswahl nach:					
Suchkriterium: Materialindex $m = k_v / E^{0,5}$					
Bedingung: Materialindex $m < 1,2$					

Sind mehr Suchkriterien vorhanden, wächst die Zahl der Tabellen. Die Auswahl der Werkstoffe wird auf diejenigen beschränkt, die alle Bedingungen erfüllen, also in allen Tabellen optisch hervorgehoben sind. Auf die Darstellung der „Verlierer" kann verzichtet werden; aufgrund der kleinen Zahl an untersuchten Materialien ist dies für unser Beispiel der Vollständigkeit halber getan.

Die Materialien und ihre Kennwerte stehen noch gleichgewichtig nebeneinander. Man sollte nicht der Versuchung unterliegen, bereits jetzt Favoriten auszumachen. Daher wurde auch auf eine Rangfolge in *Tab. 5-2* verzichtet. Ob eine der Anforderungen und damit verbundene Eigenschaftsgrößen eine stärkere Bedeutung für die Konstruktionsaufgabe haben, steht ebenfalls zu diesem Zeitpunkt des Prozesses noch nicht in Frage.

Bei einer großen Zahl vorausgewählter Werkstoffe ist eine Klassifizierung, beispielsweise in Werkstoffgruppen, sinnvoll.

Die Erstellung der Liste möglicher Materiallösungen schließt die Phase II, die Vorauswahl, ab. Es haben sich mittels Suchkriterien aus der großen Zahl die Werkstoffe herauskristallisiert, die mit ihrem Eigenschaftsprofil grundsätzlich das Anforderungsprofil an den Werkstoff erfüllen können. Eine Rangfolge der Eignung der Werkstoffe soll noch nicht erstellt werden.

5.6   Kontrollfragen

5.1   Welches Ziel verfolgt Phase II der Materialsuche, die Vorauswahl?

5.2   Welcher Typ von Materialeigenschaften wird bevorzugt für die Vorauswahl verwendet? Nennen Sie drei Beispiele!

5.3   Welche Möglichkeiten bestehen, um qualitative Werkstoffmerkmale zu quantifizieren? Nennen Sie ein Beispiel!

5.4   Welche Kriterien sollten erst bei der Feinauswahl Berücksichtigung finden und warum?

5.5   Was sind Ausschlusskriterien? Welchen Vorteil haben sie gegenüber anderen Suchkriterien?

5.6   Welche Vorteile hat eine grafische Darstellung von Werkstoffkennwerten in Werkstoffschaubildern?

5.7   Warum wird in Werkstoffschaubildern, die alle Materialien aller Werkstoffgruppen darstellen, ein logarithmischer Maßstab gewählt?

5.8   Ordnen Sie die Legierungen von Aluminium, Nickel, Magnesium und Titan sowie die Stähle nach ihrem Elastizitätsmodul in aufsteigender Reihenfolge! Was bedeutet dies für ein strukturmechanisches Bauteil (tragende Struktur) bei gleicher Bauweise und gleicher anliegender Last? Welche Konsequenzen hat dies für die Konstruktion?

5.9   Welche Leichtbauwerkstoffe zum Aufbau tragender Strukturen würden sich allein aufgrund hoher spezifischer Festigkeiten und hoher spezifischer Elastizitätsmodule anbieten?

5.10   Was charakterisiert die Bruch- oder Risszähigkeit K_{IC} eines Materials?

5.11   Warum werden technische Keramiken nicht als Leichtbauwerkstoffe für tragende Strukturen eingesetzt?

5.12   Die Vertreter welcher Materialgruppen sollten für die Geräuschdämmung eingesetzt werden? Welche sind hingegen gänzlich ungeeignet?

5.13   Wie können Materialien bei hohen Temperaturen versagen?

5.14   Prüfen Sie, welche der Materialgruppen höchste Einsatztemperaturen erlauben? Nennen Sie einen Anwendungsfall aus der Raumfahrt.

5.15   Welche metallischen Werkstoffe sind für den Einsatz bei hohen Temperaturen geeignet? Nennen Sie Einsatzfälle.

5.16   Die Festigkeit einer metallischen Werkstoffprobe soll bei erhöhten Temperaturen geprüft werden. Das Aufheizen der Probe erfolgt durch direkten Stromdurchfluss. Welches Zuleitungsmaterial sollte gewählt werden, wenn möglichst wenig elektrische Leistungsverluste anzustreben sind?

Des Weiteren soll durch eine hohe Wärmeleitfähigkeit ein Aufheizen des elektrischen Leiters durch schnelle Wärmeabfuhr gewährleistet werden. Entsprechend ist ein möglichst geringes Wärmespeichervermögen anzustreben. Wird dies von dem/den gewählten Werkstoff(en) erfüllt?

5.17 Das Material der Sohle eines Bügeleisens ist zu wählen. Welche Werkstoffe sind aus Sicht der thermischen Anforderungen einsetzbar?

5.18 Ordnen Sie die Werkstofffamilien der Legierungen des Aluminiums, des Magnesiums, des Titans, der nichtrostenden Stähle, der glasfaser- und kohlenstofffaserverstärkten Kunststoffe, von Polypropylen, Polyamid und der Silikone in aufsteigender Reihenfolge nach ihren thermischen Ausdehnungskoeffizienten.

5.19 Welche mechanischen und thermischen Werkstoffeigenschaften sind für die Temperaturschockbeständigkeit von Bedeutung? Begründen Sie Ihre Nennungen.

5.20 Welche Auswahlproblematiken ergeben sich im Hinblick auf die Verschleißfestigkeit von Materialien?

5.21 Welche Materialien weisen gegenüber dem Trockenlauf mit Stahl größte bzw. kleinste Reibwerte auf? Nennen Sie daraus resultierende technische Anwendungen.

5.22 Entnehmen Sie dem Werkstoffschaubild Festigkeit über Relativkostenfaktor die Faktoren k_v^* für die Werkstofffamilien glasfaserverstärkte und kohlenstofffaserverstärkte Kunststoffe, Aluminiumoxid, Kohlenstoffstähle, nichtrostende Stähle, Magnesium- und Titanlegierungen sowie Polyethylen.

5.23 Welche Designparameter ergeben sich aus der Analyse von Funktions- und Bedingungsgleichungen? Erläutern Sie die unterschiedlichen Indizes.

5.24 Welchen Vorteil hat die Werkstoffsuche über Materialindizes gegenüber der Suche von Werkstoffeigenschaften?

5.25 Was ist das Arbeitsergebnis der Vorauswahl, wie entsteht es und was sollte es in jedem Fall beinhalten?

6   Phase III – Feinauswahl und Bewertung

Die Phase III, die Feinauswahl und Bewertung (Analyse), erhält als Input die Liste möglicher Materiallösungen (*vergleiche Abb. 3-3*). Damit sind die Werkstoffe ermittelt, die von ihrem Eigenschaftsprofil das durch die Konstruktionsaufgabe gestellte Anforderungsprofil erfüllen. In den beiden Teilschritten

- Schritt 3.1: *Weitergehende Informationsbeschaffung zu den vorausgewählten Materialien und Ermittlung von Bewertungskriterien* sowie
- Schritt 3.2: *Bewertung in einer Bewertungsmatrix und Festlegung einer Liste von Versuchswerkstoffen*

wird der Auswahlprozess nach dem Top-Down-Prinzip weiter fortgeführt. Output der Phase III ist eine reduzierte Zahl an Materialien, die als *Liste der Versuchswerkstoffe* Input der abschließenden Phase IV, der *Evaluierung und Validierung der Produkteigenschaften sowie der Werkstoffentscheidung*, dient.

Die Vorauswahl der Werkstoffe führt unter der Anwendung von Suchkriterien auf ausgewählte Methoden der Informationsbeschaffung (*siehe Kapitel 8*) zu einer typischen Zahl von drei bis zehn möglichen Werkstofflösungen, die hinsichtlich der Eignung weiter untersucht werden. Zu den Informationsquellen seien auch die Werkstoffschaubilder gezählt, deren Vorteile in Abschnitt 5.3 aufgeführt wurden und die als effizientes Suchwerkzeug im Programm „Cambridge Engineering Selector" (*siehe Abschnitt 6.3.6*) zur Verfügung stehen. Die ermittelten Lösungskandidaten gehören Werkstofffamilien (oder gar -untergruppen) an und sind somit nur grob spezifiziert. Nur in Einzelfällen haben sich in dieser Frühphase des Prozesses bereits konkrete Materialien (Werkstoffsorten mit Handelsnamen) herauskristallisiert, die sich dann in der Regel durch hervorstechende Eigenschaftsmerkmale auszeichnen.

Für die in der Liste möglicher Lösungen aufgeführten groben Spezifizierungen der Materialien ist nun eine Feinanalyse notwendig. Im Beispiel der abschließenden Liste der Materiallösungen in *Tab. 5-2* konnte bereits festgestellt werden, dass nicht alle Vertreter der Kunststoffe Polyethylen (PE) und Polypropylen (PP) die Bedingungen erfüllen. In diesen Stoffgruppen ist daher eine genauere Analyse notwendig. Auch hierzu können die in Kapitel 8 beschriebenen Wege beschritten werden.

> Die Feinauswahl dient dem Auffinden der Vertreter (Werkstoffsorten), deren Eigenschaftsprofil sich am besten mit dem Anforderungsprofil der Konstruktionsaufgabe deckt. Dazu sind über weitere Informationsbeschaffungen die Materialgruppen, -familien bzw. -sorten, die in der Liste möglicher Werkstofflösungen enthalten sind, zu analysieren.
> Um der unterschiedlichen Bedeutung von Anforderungen der Materialanforderungsliste (gegebenenfalls auch Wünschen) gerecht zu werden, sind geeignete Bewertungsverfahren zu wählen.

Um die in der „Liste möglicher Materiallösungen" enthaltenen Werkstoffe zu bewerten, sind Beurteilungskriterien anzuwenden, deren Bedeutung für das Produkt in der

Regel zu gewichten ist. Die dazu notwendigen Vorgehensweisen werden in den Abschnitten 6.2 und 6.3 vorgestellt.

Fragen bei der Wahl eines Bewertungsverfahrens

Vor der Wahl und der Anwendung eines Bewertungsverfahrens muss sich der Anwender über die folgenden Punkte Klarheit verschaffen:

- *Welche Beurteilungskriterien sind für die Bewertung heranzuziehen?*
- *Wie komplex ist das Bewertungsverfahren, das benötigt wird?*
- *Welche Bedeutung haben die Beurteilungskriterien hinsichtlich der Gesamtanforderung?*
- *Wie nahe kommen die vorausgewählten Werkstoffe einer vordefinierten Ideallösung (Quantifizierung)?*

Zunächst ist zu klären, woher und welche Beurteilungskriterien für die Bewertung herangezogen werden.

6.1 Beurteilungskriterien

Die *Materialanforderungsliste* als Sammlung der erforderlichen Werkstoffeigenschaften (mit Ober- und Untergrenzen oder Zielgrößen), der produktspezifischen Ziele sowie der einschränkenden Bedingungen wurde bereits auf Ausschluss- und Suchkriterien zur Vorauswahl untersucht (*siehe Abschnitt 5.2*). Diese Merkmale lassen sich in den meisten Fällen oft ohne Änderungen zu *Bewertungskriterien* (oder *Beurteilungskriterien*) verarbeiten. Darüber hinaus könnte jede Anforderung (wie auch jeder Wunsch) ein *Suchkriterium* oder Bewertungskriterium schaffen. Für die Bewertung der Materialien treten über die Suchkriterien hinaus andere Eigenschaften hinzu, die bei der Vorauswahl noch keine entscheidende Rolle gespielt haben. *Ohne Bewertungsmerkmale ist eine systematische quantitative Bewertung nicht möglich.*

Jedes Beurteilungskriterium muss eine *Bewertungsrichtung* erhalten, d. h. im Falle einer Werkstoffeigenschaft muss klar werden, in welcher Richtung sich die Eigenschaft für den Anwendungsfall positiv entwickelt (*vergleiche Abschnitt 4.3.2*). *Bewertungskriterien sind stets „positiv" (z. B. „niedrige Verschleißfestigkeit" oder „hoher Elastizitätsmodul") und auf keinen Fall wertneutral zu formulieren.*

Beurteilen ist nur möglich, wenn ein *Bewertungsmaßstab* vorhanden ist. Dieser kann unterschiedlich ausfallen. Die dazu anwendbaren Varianten werden bei der Beschreibung der Bewertungsverfahren deutlich. Dennoch sei bereits auf übliche Verfahrensweisen hingewiesen:

- Eine *Zielgröße* (in der Regel die Idealgröße) wird als Referenzgröße oder 100 %-Wert festgelegt und die *Eigenschaftsgrößen als (prozentuale) Absolutwerte* damit verglichen. Dieser Bewertungsmaßstab ist nur auf quantitative Eigenschaftswerte sinnvoll anwendbar.
- Es werden *Klassen* gebildet, welche jeweils eine *Wertespanne einer Eigenschaftsgröße* beschreiben. Den Klassen sind Wertungspunkte (z. B. 1 = „nicht ausrei-

chend" bis 5 = „sehr gut") zugeordnet. Dies entspricht der Vorgehensweise bei Erstellung eines *Histogramms*.

- Den *Klassifizierungen qualitativer Merkmale* werden *Wertungspunkte* (Einstufungen) zugeordnet (z. B. für Entflammbarkeit, Korrosionsbeständigkeit).

Da die Bewertung über die in der Vorauswahl verwendeten Suchkriterien hinausgeht, sind zunächst die dazu noch fehlenden Materialinformationen einzuholen. Erst dann kann über das weitere Vorgehen entschieden werden.

Die Festlegung der Bewertungskriterien wird in interdisziplinärer Gruppenarbeit aus der Erfahrung mit dem Produkt und seinen Werkstoffen sowie aus den produkt-, fertigungstechnischen und strategischen Rahmenbedingungen erarbeitet. Dies lässt vielfach eine Beschränkung auf die wesentlichen Punkte zu und vereinfacht das Anwenden eines Bewertungsverfahrens.

Bei der Bewertung der Werkstoffe anhand von Beurteilungskriterien ist auf mehr Merkmale als bei der in der Vorauswahl erfolgten Lösungssuche zurückzugreifen. Die Bewertungsmerkmale sind quantitativer Art, um auch eine quantitative Bewertung zuzulassen. Aus der großen Zahl möglicher Kriterien sind diejenigen auszuwählen, die für die Produkt- und Werkstoffanforderungen wesentlich sind. Für die diesbezüglich hinterfragten Werkstoffeigenschaften sind weitere Informationen einzuholen. Die Wahl der Kriterien erfolgt in der Regel durch interdisziplinäre Zusammenarbeit der am Entwicklungsprozess beteiligen Personen.

6.2   Anwendung klassischer Bewertungsverfahren

Ein Bewertungsverfahren hat als Aufgabe, festzustellen, welche der Eigenschaftsprofile der Werkstoffkandidaten am besten mit dem Anforderungsprofil übereinstimmen. Das Ergebnis dieser Prüfung, die Bewertung einer potenziellen Werkstofflösung, sollte im Sinne der heute installierten Qualitätsmanagementsysteme quantitativ erfolgen. Die Bewertungsschritte halten sich an eine vorgeschriebene Systematik und ermöglichen zu jedem Zeitpunkt der Bewertung die *Nachvollziehbarkeit* des Resultats. Ihre Anwendung ist zur Begründung von Entscheidungsvorlagen unumgänglich und begegnet auf methodenkompetente Weise den vielfach „quälenden Fragen" des Umfelds nach anderen Lösungsmöglichkeiten. Es sei an dieser Stelle nochmals festgestellt: Den idealen Werkstoff für eine Konstruktionsaufgabe gibt es nicht. Das Eigenschaftsprofil des Materials trifft nie vollständig das Anforderungsprofil. Dies schafft bei Vorschlägen, die für den Einzelnen nicht nachvollziehbar sind, umfangreichen Diskussionsstoff.

Eine Quantifizierung des Auswahlergebnisses mit Punkten ist nicht nur ein Maß für die Übereinstimmung des Eigenschaftsprofils mit dem Anforderungsprofil, sondern macht zudem deutlich, wie nahe ein gewähltes Material an eine Ideallösung heranreicht. Der Punktabstand zur Ideallösung sowie die Punktabstände zwischen konkurrierenden Lösungen zeichnen ein objektiviertes Bild einer Werkstoffeignung und die Qualität einer Lösung. Werden keine Werkstoffe mit ausreichend gutem Resultat gefunden, sollte über einen anderen (konstruktiven) Weg nachgedacht werden, ein stärker werkstofforientiertes Anforderungsprofil zu kreieren.

Unter dem Begriff „klassische Bewertungsverfahren" seien zunächst Methoden angesprochen, die nicht für die spezielle Sicht der Werkstoffwahl entwickelt wurden, sondern anderen Problemlösungskreisen, hauptsächlich der Konstruktionsmethodik (/4/, /8/) und Nutzwertanalyse (/5/), entlehnt sind.

> Die klassischen Bewertungsverfahren, die sich in der Konstruktionssystematik oder Wertanalyse bewährt haben, können auch für die Bewertung von Materiallösungen eingesetzt werden.

6.2.1 Komplexität von Bewertungsverfahren

Je nachdem, welchen Umfang die Materialanforderungsliste besitzt, sind anhand der *Art und Zahl der Ziele* und der Bedingungen unterschiedliche Bewertungsverfahren für das *Erstellen einer Rangliste* anwendbar. *Bei einer großen Zahl an Beurteilungskriterien steigt auch die Komplexität des anzuwendenden Bewertungsverfahrens.* Der Ingenieur sollte bei der Wahl des Verfahrens stets die für die Bearbeitung zur Verfügung stehende Zeit und den Aufwand berücksichtigen. Eventuell ist in komplexeren Aufgabenstellungen aufgrund der Rahmenbedingungen die Vereinfachung der Bewertung die einzige Möglichkeit, eine Systematik einzuhalten. Die Entscheidung, welche Methode gewählt wird, liegt in der Regel beim Anwender, da firmenintern Werkstoffauswahlprozesse nicht nach vorgeschriebenen Richtlinien verlaufen müssen.

Eindimensionale und mehrdimensionale Bewertungsverfahren

Hinsichtlich des Schwierigkeitsgrads sind *eindimensionale* und *mehrdimensionale Bewertungsverfahren* zu unterscheiden. *In eindimensionalen (oder monokausalen) Bewertungen beeinflussen die Werkstoffeigenschaften nur eine Zielgröße,* z. B. das Bauteilgewicht oder die -kosten. Dies entspricht nur bedingt der Realität, da Entscheidungsprozesse an mehr als nur einem Ziel orientiert sind. Für die technisch-wirtschaftliche Beurteilung kann diese Betrachtungsweise jedoch die entscheidenden Hinweise für eine Werkstofflösung erbringen. Sie sorgt zudem aufgrund der Einfachheit in der Durchführung für einen vielfach gewünschten schnellen Ablauf in der Praxis.

Mehrdimensionale Bewertungsverfahren haben den Vorteil, mehr als nur eine Zielvorstellung – z. B. bester Wärmeübergang und geringste Kosten – in die Bewertung einzubringen. Diese Verfahren zur Aufstellung der Ranglisten sind nicht nur wesentlich zeitintensiver, sondern bedürfen meist der Schulung des Anwenders. Daher werden sie häufig von Entwicklern gescheut; alternativ kann die Lösung einfach durch eine Mehrfachanwendung eines eindimensionalen Bewertungsverfahrens auf die unterschiedliche Zahl an Zielen erarbeitet werden. Die zwischen den Zielen bestehenden Wechselwirkungen bleiben bei dieser Vereinfachung allerdings auf der Strecke. So ist der beste Wärmeübergang meist nur durch ein teueres, innovatives Material zu erreichen, was dem zweiten Ziel, den geringsten Kosten, entgegensteht. Die sich gegensinnig beeinflussenden Zielsetzungen müssen so ausbalanciert werden, dass eine tragbare technische wie wirtschaftliche Lösung gefunden wird. Durch die Nachvollziehbarkeit der Gewichtung mehrerer Ziele gewinnt ein mehrdimensionales Verfahren an Objektivität.

> Die Komplexität von Bewertungsverfahren richtet sich nach der Anzahl der Zielsetzungen und Anforderungskriterien bezüglich des gesuchten Materials. Eindimensionale Bewertungsverfahren kennzeichnen sich durch nur ein Ziel (z. B. geringste Herstellkosten); mehrdimensionale Methoden folgen mehreren Zielen.

6.2.2 Vorgehensweise bei der klassischen Bewertung

Das grundlegende Vorgehen bei der Bewertung geht von den ermittelten Eigenschaftsgrößen der Lösungskandidaten nach der Informationsbeschaffung aus. Diese werden bezüglich des zu bewertenden Kriteriums tabellarisch aufgelistet und der Größe nach sortiert (Ranking). Der im Sinne der Bewertungsrichtung beste Wert erhält Rangplatz Eins, der zweitbeste Zwei usw. Bei nur einem Bewertungskriterium ist die entstehende *Rangfolge* das Endergebnis der Beurteilung.

Dieses Vorgehen ist auch für mehrere Kriterien und mehrdimensionale Probleme denkbar: Die Ranglisten der einzelnen Beurteilungskriterien (Werkstoffeigenschaften) sind dann mittels einer „vorschriftsfreien" Auswerteroutine (z. B. Mittelwertbildung) zu einem Endklassement zu verarbeiten.

Der Rangplatz entsteht bei allen Verfahren durch den Größenvergleich der erreichten Punktzahlen der Lösungskandidaten; die möglichen Auswerteroutinen der Punktwertungen bzw. der Eigenschaftsgrößen zu den Kriterien werden ausführlich in Abschnitt 6.2.3 behandelt.

> Die allgemeine Vorgehensweise einer Bewertung hat zum Ziel, eine Rangliste der Werkstoffe entsprechend ihrer Eignung für die Konstruktionsaufgabe zu erstellen. Die Nachvollziehbarkeit wird durch die Ermittlung von Eignungspunkten für die Materialien und aus dem daraus resultierenden Rangplatz erzielt.

Gewichtete Bewertung

In der Praxis sind Beurteilungskriterien fast ausnahmslos ungleichgewichtig. Um eine möglichst optimal abgestimmte Werkstofflösung zu erhalten, ist zu hinterfragen, welche der aus der Materialanforderungsliste abgeleiteten Beurteilungskriterien hohe Bedeutung für ein Produkt (Bauteil) besitzen und welche Anforderungen weniger Nutzen erbringen. Dazu sind die Beurteilungskriterien ebenso mittels einer Werteskala ihrer Bedeutung entsprechend einzustufen. Die daraus ermittelten *Gewichtungsfaktoren* dienen der Berechnung eines *Gesamtnutzwerts* des Werkstoffs. Die *Ideallösung* erhält je nach Werteskala und je nach Eigenschaftsgröße eine bewertungsspezifische Höchstpunktzahl. Sie wird in der Regel durch eine Normierung dimensionslos gestaltet, wodurch der Idealwert die 100 % annimmt.

Die *Methode der gewichteten Bewertung* (*siehe Abschnitt 6.2.4.2*) führt zu einem weitaus objektiveren, differenzierteren und stärker detaillierten Bild. Zweifellos stellt sie aufgrund des Bekanntheitsgrades für den Entwicklungsingenieur die am einfachsten durchzuführende Auswahlmethode dar. Sie wird üblicherweise im Fach Konstruktionslehre (o. Ä.) den Studierenden vermittelt. Allerdings werden auch bei ihrer Anwendung Grenzen des menschlichen Beurteilungsvermögens offenkundig. Zum Ersten ist die quantitative Einstufung der Bedeutung eines Kriteriums stark von der Sichtweise des Beurteilenden abhängig. Jeder Bereich (Marketing, Konstruktion, Produktion etc.) wird bestimmte Kriterien mehr oder weniger stark gewichten. So wird der Vertriebsingenieur optischen, der Entwicklungsingenieur technischen und der Kaufmann den wirtschaftlichen Gesichtspunkten eine höhere Gewichtung zuweisen wollen. Zum Zweiten lässt sich bei einer größeren Zahl an Beurteilungskriterien die Bedeutung nur schwer gegeneinander abwägen, sodass die Ungenauigkeit der Einstufung stark zunimmt.

Um eine hohe Qualität der quantitativen Bewertung mit Gewichtungsfaktoren zu erzielen, sollten aus den vorgenannten Gründen Methoden zu ihrer Bestimmung eingesetzt werden. Die dazu notwendige gedankliche Strukturierung der Eigenschaften und ihrer Wertigkeiten eröffnet ein klareren, objektiveren Blick für die Notwendigkeiten der Konstruktionsaufgabe: Systematische Vorgehensweisen meistern die Herausforderungen komplexerer Anforderungsprofile. Die nachfolgenden Methoden haben sich bei der Ermittlung der Merkmalsgewichtung bewährt.

> Eine gewichtete Bewertung ist einer ungewichteten vorzuziehen, da sie der realen unterschiedlichen Bedeutung von Materialanforderungen nachkommt.

6.2.3 Methoden zur Ermittlung von Gewichtungsfaktoren

Bei der Festlegung von *Gewichtungsfaktoren* der Bewertungsmerkmale sollte eine subjektive Herangehensweise möglichst vermieden werden. Sie führt in aller Regel zu Diskussionen, deren Verlauf den Blick für das Ziel, eine anforderungsgerechte Werkstoffwahl, vermissen lässt.

> Vor Ausarbeitung von Gewichtungsfaktoren für die Werkstoffwahl sollte geprüft werden, ob bereits derartige Faktoren für die Bewertung der Produktanforderungen vorliegen. Sie weisen indirekt aus, wie Forderungen an das Material von Bauteilen zu gewichten sind und ob eine Übernahme der Faktoren erfolgen kann.

Der Konstrukteur, der Gewichtungsfaktoren für den Auswahlprozess erarbeiten muss, kann im einfachsten Fall die Gruppe der am Entscheidungsprozess Beteiligten zusammenführen und die Gewichtungsfaktoren in einem Teammeeting erarbeiten und verabschieden. Für die bestehenden unterschiedlichen Grundhaltungen von Entwicklung, Vertrieb, Marketing etc. ist ein Kompromiss zu suchen. Dies ist ein in der Industrie gängiges Verfahren, welches zeitraubende Untersuchungen der Einflussfaktoren erspart. Üblicherweise wird dabei die Vorgehensweise einer direkten Gewichtung gewählt.

Die Ermittlung der Gewichtungsfaktoren für die Bedeutung von Beurteilungskriterien muss objektiv und nachvollziehbar erfolgen. Dazu sind die am Entwicklungsprozess beteiligten Personen mit einzubeziehen. Vor Ermittlung der Gewichtungsfaktoren für eine Materialwahl ist zu prüfen, inwieweit bereits für das Produkt relevante Bewertungsstrukturen vorhanden sind und übernommen werden können.

Direkte Gewichtung

Im ersten Schritt werden bei der *direkten Gewichtung* für die einzelnen Beurteilungskriterien Platzierungen vergeben; das bedeutendste Kriterium erhält Rang 1, das unwichtigste den letzten Platz. Entsprechend der Rangordnung der Kriterien werden den Auswahlfaktoren in einem zweiten Schritt prozentuale Gewichtungsfaktoren (oder auch freie Multiplikatoren) zugeordnet. Falls die Summe der Einzelprozente die 100 % übersteigt, kann in einem abschließenden, aber optionalen Schritt eine Normierung (auf 100 %) erfolgen. Dazu ist der für das Beurteilungskriterium festgelegte Gewichtungsfaktor durch die Gesamtsumme der Faktoren (bzw. Multiplikatoren) zu teilen.

Hat eine
*   hohe Korrosionsbeständigkeit den Faktor 5,
*   die geringen Materialkosten den Faktor 4 und
*   eine hohe Festigkeit den Faktor 2,
so ergeben sich in gleicher Reihenfolge die prozentualen Gewichtungsfaktoren 46 %, 36 % und 18 %. Alternativ können die Punktzahlen 5, 4 und 2 als Faktoren dienen. Diese Gewichtungen sind Grundlage der Bewertung der Eigenschaftsgrößen Korrosionsbeständigkeit (meist als Punktezahl aus einer Klassifizierung), Relativkosten und Festigkeit.

Die Methode ist bei einer geringen Zahl an Auswahlkriterien einsetzbar, da hier die gegenseitige Gewichtung noch überschaubar und entsprechend nachvollziehbar bleibt. Es sei aber daran erinnert, *dass das menschliche Urteilsvermögen bereits bei drei Beurteilungskriterien unzuverlässig wird*. Die direkte Gewichtung ist daher nur bedingt als ein objektiver Weg zu bezeichnen; sie baut ausschließlich auf die im Unternehmen aufgebauten Erfahrungen und Kenntnisse („instinktive Bewertung") über das Produkt. Die Einstufungen erfolgen meist in interdisziplinärer Gruppenarbeit, können aber auch stark subjektiv durch eine Einzelperson „im stillen Kämmerlein" erfolgen.

Um dem Eindruck der subjektiven Ermittlung der Gewichtungsfaktoren noch weiter zu entgehen, werden zu ihrer Bestimmung verfeinerte Arbeitsweisen herangezogen.

Die direkte Gewichtung ermittelt in der Regel aus einer Teamarbeit heraus eine Rangliste für die Bedeutung der Beurteilungskriterien. Anschließend findet eine (freie) Punktebewertung statt: Bewertungsmerkmale mit besserem Rangplatz erhalten eine höheren Gewichtungsfaktor und umgekehrt. Aus einer Normierung können prozentuale Faktoren berechnet werden.

Tab. 6-1: Ermittlung von Gewichtungsfaktoren durch absolute Gewichtung

Absolute Gewichtung				Absoluter Maßstab der Bedeutung	
Beurteilungs- kriterium	Gewichtung nach Maßstab	Gewichtungs- faktor α_i in %		1	sehr gering
B_1	3	$(\frac{3}{20} =)$ 15		2	gering
B_2	4	$(\frac{4}{20} =)$ 20		3	mittel
B_3	5	$(\frac{5}{20} =)$ 25		4	groß
B_4	2	$(\frac{2}{20} =)$ 10		5	sehr groß
B_5	1	$(\frac{1}{20} =)$ 5			
B_6	3	$(\frac{3}{20} =)$ 15			
B_7	2	$(\frac{2}{20} =)$ 10			
Summen	$\Sigma = 20$	$\Sigma =$ 100			

Absolute Gewichtung

Eine verbesserte Transparenz im Hinblick auf die Nachvollziehbarkeit der Gewichtungen wird über eine *absolute Gewichtung* erreicht. Alle n Beurteilungskriterien oder Anforderungskriterien B_i $(i = 1 \dots n)$ werden dabei einer Bewertung mit einem absoluten Maßstab (z. B. einer leicht korrigierten Werteskala nach VDI-Richtlinie 2225: 1 = „sehr geringe Bedeutung" bis 5 = „sehr große Bedeutung") unterzogen. Die Bewertung jedes Einzelkriteriums wird anschließend durch die Gesamtsumme der Bewertung aller Auswahlkriterien dividiert; der sich ergebende Wert entspricht der prozentualen Gewichtung des Kriteriums (*siehe Tab. 6-1*).

Die absolute Gewichtung ist die einfachste Methode zur Ermittlung von Gewichtungsfaktoren für eine anschließende Bewertung. Anhand einer einfachen vorgegebenen Werteskala werden Einstufungen für jedes Bewertungskriterium vorgenommen. Die unterschiedlichen Sichtweisen der am Prozess Beteiligten müssen zur Erstellung der Bewertungsstruktur herangezogen werden (in der Regel durch Teamarbeit). Jedes Bewertungskriterium erhält eine prozentuale Gewichtung seiner Bedeutung für das Produkt bzw. den Werkstoff.

Paarvergleiche (oder Matrixverfahren)

Ein unkomplizierter Weg ermöglicht bei einer Zahl n an Anforderungskriterien B_i $(i = 1 \dots n)$, diese im *Paarvergleichsurteil* zu gewichten. In einer Matrix werden die Vergleichsergebnisse eingetragen; die Zahl der Höherbewertungen für das jeweilige Anforderungskriterium ist auszuzählen. Wird dieses Resultat auf die mögliche Gesamtpunktzahl normiert, ist der gesuchte Gewichtungsfaktor α_i des „i"-ten Bewertungsmerkmals B_i gefunden.

Das Verfahren setzt bei n Anforderungskriterien $N = \frac{1}{2} \cdot n \cdot (n-1)$ Entscheidungen voraus und ist daher nur für eine geringe Zahl an Anforderungskriterien sinnvoll. Die Zahl der notwendigen Paarvergleiche steigt mit der Anzahl der Prüfmerkmale rasch an.

Tab. 6-2: Ermittlung von Gewichtungsfaktoren durch Paarvergleiche

Paarweiser Vergleich					
Beurteilungskriterium	(Eintrag des höherbewerteten Kriteriums)				
	B_1	B_2	B_3	B_4	
B_1					
B_2	B_1				
B_3	B_3	B_2			
B_4	B_4	B_2	B_4		Summe
Zahl der Höherbewertungen	1	2	1	2	$\Sigma = 6$
Normierter Gewichtungsfaktor α in %	$(\frac{1}{6} =)$ 16,7	$(\frac{2}{6} =)$ 33,3	$(\frac{1}{6} =)$ 16,7	$(\frac{2}{6} =)$ 33,3	$\Sigma = 100$

Am Beispiel von vier Beurteilungskriterien sei das Vorgehen anhand der erforderlichen sechs Paarvergleiche in *Tab.* 6-2 dargestellt.

Der Paarvergleich ist bei einer geringeren Zahl an Beurteilungskriterien eine einfach anwendbare Methode, um die Ermittlung der Gewichtungsfaktoren einer Bewertung nachvollziehbar zu gestalten.

Zielsysteme

Bei einer Vielzahl von Anforderungskriterien fördert die aus der *Wertanalyse* und Konstruktionslehre bekannte Methodik des *Zielsystems* (*siehe* /8/, 34/ u. a.) eine wirklichkeitsgerechte Abschätzung von Bewertungskriterien. Dazu werden diese übersichtlich in hierarchischen Ebenen strukturiert. *Die Baumstruktur ermöglicht die Reduzierung der gleichzeitig gegeneinander abzuschätzenden Zahl an Kriterien im Hinblick auf ihre Bedeutung im Anforderungsprofil.*

Je nach Anzahl ist ein mehrstufig gestaffeltes System aufzubauen, welches zunächst in einer Ebene 1 die Beurteilungskriterien von einer globaleren (weitsichtigen) Betrachtungsweise Oberbegriffen zuordnet (z. B. hohe Wirtschaftlichkeit des Werkstoffs oder hohe Funktionalität). Diese haben meist noch keinen spezifischen Bezug zu Materialeigenschaften. In Ebene 2 werden diesen ersten Gliederungsmerkmalen nun Werkstoffeigenschaften zugerechnet, oder es entstehen erneut Oberbegriffe, die erst in der dritten Ebene Materialeigenschaften erkennen lassen (z. B. geringe Fertigungszeiten: Aufschlüsselung in gute Zerspanbarkeit, gute Fügbarkeit etc.). Durch die Aufteilung allgemein formulierter Anforderungen in Ebenen bis hinunter zu den Materialeigenschaften wird das Zielsystem für die Ermittlung der Gewichtungsfaktoren beschrieben.

Der entscheidende Kunstgriff für den Erhalt objektivierter Gewichtungsfaktoren erfolgt nun durch die getrennte Bewertung der Bedeutung in den Ebenen. Die geringe Zahl an Beurteilungskriterien der Ebene 1 ist so mit Gewichtungsfaktoren zu belegen (gegebenenfalls mit einer der bereits aufgeführten Methoden), sodass ihre Gesamtsumme 100 % ergibt. Entsprechend sind die in der baumartigen Struktur zu einem Sammelbegriff gehörigen Anforderungskriterien ebenfalls so zu gewichten, dass auch

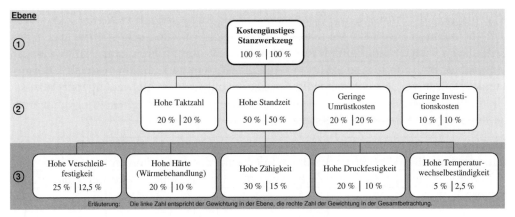

Abb. 6-1: Zielsystem für die Materialanforderung eines Stanzwerkzeugs

die Summe ihrer Faktoren die 100%-Regel erfüllt. Dieses Vorgehen ist für alle unter einem Oberbegriff gefassten Anforderungen gleich welcher Ebene zu wiederholen.

Der Vorteil des Verfahrens wird deutlich: Die gegenseitige Gewichtung erfolgt stets mit einer überschaubaren Anzahl an Merkmalen, sodass das menschliche Urteilsvermögen zuverlässige Werte liefern kann.

Als abschließender Schritt sind für die in der untersten Ebene platzierten Werkstoffeigenschaften die Gewichtungsfaktoren bezogen auf das Gesamtsystem zu ermitteln. Dazu ist jeweils der Gewichtungsfaktor des Kriteriums mit dem Gewichtungsfaktor der dazugehörigen übergeordneten Begriffe zu multiplizieren. *Abb. 6-1* zeigt beispielhaft ein vereinfachtes Zielsystem für die Materialanforderungen eines Stanzwerkzeugs.

Das Ziel der Wirtschaftlichkeit (Ebene 1) wird durch vier untergeordnete Ziele der Ebene 2 beschrieben, deren Gewichtungssumme innerhalb der Ebene 100 % beträgt. In Ebene 3 wird das Ziel der „hohen Standzeit" über fünf Werkstoffanforderungen näher beschrieben. Sie werden gegeneinander gewichtet (linke Prozentangaben) und sind in Summe (unterhalb des Oberbegriffs) wieder 100 %. Durch Multiplikation mit dem Gewichtungsfaktor des höherwertigen Ziels (in diesem Fall 50 %) ermittelt sich die Gewichtung der untergeordneten Ziele im Gesamtzielsystem (rechte Prozentangaben). Eine Abschätzung ohne Zielsystem, beispielsweise der Temperaturwechselbeständigkeit, hätte sicherlich nicht eine Wertigkeit von 2,5 % erbracht.

Zielsysteme bieten bei einer großen Zahl an Beurteilungskriterien die Möglichkeit, die Gewichtungsfaktoren objektiver und nachvollziehbarer zu ermitteln.

6.2.4 Auswertemethoden für die Erstellung von Ranglisten

Wie bereits angesprochen, sind beim nun folgenden Auswerten und dem daraus resultierenden Erstellen einer Rangfolge für die Eignung der Werkstoffe je nach Anzahl der Ziele eindimensionale und mehrdimensionale Verfahren zu unterscheiden. *In der*

Regel erfolgt die Auswahl von Werkstoffen unter Einbeziehung mehrerer Ziele. Wer den für mehrdimensionale Verfahren notwendigen Aufwand scheut bzw. wer unter zeitlichen Zwängen eine komplexere Analyse nicht durchführen kann, sollte wenigstens versuchen, durch eine Abfolge (Aufeinanderreihung) eindimensionaler Bewertungsverfahren zu den unterschiedlichen Zielsetzungen das Auswahlergebnis abzusichern. Eine andere Möglichkeit ist die Reduzierung auf nur ein Ziel: Als Hauptanforderung steht dann meist die Wirtschaftlichkeit im Vordergrund.

Im Folgenden werden einige Auswertemethoden vorgestellt, die in der Literatur bereits ausführlich diskutiert sind. Anhand der Zahl der Bedingungen (Anforderungen, Kriterien) sowie der Zahl der Ziele werden unterschiedliche Fälle der Auswertung behandelt.

6.2.4.1 Bewertungsverfahren ohne Gewichtung der Bewertungsmerkmale

Es ist wiederum zwischen *eindimensionalen und mehrdimensionalen Bewertungsmethoden* zu unterscheiden. Zunächst sei der einfachste Fall betrachtet: Nur ein Kriterium (Ziel oder Bedingung) soll zur Bewertung (und Auswahl) genutzt werden.

Eindimensionale Bewertungsmethode ohne Gewichtung

Dieses Verfahren wird angewendet, wenn nur eine Zielsetzung und eine Bedingung vorhanden sind. Dies ist äußerst selten der Fall; meist ist dann das *alleinige Ziel des Auswahlprozesses die Kostenoptimierung des Bauteils* und damit die Reduzierung aller werkstoffbedingten Kosten (*vergleiche Abschnitt 4.4.3*).

Für diesen einfachen Fall werden z. B. die Kosten als Funktion von Materialkennwerten (*vergleiche /35/*) ausgedrückt („cost per unit property") und diese zum Vergleichskriterium erhoben. Ausgehend von der in Abschnitt 5.4 vorgestellten, aus der Funktion des Bauteils abgeleiteten *Zielfunktion* der gestellten Hauptanforderung wurden drei Indizes bestimmt: der *Funktionsindex*, der *Geometrieindex* und der *Materialindex*. Es gilt das Minimum der Zielfunktion bezüglich des Materialindex zu ermitteln.

Im Beispiel der knickgefährdeten Drucksäule ergab sich für die Zielfunktion „Kosten"

$$K = \left(\frac{4 \cdot k^2}{\pi}\right)^{0,5} \cdot F_D^{0,5} \cdot \ell^2 \cdot \left(\frac{k_v}{E^{0,5}}\right).$$

Die Einbaubedingungen (Wert k), die angreifende Druckkraft F_D sowie die Länge des Bauteils ℓ sind für alle untersuchten Materialien gleich. In die spezifischen Werkstoffkosten k_v sollten – soweit möglich – nicht nur die Kosten des Rohmaterials, sondern auch die Kosten für Fertigung, Prüfung, Reparatur und Wartung, Recycling etc. miteinbezogen werden, sodass alle anfallenden *materialspezifischen Bauteilkosten während der Produktlebensdauer* berücksichtigt sind. Dass sich dies sehr schwierig gestaltet, wurde bereits in Abschnitt 4.4.3 diskutiert; relativ grobe Abschätzungen reichen aber in der Regel aus, um die geeigneteren Werkstoffe in der Konzept- und Entwurfsphase herauszufiltern.

Das Auswahlkriterium für die Werkstoffe wird in unserem Fall mit dieser Methode allein durch den kostenspezifischen Materialindex ($k_v/E^{0,5}$) beschrieben. Für die unterschiedlichsten Materialien lassen sich aus Datenbanken (oder anderen Informationssystemen) die Eigenschaften E und k_v ermitteln und die berechneten kostenkorrigierten Materialindizes der Größe nach einem tabellarischen Ranking unterziehen (*vergleiche Tab. 5-2*). Der Werkstoff mit dem kleinsten Wert ist bezüglich der Anforderungscharakteristik des Bauteils das am besten geeignete Material.

Sind keine weiteren Bedingungen vorhanden, so ergeben sich auch keine weiteren Ranglisten der Eignung. Die vorgeschlagene Methodik ist dabei genauer als die ausschließliche Betrachtung der Relativkosten, da sie die technische Anforderung an die Knicksicherheit der Drucksäule miteinbezogen hat.

Die Vorgehensweise ist der Zielsetzung entsprechend anzupassen. Zum einen können mechanische, physikalische oder chemische Werkstoffeigenschaften Bezugsgrößen für einen kostenkorrigierten Materialindex stellen. Zum anderen führen funktionelle (oder andere) Zielsetzungen zu Materialindizes, in denen die Relativkosten nicht erscheinen.

Spielt alleine ein Ziel (z. B. niedrige Kosten) bei der Materialauswahl die Rolle, kann eine Rangliste der Eignung anhand des kostenspezifischen (oder anforderungsspezifischen) Materialindex (bzw. mit größerer Unschärfe durch die Eigenschaft Relativkosten) durch Sortieren nach Größe erstellt werden.

Anwendung auf mehrdimensionale Aufgabenstellungen

Sind mehrere Bedingungen bei einem Ziel oder mehreren Zielen vorhanden, ist es eine wenig aufwendige Methode, die Bewertungsmerkmale gleichgewichtig zu behandeln. Wie in der bisherigen Analyse des Auswahlprozesses gezeigt, leiten sich für Anforderungen Bedingungsgleichungen zu den jeweiligen Zielfunktionen ab. Daraus ergeben sich unterschiedliche anzuwendende Materialindizes. Darüber hinaus haben andere Randbedingungen zu Grenzbedingungen bei Materialeigenschaften geführt.

Somit könnte für jede Materialeigenschaft bzw. für jeden Materialindex eine Rangliste der Eignung entsprechend dem vorangegangenen Verfahren erstellt werden. Die Auswertung aller Rankings führt zu einer *Abschlussrangliste*, die sich aus den *Schnittmengen der Materiallösungen* der jeweils unabhängig voneinander untersuchten Bewertungsmerkmale ergibt. Eine Problematik bei der Erstellung der Abschlussrangliste ist das Sortierkriterium. Durch die Gleichgewichtung der Merkmale ist der Abschlussrangplatz eines Materials bei einer Vielzahl zu kombinierender Ranglisten schwierig zu ermitteln. Allerdings hat die große Zahl an Bewertungsmerkmalen bereits dazu geführt, dass nur eine kleine Lösungsmenge verblieben ist. Ihre Vertreter können im weiteren Entwicklungsprozess weiter untersucht werden. Falls eine Abschlussrangliste erwünscht wird, ist der Mittelwert der Ranglistenplätze eines Materials ein mögliches Sortierkriterium. Oder man unterwirft die stark reduzierte Zahl an Lösungskandidaten einer gewichteten Bewertung (*vergleiche Abschnitt 6.2.4.2*).

Diese *höhere Zahl an Bewertungsmerkmalen* kann auch zu einer *Aufwandsreduzierung bei der Materialsuche* verwendet werden. Zunächst wird ein Bewertungsmerkmal zum Auffinden möglicher Materiallösungen gesucht. Anhand der daraus resultierenden Rangliste kann unter den möglichen Kandidaten eine zweite Suche mit einem zweiten Bewertungsmerkmal erfolgen. In der Abfolge der Bewertungen wird die Zahl der Materiallösungen immer stärker eingeengt. Problematisch ist auch bei dieser Vorgehensweise die Zuweisung eines Abschlussrangplatzes für einen Werkstoff (*siehe vorherige Seite*).

In dieser logisch erscheinenden Vorgehensweise liegt ein weiterer großer Nachteil: Die Ziele und Anforderungen wurden gleichgewichtet, was dem realen Anforderungsprofil des Bauteils bzw. dessen Werkstoff in der Praxis fast nie entspricht. Daher ist das Verfahren auch nur in Einzelfällen zu empfehlen, z. B., wenn eine Anforderung und ein Ziel das Bauteil dominieren oder eine rasche Auswertung erfolgen muss.

Werden für alle (gleichgewichtig betrachteten) Bewertungsmerkmale (Materialindizes und -eigenschaften) Ranglisten der Eignung durch Sortieren nach Größe erstellt, so kann für die dann vorliegenden Einzelrankings eine Gesamtranking durch die Untersuchung der Schnittmengen erfolgen. Sind die Bewertungsmerkmale bereits zur Vorauswahl bekannt, so kann durch fortlaufende Anwendung der Kriterien für die Suche sukzessiv die Zahl der Materiallösungen eingeschränkt werden und ein Abschlussranking verbleibt.

6.2.4.2 Methode der gewichteten Punktebewertung

Die angesprochene Problematik der unterschiedlichen Bedeutung konstruktiver Bedingungen (Anforderungen) und der Optimierungsziele von Bauteilen werden – wie ausgeführt – auf klassische Weise mittels Gewichtungsfaktoren gelöst. Ihre Ermittlung erfolgt auf eine der in Abschnitt 6.2.3 beschriebenen Art und Weise. Das Ergebnis sind die den Bewertungskriterien B zugeordneten Gewichtungsfaktoren α.

Zu den *Bewertungs*- oder *Beurteilungskriterien B* gehören *Eigenschaftwerte E* der Materialien. Wie bereits ausgeführt, ist eine Bewertungsmethode nur für *quantitative Werkstoffeigenschaften* sinnvoll, wobei an die mögliche Klassifizierung qualitativer Eigenschaften in Stufen z. B. von 1 bis 5 erinnert werden soll.

Tab. 6-3: Schema einer Vergleichsliste bei ungewichteter Bewertung

Ungewichtete Bewertung (Vergleichsliste)					
Bewertungsmerkmal	B_1	B_2	B_3	$\rightarrow$	B_n
Eigenschaftsgröße	E_1	E_2	E_3	$\rightarrow$	E_n
Werkstoff 1	E_{11}	E_{21}	E_{31}	$\rightarrow$	E_{n1}
2	E_{12}	E_{22}	E_{32}	$\rightarrow$	E_{n2}
3	E_{13}	E_{23}	E_{33}	$\rightarrow$	E_{n3}
4	E_{14}	E_{24}	E_{34}	$\rightarrow$	E_{n4}
$\downarrow$	$\downarrow$	$\downarrow$	$\downarrow$	...	$\downarrow$
k	E_{1k}	E_{2k}	E_{3k}	$\rightarrow$	E_{nk}

Für n Bewertungsmerkmale sind die Eigenschaftswerte E_{ij} von k Werkstoffen gegeben. Der Index i definiert das Bewertungsmerkmal $(i = 1 \dots n)$, der Index k das Material $(j = 1 \dots k)$. Die Eigenschaftsgröße E_{ij} ist somit die „i"-te Eigenschaft (zur Bewertung des „i"-ten Bewertungsmerkmals) des „j"-ten Werkstoffs. Entsprechend den Verfahren der Konstruktionsmethodik kann nun diese bisher *ungewichtete Vergleichsliste (siehe Tab. 6-3) bezüglich ihrer Bedeutung gewichtet werden.* Unter die Materialeigenschaften E_{ij} seien – wie in den vorangegangenen Abschnitten – auch die abgeleiteten Materialindizes gezählt, die die zugeordneten Anforderungen quasi vertreten.

Die Vergleichsliste (oder -tabelle) der untersuchten Materialien beinhaltet die Eigenschaftsgrößen zu allen aus Anforderungen erwachsenen Bewertungsmerkmalen.

Direkte Gewichtung der Eigenschaftsgrößen

Diese Vergleichsliste ist in eine *gewichtete Bewertung* zu überführen. Dazu sind die Summenprodukte der *Gewichtungsfaktoren* α_1 bis α_n des jeweiligen Beurteilungskriteriums und der Eigenschaftsgrößen E_1 bis E_n für jeden Werkstoff zu berechnen:

$$N_j = \sum_{i=1}^{n} \left(\alpha_i \cdot E_{ij} \right).$$

Die Gesamtpunktzahl entspricht der Einstufung des *Gesamtnutzwerts N_j* (oder auch *„Material-Performance-Index"*) des „j"-ten Werkstoffs, und die Materiallösung mit dem höchsten Wert ist am besten für die Konstruktionsaufgabe geeignet.

Diese einfachste aller Vorgehensweisen mit Gewichtungsfaktoren hat starke Schwächen, da bereits durch die unterschiedliche absolute Größe einer Eigenschaft, die zudem von der Wahl der Einheiten abhängig ist (z. B. 100 N/mm² = 10.000 N/cm²), drastische Veränderungen in der Rangliste verursacht werden. So wird bei der Summenbildung nicht berücksichtigt, ob Elastizitätsmodule möglicherweise in N/mm² und Dichten in g/dm³ in die Berechnung eingehen. Bei Stahl ergibt sich mit $E = 210.000$ N/mm² gegenüber einer Dichte von $\rho = 7{,}8$ kg/dm³ eine völlige Untergewichtung des Bewertungsmerkmals Dichte.

Durch Bildung des Summenprodukts aus den Gewichtungsfaktoren und den Eigenschaftsgrößen eines Werkstoffs für alle Bewertungsmerkmale wird ein Gesamtnutzwert oder Material-Performance-Index gebildet, der als Maß für die Eignung des Materials für die gestellte Konstruktionsaufgabe dient.

Normierung der Eigenschaftsgrößen bei unterschiedlichen Bewertungsrichtungen

Aufgrund dieses Effekts ist eine Normierung der Eigenschaftsgrößen sowie die Verwendung von Gewichtungsfaktoren $\alpha_i < 1$ *(vergleiche Abschnitt 6.2.3)* anzuraten. Die Gesamtsumme aller Gewichtungsfaktoren $\Sigma \alpha_i$ wird zweckmäßig auf 100 % (=1) festgesetzt.

Zum Normieren der Eigenschaftsgrößen E_{ij} („i"-te Eigenschaft des „j"-ten Werkstoffs) auf sinnvolle dimensionslose Größen wird je nach *Anforderungsprofil* in Abhängigkeit von der *Bewertungsrichtung* der größte bzw. der kleinste auftretende Werkstoffkennwert (Referenzgröße) aus der Gruppe der betrachteten Werkstoffe gesucht. Für den „*i*"-ten normierten Eigenschaftswert $E_{ij}*$ des „*j*"-ten Werkstoffs ermittelt sich je nach Bewertungsrichtung

$$E_{ij}^* = \frac{E_{ij}}{max\,(E_{i1}, E_{i2}, E_{i3}, \ldots, E_{ik}\,)} \quad \text{bzw.} \quad E_{ij}^* = \frac{min\,(E_{i1}, E_{i2}, E_{i3}, \ldots, E_{ik}\,)}{E_{ij}}.$$

Beim Fehlen von Werkstoffkenngrößen und der rein attributiven bzw. qualitativen Bewertung von Werkstoffeigenschaften, wie beispielsweise die Eignung für Fertigungsverfahren (Gießbarkeit, Schweißbarkeit, Umformbarkeit etc.), für Korrosionsbeständigkeit u. a. ist eine Fünfpunkteskala für eine Einstufung völlig ausreichend und einem schnellen Konsens unter den Beurteilenden zuträglich. Stärker aufgespreizte Skalen (z. B. „1" bis „10") sind in dieser Entwurfsphase des Auswahlprozesses nur Anlass für unnötige Diskussionen um Punkte und schaffen eher weniger als mehr Transparenz bei der Bewertung.

Durch die Normierung ist die Bewertung für ein Beurteilungskriterium auf maximal hundert Prozent eingeschränkt („*Ideallösung*"). Die prozentuale Gewichtung der Eigenschaftswerte bewirkt in der Vergleichsliste eine deutlich bessere Differenzierung zwischen den Materialien und kompensiert die oben genannten kritischen Größenunterschiede in einem Bewertungskriterium. Für den Gesamtnutzwert des „*j*"-ten Werkstoffs einer Gruppe von *p* Materialien gilt für eine Anzahl *o* positive, nach oben gerichtete bzw. *u* negative, nach unten gerichtete Bewertungsrichtungen

$$N_j = \sum_{i=1}^{u} \left(\alpha_i \cdot \frac{min\,(\,E_{i,\,j=1\ldots p}\,)}{E_{i,\,j}} \right) + \sum_{k=1}^{o} \left(\alpha_k \cdot \frac{E_{k,\,j}}{max\,(\,E_{k,\,j=1\ldots p}\,)} \right).$$

Der Werkstoff mit dem höchsten Nutzwert hat sich aus der Betrachtung als der am besten geeignete Werkstoff für die untersuchte Konstruktionsaufgabe qualifiziert. Auch der Nutzwert kann aufgrund seiner Definition maximal 100 % betragen.

Bei der Berechnung des Gesamtnutzwerts ist aufgrund der unterschiedlichen Größenordnungen der Materialkennwerte je nach Bewertungsrichtung eine Normierung auf den jeweils maximalen oder minimalen Eigenschaftswert innerhalb eines Bewertungsmerkmals sinnvoll. Im anderen Fall tritt eine Verzerrung der Gewichtung auf, welche die Vorgehensweise der Gewichtung in Frage stellt.

Die Betrachtung der Terme, nach denen die Punktzahlen für die unterschiedlichen Bewertungsrichtungen berechnet werden, entspricht für negative Bewertungsrichtungen (linker Term, z. B. niedrige Verschleißraten) einer Hyperbelfunktion mit $1/E_{ij}$. Die ermittelten Punktzahlen der positiven Bewertungsrichtung (rechter Term, z. B. hohe Festigkeit) folgen hingegen einer linearen Funktion (proportional E_{ij}). Beide Punktzahlen der Bewertungsrichtungen bleiben vereinbarungsgemäß stets kleiner/gleich Eins. Der Abstand des Eigenschaftswerts von der Referenzgröße (je nach dem Maximum oder Minimum aller Eigenschaftswerte) wird jedoch für die entgegengesetzten Bewertungsrichtungen aufgrund der unterschiedlichen Funktionsverläufe verschieden betont.

Aus diesem Umstand resultiert der Nachteil, dass mit dem Wegfall eines Auswahl-kandidaten (und damit gegebenenfalls einer Referenzgröße) ein verändertes Ranking der übrig gebliebenen Lösungskandidaten erwächst. Dieses Verhalten tritt insbeson-dere auf, wenn einer der ausscheidenden Werkstoffe den Referenzwert, d. h. den mini-malen bzw. maximalen Eigenschaftswert, gestellt hat. Dennoch ist das Verfahren für grundlegende Aussagen über die Eignung des Werkstoffs bestens geeignet, da es so-wohl Gewichtungsfaktoren als auch die Bewertungsrichtung in die Berechnung der Rangliste miteinbezieht. Eine weitere Betrachtung der Auswirkungen erfolgt in Ab-schnitt 6.2.4.3.

Nachteilig bei der Ermittlung des Gesamtnutzwerts eines Materials bei Berücksich-tigung der Bewertungsrichtung ist die unterschiedliche Empfindlichkeit bei Abwei-chung einer Eigenschaftsgröße von der Referenzgröße. Letztere entscheidet über das Ranking eines Materials mit. Trotz dieser Unschärfen ist das Verfahren eine gute Methode für die Erstellung der Rangliste.

Die vorbeschriebene Methode verwendet als Bezugsgröße der Eigenschaftswerte je-weils die maximal bzw. minimal auftretenden Kennwerte der vorausgewählten Mate-rialien. Da aus der Anforderungsliste des Werkstoffs und aus grundlegenden Berech-nungen und Betrachtungen durchaus bereits klare Wertvorstellungen für An-forderungen vorliegen, verwenden nachfolgende Methoden und ihre Varianten die Grenz- und Zielwerte der Materialanforderungsliste zur Ermittlung von Vergleichs-werten. Da die Verfahren die Bewertungsrichtung nicht differenzieren, ist für alle Kriterien auf eine einheitliche, üblicherweise positive Richtung zu achten.

6.2.4.3 Einbeziehung von Grenzwerten sowie Zielwerten der Materialanforde-rungsliste

Die bisherigen Verfahren haben Eigenschaftswerte von Werkstoffen miteinander ver-glichen und unter Berücksichtigung von Gewichtungsfaktoren je nach Bewertungs-richtung in einen Nutzwert (oder Gebrauchswert) überführt. Diese wurden für ein Ranking der Werkstoffe verwendet.

Die *Materialanforderungsliste* führt aber weitere, bisher noch nicht berücksichtigte Bedingungen auf: Für Eigenschaftsgrößen können Zielwerte abgeleitet sein, die für die Funktionalität eines Bauteils von Bedeutung sind. Ashby /1/ löst diese Problematik, indem er Zielwerte und Bedingungen so verknüpft, dass Eigenschaftswerte in an-forderungsgerechte Materialindizes überführt werden. Diese haben entsprechende positive und negative Bewertungsrichtungen und ermöglichen ein Ranking nach der oben beschriebenen Methode (*vergleiche Abschnitt 5.4*).

Wer den analytischen Weg scheut, die zielführenden Materialindizes zu identifizieren und für die Auswahlkandidaten zu berechnen, kann eine von Farag /35/ als „Limits on Properties Method" vorgestellte Vorgehensweise nutzen. Basis der Bewertung ist, dass die Anforderungen an den Werkstoff die bereits diskutierten unterschiedlichen Bedin-gungen für seine Eigenschaftswerte liefern. Je nachdem ist es erwünscht, dass Eigen-schaftsgrößen

- *nicht überschritten (Obergrenzen) werden,*
- *nicht unterschritten (Untergrenzen) werden oder*
- *genau definierte Werte annehmen (Zielgrößen) sollen.*

Wie Grenz- oder Zielwerte sich aus den Abhängigkeiten zwischen unterschiedlichen Anforderungen an das Bauteil ergeben, haben bereits Beispiele in Abschnitt 4.3.2 aufgezeigt.

Die systematische Bewertung muss gewährleisten, dass eine geringere Abweichung vom Grenzwert bzw. eine bessere Übereinstimmung eines Eigenschaftswerts mit einer Zielgröße zu einer besseren Bewertung des Auswahlkandidaten in Bezug auf die Eigenschaftsgröße führt. In der Gesamtheit der Bewertung sind die Anforderungen wiederum durch Gewichtungsfaktoren gegeneinander abzuwiegen.

Farag /35/ berechnet einen „*merit parameter*" m (im Folgenden als *Ranking- oder Vergleichsfaktor* bezeichnet). Für die am besten geeigneten Werkstoffe bleibt dieser Vergleichsfaktor klein, was die geringeren Abweichungen von den geforderten Eigenschaftsgrenzen zum Ausdruck bringt.

Liegen eine Anzahl n_u einzuhaltende *Untergrenzen* G_u, eine Anzahl n_o einzuhaltende *Obergrenzen* G_o und eine Anzahl n_z Zielwerte G_z vor, so sind die jeweiligen Eigenschaftswerte E_j des „j"-ten Werkstoffs im Verhältnis zu den Grenzwerten oder den Abweichungen zum Zielwert zu gewichten. Der Vergleichsfaktor m_j ergibt sich zu

$$m_j = \sum_{k=1}^{n_u}\left(\alpha_k \cdot \frac{G_{uk}}{E_{kj}}\right) + \sum_{m=1}^{n_o}\left(\alpha_m \cdot \frac{E_{mj}}{G_{om}}\right) + \sum_{p=1}^{n_z}\left(\alpha_p \cdot \left|\frac{G_{zp}-E_{pj}}{G_{zp}}\right|\right).$$

Im Gegensatz zur Berechnung des Nutzwerts (*vergleiche Abschnitt 6.2.4.2*) wird nicht auf die Minimal- und Maximalwerte der Materialeigenschaft eines Bewertungskriteriums referenziert, sondern auf die geforderten Grenzen und Zielgrößen der Anforderung. Der „ideale" Werkstoff besitzt (im Hinblick auf stets positive Bewertungsrichtungen) einen Vergleichsfaktor von Eins (100 %). Damit ist der *Rankingfaktor* nicht nur ein Vergleichsmaß für die Eignung eines Werkstoffs, sondern zeigt auf, wie nahe er an die Ideallösung heranreicht.

Um der wirtschaftlichen Seite der Werkstoffwahl ein stärkeres Gewicht zu geben, empfiehlt Farag /35/, bei der Berechnung des Rankingfaktors *m* zunächst nicht den Kostenaspekt zu berücksichtigen. Mit der oberen Grenzwertbedingung eines Kostenlimits K_o erfolgt diese Bewertung in einem zweiten Schritt. Mit den Werkstoffkosten K_j korrigiert sich der *Rankingfaktor* zu

$$m_j^* = \left(\frac{K_j}{K_o}\right) \cdot m_j.$$

Die Berechnungsmethode ist leider stark abhängig von der Anzahl der Werkstoffe und der Größe der Eigenschafts-, Grenz- und Zielwerte. Auch bei diesem Verfahren variieren je nach Wahl der Einheiten die absolute Größe der zu bewertenden Eigenschaft und damit die ermittelte Rangfolge (*vergleiche Abschnitt 6.2.4.2*).

Eine weitere Problematik besteht in der Bewertung der Grenzbedingungen. Eine obere und untere Grenzbedingung kann einen ausschließenden Charakter (Ausschlusskriterium) für eine Suche darstellen. Liegt der Eigenschaftswert eines Materials oberhalb bzw. unterhalb eines Grenzwerts, so nimmt er dennoch an der Berechnung des Vergleichsfaktors teil. *Es müssen daher alle Werkstoffe, die gegen die Grenzbedingung verstoßen, bereits vor der Ermittlung der Vergleichsfaktoren ausgeschlossen werden, um eine fehlerhafte Materialwahl zu vermeiden.* Diese Vorabauswertung ist jedoch ohne großen Aufwand möglich.

Ein weiterer Kritikpunkt ist die *ungleichgewichtige Verteilung der Punkte*, was sich kontraproduktiv zur Bewertung mit Gewichtungsfaktoren verhält. Das Ergebnis wird dadurch verfälscht. Die Entstehung des Ungleichgewichts sei näher betrachtet. Mit der Vorgabe eines unteren Grenzwerts G_u folgt die Bewertung der Eigenschaftsgröße der Hyperbelfunktion (G_u/E_j). Je stärker E_j unter G_u fällt, desto stärker steigt die Punktzahl. So würden die Rankingfaktoren zweier Werkstoffe $E_{11} = 200$ und $E_{12} = 400$ bei einem unteren Grenzwert $G_u = 300$ einen (ungewichteten) Punktezuwachs für Material 1 von $(\frac{300}{200} = 1,5)$ bzw. für Material 2 von $(\frac{300}{400} = 0,75)$ erfahren. Die größere Unterschreitung des Grenzwerts wird somit sinnvollerweise mit einer deutlich höheren Punktzahl „bestraft".

Im Falle eines oberen Grenzwerts G_o werden gleiche Abweichungen mit dem Faktor (E_j/G_o) gleichgewichtig bewertet. Eine Überschreitung wird somit nicht in demselben Maße bestraft wie die Unterschreitung einer Untergrenze. Diese nachteilhafte Ungleichgewichtigkeit bei der Bewertung der Abweichungen zu Ober- und Untergrenzen führt zu einer leichten Unschärfe bei der Auswertung der Ranglistenplätze. Das Verfahren weist jedoch eine ausreichende Genauigkeit hinsichtlich der Eignung des Materials auf. Grundsätzlich sollte aber nicht dogmatisch an der Rangfolge festgehalten werden, falls zwei Alternativen in ihrem Ranking nahe beieinanderliegen.

> Die Einbeziehung der Grenzwerte und Zielgrößen von Materialanforderungen erfolgt durch die Berechnung von Vergleichsfaktoren (oder Rankingfaktoren) und führt zu einer Rangliste der Eignung. Die Faktoren weisen ebenfalls aus, wie sehr sich die Eigenschaftsprofile der Materialien mit dem Anforderungsprofil des „idealen" Werkstoffs (definiert durch die Materialanforderungsliste) decken.
> Verfahrensbedingte Unschärfen stellen das Verfahren nicht in Frage. Allerdings dürfen Werkstoffe, die gegen Ausschlusskriterien verstoßen, nicht in die Analyse einbezogen werden.

6.2.5 Bewertungsverfahren im Überblick

Die wichtigsten Aspekte bei der Wahl eines Bewertungsverfahrens sowie bezüglich der Methode seien nochmals zusammenfassend aufgeführt.

> Die aufgeführten Verfahren haben ausnahmslos das Ziel, *Ranglisten für die Eignung werkstoffspezifischer Eigenschaftsprofile im Hinblick auf eine Konstruktionsaufgabe (Anforderungsprofil) zu erstellen.*

> Die Komplexität der Bewertung ist vornehmlich an der Zahl der Anforderungen (Ziele, einschränkende Bedingungen) und ihrer Wechselwirkungen zu beurteilen.

Die einfachste Möglichkeit der Bewertung ist eine ungewichtete Bewertung, d. h., dass alle Beurteilungskriterien (und damit alle Materialanforderungen) die gleiche Bedeutung für die Konstruktionsaufgabe besitzen. Diese Vorgehensweise ist unrealistisch und daher nur für eine Aufgabenstellung geeignet, in der ein Bewertungsmerkmal dominiert (andere sollten zu einem späteren Zeitpunkt in die Bewertung miteinbezogen werden) oder in der eine rasche Auswertung erfolgen soll. Der Anwender sollte jedoch die größere Unschärfe des Ranglistenplatzes eines Materials mit ins weitere Kalkül ziehen.

Die *gewichtete Punktebewertung* ist aufgrund des Bekanntheitsgrads in Entwicklungsabteilungen am stärksten zu empfehlen. Über ein Tabellenkalkulationsprogramm (wie MS Excel) ist sowohl die Ermittlung der Gewichtungsfaktoren als auch die gewichtete Auswertung der Eigenschaftsgrößen einfach zu teilautomatisieren. Es kann je nach Verfahren der *Gesamtnutzwert oder der Rankingfaktor* (Vergleichsfaktor) eines Werkstoffs bestimmt werden. Letzterer erlaubt die zusätzliche Beurteilung gegenüber einer Ideallösung (entsprechend den Anforderungen der Materialanforderungsliste).

An den erzielten Rängen der Werkstoffe sollte nie unnachgiebig festgehalten werden; alle vorgestellten Bewertungsverfahren haben Stärken und Schwächen, die zu einer mehr oder weniger großen Unschärfe bei der Rangverteilung führen. Dennoch wird anhand der Rangfolge die Eignung von Werkstoffen für eine Konstruktionsaufgabe deutlich.

6.3   Ganzheitliche Auswahlmethode nach Ashby

Ashby /1/ stellt in seinem Buch „Materials Selection in Mechanical Design" eine Methode zur Werkstoffauswahl vor, die die *Wechselwirkungen von Material, Konstruktion (Gestalt, Form), Fertigung und Funktion* in eine Gesamtstrategie einbezieht (*vergleiche Abschnitt 4.1*). Wesentliche Vorgehensweisen wurden dafür in den vorangegangenen Abschnitten bereits vorgestellt. Das Gesamtkonzept, das wesentlich auf die Verwendung der übersichtlichen Werkstoffschaubilder zurückgreift, soll im Weiteren ausführlich beschrieben werden. Auch für die eng mit der Werkstoffwahl verknüpfte Wahl des Fertigungsverfahrens ergeben sich weitere Hinweise.
Beide Bestrebungen, den Entwickler sowohl bei der Werkstoffwahl als auch bei der Wahl des Fertigungsverfahrens zu unterstützen, findet Eingang in die Software „*Cambridge Engineering Selector*" (CES) der Fa. Granta Design Ltd. (Cambridge, Großbritannien), die in Abschnitt 6.3.6 mit weiteren Produkten des Unternehmens vorgestellt wird. Durch diese wird eine rasche Auswahl entsprechend der im Folgenden dargestellten, ganzheitlichen Methode der Materialsuche nach Ashby möglich.

6.3.1   Materialindizes in Werkstoffschaubildern

In den Werkstoffschaubildern von Ashby ist bereits alles für die Verwendung anwendungstypischer *Materialindizes* vorgesehen. So zeigt die *Abb. 5-17* den in Abschnitt hergeleiteten Materialindex $(k_v/E^{0,5})$ in Form einer *Designlinie* an. *Eine Designlinie bietet die Möglichkeit, auf grafische Art und Weise Lösungen zu erhalten.*

Weist man dem Materialindex $(k_v/E^{0,5})$ einen festen Wert m zu, ergibt sich in der doppelt-logarithmischen Darstellung eine Gerade im Werkstoffschaubild. Es gilt:

$$m = \frac{k_v}{E^{0,5}} \Rightarrow log(E) = 2 \cdot log(k_v) - 2 \cdot log(m) = 2 \cdot log(k_v) - K$$

mit $K = 2 \cdot log(m)$. Für unterschiedliche Konstanten K ergeben sich Geraden mit einer Steigung 2 im doppelt-logarithmischen System. Alle auf einer Geraden angeordneten Werkstoffe bzw. Werkstofffamilien sind gleichwertige Lösungen für die Suche. Sie unterscheiden sich lediglich in der Größe des Elastizitätsmoduls bzw. der spezifischen Werkstoffkosten. Höhere Elastizitätsmodule, welche die Steifigkeitsanforderungen erfüllen, dürfen entsprechend höhere Materialkosten aufweisen.

Für unterschiedliche Werte eines Materialindex ergeben sich in den Werkstoffschaubildern Designlinien, auf denen Materialien mit gleichem Materialindex liegen. Diese Linien sind im doppelt-logarithmischen Diagramm in der Regel Geraden.

Ist das Minimum einer Kostenfunktion gesucht z. B. für

$$K = \left(\frac{4 \cdot k^2}{\pi}\right)^{0,5} \cdot F_D^{0,5} \cdot \ell^2 \cdot \left(\frac{k_v}{E^{0,5}}\right)$$

(*vergleiche Abschnitt 5.4.3*), werden die Materialien mit kleinen Materialindizes gesucht. Das bedeutet, dass auch die K-Werte klein bleiben; die Steigung 2 bleibt davon unbeeinflusst. Damit ändert sich der „y-Achsenabschnitt" der Geraden in unserem Werkstoffschaubild. *Alle Designlinien mit unterschiedlichem K sind Parallelen zueinander. Für unsere Bewertungsrichtung (Minimalwert) sind Werkstoffe mit einem höheren K-Wert auf Parallelen oberhalb der gezeichneten Geraden $(k_v/E^{0,5})$ bessere Lösungen, alle darunter liegenden schlechtere.*

Der „y-Achsenabschnitt" im doppelt-logarithmischen Koordinatensystem findet sich bei $log(k_v) = 0$ folglich für $k_v = 1$. Mit der Einschränkung $m > 1,2$ aus der Materialanforderungsliste folgt für die Designlinie mit Steigung 2 ein Elastizitätsmodul als „y-Achsenabschnitt" ($k_v = 1$) mit dem Wert

$$E_{k_v=1} = \left(\frac{1}{1,2}\right)^2 \approx 1,4.$$

Zeichnet man eine Parallele zur vorgegebenen Designlinie durch den Punkt $k_v = 1$ und $E = 1,4$, erfüllen die oberhalb dieser Linie liegenden Materiallösungen die Bedingung $m > 1,2$.

Polypropylen (PP), Polyethylen (PE) und Aluminiumoxid Al_2O_3 liegen annähernd auf einer Parallelen zur Lösungsgeraden in *Abb. 5-17*. Auch die Mg-Legierungen befinden sich in dieser Größenordnung der K-Werte. Die niedriglegierten Stähle und die Al-Legierungen sind links oben vom möglichen Minimum 1,2 deutlich weiter entfernt. Die Blase der glasfaserverstärkten Kunststoffe (GFK) wird von unserer Lösungsgeraden durchschnitten. Je nach Vertreter werden die Bedingungen erfüllt oder nicht. Die rechts von der Designlinie befindlichen kohlenstofffaserverstärkten Kunststoffe (CFK) und die Titanlegierungen scheiden aus.

Sehr nahe an der Designlinie und bisher nicht untersucht sind das Polycarbonat (PC), die Bleilegierungen und die rostbeständigen Stähle, welche die Minimumbedingung $m = 1{,}2$ am besten erfüllen. Sie unterscheiden sich durch die Größe des Elastizitätsmoduls.

Die Designlinie, bei der ein aus einer Anforderung abgeleiteter Materialindex einen Grenzwert annimmt, teilt das Werkstoffschaubild in zwei Suchfelder mit Materiallösungen, die die Bedingung erfüllen bzw. nicht erfüllen. Die Gut- bzw. Schlechtseite wird durch die Art der Grenzbedingung (Bewertungsrichtung) definiert.

Die Werkstoffe, die auf der Seite der möglichen Kandidaten nahe an der Designlinie der Grenzbedingung platziert sind, sind bezüglich des Bewertungskriteriums am besten geeignet. Materialien, die auf Parallelen zur Designlinie weit entfernt liegen, sind weniger gut geeignet.

Tritt ein weiteres Kriterium auf, z. B. dass die Mindestfestigkeit des Materials 150 MPa beträgt, so ergibt sich aus anderen Werkstoffschaubildern (*Abb. 5-6* oder *Abb. 5-10* oder *Abb. 5-18*), dass nur noch wenige Materialien verbleiben: die rostbeständigen Stähle, die Magnesiumlegierungen, Vertreter der Aluminiumlegierungen, das Aluminiumoxid, aber auch Vertreter der glasfaserverstärkten Kunststoffe (GFK). Klare Favoriten sind die Stahlgruppe und das GFK, da sie sich näher am Minimum $m = 1{,}2$ befinden.

Je nach Anforderung ergeben sich für die Materialindizes Terme mit unterschiedlichen Werkstoffeigenschaften. Daraus können in den entsprechenden Werkstoffschaubildern Designlinien mit unterschiedlichen Steigungen konstruiert werden. Die Interpretation erfolgt in der bereits dargestellten Weise. Es ist lediglich zu beachten, ob ein Maximum oder Minimum gesucht wird und auf „welcher Seite" der grenzziehenden Designlinie damit die besseren bzw. schlechteren Lösungen liegen.

Falls Eigenschaftswerte bestimmte Grenzwerte nicht über- oder unterschreiten dürfen und damit Ausschlusskriterien (vergleiche Abschnitt 5.2) definieren, stellen sich diese Grenzwerte als vertikale oder horizontale Linien in den Werkstoffschaubildern dar. Sind diese im gleichen Schaubild darstellbar, engt sich das Suchfeld ein.

Können Designlinien für weitere Kriterien (insbesondere Ausschlusskriterien) in das Werkstoffschaubild eingezeichnet werden, so wird das Suchfeld für die Lösungen weiter eingeschränkt.

Anwendungstypische Materialindizes

Eine Aufstellung der *typischen Materialindizes* für *typische Anforderungsprofile* von Bauteilen des Allgemeinen Maschinenbaus zeigen *Tab. 6-4* bis *Tab. 6-7*. Sie ergeben sich aus anwendungsspezifischen Zielsetzungen und Funktionsgleichungen. Die *freien Konstruktionsparameter* zeigen an, welche der Größen bei der Ermittlung der Materi-

Tab. 6-4: Materialindizes für festigkeitsbegrenzte Auslegung mit dem Ziel „Geringes Gewicht"

Bestimmende Materialindizes für festigkeitsbegrenzte Auslegung von Bauteilen Ziel „Geringstes Gewicht"			
Funktion	**Bedingung (vorgegebene Größen)**	**Freie Konstruktionsparameter**	**Maximum für Materialindex**
Zug aufnehmen (Zugstab)	▪ Verlängerung, Länge	Fläche (Form)	σ_f / ρ
Torsion aufnehmen (Vollwelle)	▪ Last, Länge und Form	Fläche	$\sigma_f^{2/3} / \rho$
Torsion aufnehmen (Hohlwelle)	▪ Last, Außendurchmesser	Wanddicke	σ_f / ρ
	▪ Last, Wanddicke	Außendurchmesser	$\sigma_f^{0,5} / \rho$
Biegung aufnehmen (Balken)	▪ Last, Länge und Form	Fläche	$\sigma_f^{2/3} / \rho$
	▪ Last, Länge und Höhe	Breite	σ_f / ρ
	▪ Last, Länge und Breite	Höhe	$\sigma_f^{0,5} / \rho$
Druck aufnehmen (Drucksäule)	▪ Last, Länge und Form	Fläche	σ_f / ρ
Biegung aufnehmen (ebene Platte)	▪ Durchbiegung, Länge, Breite	Dicke	$\sigma_f^{0,5} / \rho$
Innendruck aufnehmen (Zylinder)	▪ Elastische Verformung, Druck und Außendurchmesser	Dicke	σ_f / ρ
Schwungrad (rotierende Scheiben)	▪ Maximale Energieaufnahme pro Kubikmeter, Geschwindigkeit	-	σ_f
	▪ Maximale Energieaufnahme pro Kilogramm, Geschwindigkeit	-	σ_f / ρ

alindizes in den Gleichungssystemen substituiert wurden. Eine genauere Betrachtung findet sich in /1/.

In Konstruktionen des Allgemeinen Maschinenbaus finden sich häufig die gleichen Materialindizes, jedoch in unterschiedlichen Kombinationen.

6.3.2 Vereinfachte Werkstoffauswahl mit Werkstoffschaubildern und Materialindizes

An drei Beispielen sei die vereinfachte Auswahl von Werkstoffgruppen in der Konzeptphase für eine gegebene Aufgabenstellung durch die Anwendung der Werkstoffschaubilder (*siehe Abbildungen in Abschnitt 5.3*) und von Materialindizes (*siehe Abschnitt 5.4*) veranschaulicht.

Beispiel 1: Ein Flügelwerkstoff für ein Passagierflugzeug

Die Anforderungen an den Flügel eines Passagierflugzeugs liegen hauptsächlich in der Festigkeit des verwendeten Strukturwerkstoffs und dem Verformungsverhalten des Flügels (Elastizitätsmodul). Der Flügel erfährt in seinem Einspannpunkt am Rumpf seine höchste Biegemomentenbelastung. An dieser Stelle ist eine plastische Verformung des Flügels unbedingt zu vermeiden; die Flügelenden dürfen nur eine begrenzte Durchbiegung erfahren. Leichte Werkstoffe sind zu wählen, um das Gesamtgewicht des Flugzeugs möglichst gering und damit die Zuladung möglichst hoch zu halten.

Unter Annahme einer vorgegebenen Fläche des Flügels, die einer aerodynamischen Gestaltung bedarf, muss gemäß *Tab. 6-4* ein Materialindex ($\sigma_f^{2/3}/\rho$) für eine festigkeitsbegrenzte Auslegung des Flügels mit dem Ziel „Geringstes Gewicht" für die Auswahl verwendet werden.

Zur Auswahl wird die Designlinie des gewählten Materialindex im Werkstoffschaubild „Festigkeit σ_f und Dichte ρ" *(Abb. 5-6*, vgl. Linien in der rechten unteren Bildecke) soweit parallel verschoben, bis sie den letzten Werkstoffcluster gerade noch tangiert. Das Ergebnis der Suche ist kohlenstofffaserverstärkter Kunststoff (CFK), ein im Flugzeugbau häufig eingesetzter Leichtbauwerkstoff. Die Parallelverschiebung zeigt auch, dass bei dieser monokausalen Auswahl Keramiken durchaus Lösungspotenzial aufweisen.

Für die verformungsbegrenzte Auslegung mit dem Ziel „Geringstes Gewicht" folgt nach *Tab. 6-5* der auswahlrelevante Materialindex ($E^{0.5}/\rho$). Aus *Abb. 5-3* werden durch Parallelverschiebung der entsprechenden Designlinie ebenfalls die technischen Keramiken und das CFK als geeignete Werkstoffe identifiziert.

Die Untersuchung weiterer Auswahlkriterien würde die technischen Keramiken aufgrund zu geringer Bruchzähigkeit (Toleranz gegen Risswachstum) ausschließen (*vgl. Abb. 5-7 und 5-8*).

Beispiel 2: Eine kostengünstige Gießform

In die Gießnester eines größeren quaderförmigen Formblocks mit einer geforderten konstanten Temperatur von 200 °C wird eine Metallschmelze höherer Temperatur gegossen. Um eine gleichmäßige Erstarrung des Gussstücks zu ermöglichen, ist das Aufheizen der Form durch die Schmelze möglichst zu vermeiden. Des Weiteren ist ein kostengünstiger Werkstoff zu wählen, der aufgrund der äußeren Belastungen der Form nur geringe Verformungen zulässt.

Eine hohe Wärmeleitfähigkeit und ein schneller Temperaturausgleich beugen einer räumlichen Aufheizung in Gießnestnähe und damit einer ungleichmäßigen Erstarrung des Gussstücks vor. Nur durch die schnelle Angleichung der Formblocktemperatur kann sich eine für eine rasche Wärmeabfuhr (Kühlung) notwendige Temperaturdifferenz zur Umgebung einstellen. Zudem wird eine gleichmäßigere Temperatur der Nestoberfläche erreicht.

Im Werkstoffschaubild „Wärmeleitfähigkeit λ und Temperaturleitfähigkeit a" (*Abb. 5-12*) wird der Materialindex λ/a betrachtet. Die Verschiebung der Designlinie führt zu keinem abschließenden Ergebnis bei der vereinfachten Werkstoffauswahl. Gemäß Schaubild sind fast alle Materialien geeignet, um diese Anforderung zu erfüllen.

Die Forderung nach niedrigeren Kosten führt bei einer verformungsgerechten Gestaltung gemäß *Tab. 6-5* (ebene Platte unter Biegelast) zum Materialindex ($E^{1/3}/\rho$) Angewandt auf die entsprechende Designlinie in *Abb. 5-3* ergeben sich im ersten Schritt die Werkstoffgruppen „Beton, Holz und Gusseisen" als geeignete Formwerkstoffe. Ein weiteres Auswahlkriterium, die maximale Einsatztemperatur (> 200 °C) führt zum Ausschluss von Holz; Beton bietet sich u. a. aufgrund der Bearbeitbarkeit für einen Einsatz nicht an. Gusseisen als verbleibender Werkstoff nimmt im Maschinenbau eine bedeutende Rolle bei den Gießformwerkstoffen ein, sodass in diesem Fall das vereinfachte Auswahlverfahren bereits zu Hinweisen auf eine marktübliche Lösung führt.

Beispiel 3: Eine Druckstrebe (unterschiedliche Industriebranchen)

Für die in *Abschnitt 5.4.3* betrachtete Druckstrebe soll ein geeignetes Material ausgewählt werden. Die Auswertung der Parallelverschiebung der Designlinie für den ermittelten und zu maximierenden Materialindex ($E^{0.5}/k_V^*$) weist in *Abb. 5-17* Beton als am besten geeigneten Werkstoff für eine Druckstrebe aus. Dies bestätigt die bevorzugte Auswahl dieses Werkstoffs in der Bauindustrie. In Verbindung mit Stahl (Stahlbeton) werden nicht anforderungsgerechte Eigenschaftswerte (wie geringe Biegefestigkeit, geringes Elastizitätsmodul) ausgeglichen. Auch Holzwerkstoffe (parallel zur Maserung) sind geeignete kostengünstige Baustoffe. Im allgemeinen Maschinenbau, wo beispielsweise in Produktionsmaschinen höhere Steifigkeiten der Bauteile nachgefragt werden, sind höhere Elastizitätsmodule gefordert. Gusseisen und Kohlenstoffstähle haben diese Eigenschaftswerte bei einem immer noch ausreichend maximierten Materialindex.

6.3.3   Einbeziehung der Form durch Formfaktor

Entscheidende Auswirkungen auf die häufigste Zielgröße „Kosten" hat unter Erfüllung von Festigkeits- und Verformungsanforderungen die *Form des Bauteils*. In der Konstruktion ist dies Teil des „beanspruchungsgerechten Konstruierens" (z. B. /16/, /25/). Es bedeutet, ein Bauteil lastgerecht und/oder verformungsgerecht zu dimensionieren. So wird in der Ausbildung dem Ingenieur bereits früh vermittelt, dass bei Torsionsbeanspruchung Material und Kosten durch Einsatz von Hohlwellen anstatt von Vollwellen gespart werden können. Auch die im Stahlbau verwendeten I-Träger tragen dazu bei, bei korrekter Einbaulage die Ausnutzung des Werkstoffs durch die Formgestaltung zu optimieren (*vergleiche Abschnitt 4.1*).

Tab. 6-5: Materialindizes für verformungsbegrenzte Auslegung mit dem Ziel „Geringes Gewicht"

Bestimmende Materialindizes für verformungsbegrenzte Auslegung von Bauteilen Ziel: „Geringstes Gewicht"			
Funktion	**Bedingung (vorgegebene Größen)**	**Freie Konstruktionsparameter**	**Maximum für Materialindex**
Zug aufnehmen (Zugstab)	▪ Verformung, Länge	Fläche (Form)	E/ρ
Torsion aufnehmen (Vollwelle)	▪ Verformung, Länge und Form	Fläche	$G^{0,5}/\rho$
Torsion aufnehmen (Hohlwelle)	▪ Verformung, Außendurchmesser	Innendurchmesser	G/ρ
	▪ Verformung, Wanddicke	Außendurchmesser	$G^{1/3}/\rho$
Biegung aufnehmen (Balken)	▪ Verformung, Länge und Form	Fläche	$E^{0,5}/\rho$
	▪ Verformung, Länge und Höhe	Breite	E/ρ
	▪ Verformung, Länge und Breite	Höhe	$E^{1/3}/\rho$
Druck aufnehmen (Drucksäule)	▪ Knicklast, Länge und Form	Fläche	$E^{0,5}/\rho$
Biegung aufnehmen (ebene Platte)	▪ Durchbiegung, Länge, Breite	Dicke	$E^{1/3}/\rho$
Innendruck aufnehmen (Zylinder)	▪ Elastische Verformung, Druck und Außendurchmesser	Dicke	E/ρ

Die Form beeinflusst wesentlich die in Bauteilen auftretenden inneren Spannungen.

Um den Zusammenhang zwischen Funktion (z. B. Übertragung von Drehmomenten, Auflagern von Biegebalken), konstruktiven Aspekten wie Einbau, Gestaltung des konstruktiven Umfelds etc. und Form (z. B. Formgestaltung des Bauteils) quantitativ zu beschreiben, führt Ashby *Formfaktoren* ein. Diese sind an entsprechende Last- und Verformungsanforderungen anzupassen. Dazu zählen

- die *lastgerechte Konstruktion*, bei der die Ausnutzung der dynamischen oder statischen Werkstofffestigkeit den Materialeinsatz bestimmt (*Festigkeitsgrenze*), und
- die *verformungsgerechte Konstruktion*, bei der die Steifigkeit der Konstruktion durch bestmögliche Ausnutzung der Werkstoffeigenschaften geringstmögliche Verformungen (Durchbiegung, Verdrillung) bewirkt (*Verformungsgrenze*).

Je nach Bauteil rücken bei strukturmechanischen Aufgabenstellungen somit Steifigkeits- oder Festigkeitsanforderungen in den Vordergrund (oder beide gleichzeitig). Die Biege- und Torsionssteifigkeit von Bauteilen (Verformungsgrenze) wird dabei von dem Elastizitäts- bzw. Schubmodul und den axialen bzw. polaren Flächenträgheitsmomenten bestimmt. Je nach Form variieren die Flächenträgheitsmomente und führen bei gleicher Last zu größeren oder kleineren Verformungen bzw. inneren Spannungen.

Tab. 6-6: Materialindizes für thermische und thermomechanische Anforderungen mit den Zielen „Optimierte Funktion" und „Optimierte Wirtschaftlichkeit"

Bestimmende Materialindizes für thermische und thermomechanisch beanspruchte Bauteile Ziele: „Optimierte Funktion" und „Optimierte Wirtschaftlichkeit"		
Funktion	**Bedingung (vorgegebene Größen)**	**Maximum für Materialindex**
Thermisch isolieren	• Minimaler stationärer Wärmestrom • Dicke	λ^{-1}
	• Minimaler Temperaturanstieg in definierter Zeit • Dicke	$a^{-1} = (\rho \cdot c_p) / \lambda$
	• Minimaler Energieverbrauch in einem Temperaturzyklus	$a^{0,5} / \lambda$ $= (\lambda\, \rho \cdot c_p)^{-0,5}$
Thermische Energie speichern	• Kostenoptimierte Energiespeicherung (z. B. Speicheröfen)	c_p / c_m
	• Maximale Energiespeicherung für vorgegebenen Temperaturanstieg in definierter Zeit	$\lambda / a^{0,5}$ $= (\lambda\, \rho \cdot c_p)^{0,5}$
Temperaturunabhängig messen	• Minimale thermische Ausdehnung für vorgegebenen Wärmestrom	λ / a
Temperaturwechsel aufnehmen	• Maximaler Temperatursprung an der Oberfläche	$\sigma_f / (E\, \alpha)$
Kühlen (Wärmesenken)	• Maximaler Wärmestrom pro Kubikmeter • Verformung	$\lambda / \Delta\alpha$
	• Maximaler Wärmestrom pro Kilogramm • Verformung	$\lambda / (\rho \cdot \Delta\alpha)$
Wärme tauschen	• Maximaler Wärmestrom pro Fläche • Druck (im Wärmetauscher)	$\lambda \cdot \sigma_f$
	• Maximaler Wärmestrom pro Kilogramm • Druck (im Wärmetauscher)	$\lambda \cdot \sigma_f / \rho$

Tab. 6-7: Materialindizes für bruchsichere Auslegung

Risswachstumsvermeidende Gestaltung (Bruchsichere Konstruktionen)		
Funktion	**Bedingung (vorgegebene Größen)**	**Maximum für Materialindex**
Zug aufnehmen (Stäbe) oder Torsion aufnehmen (Wellen) oder Biegung aufnehmen (Balken, Träger)	• Maximale Bruchsicherheit • Lastabhängige Auslegung	K_{IC} und σ_f
	• Maximale Bruchsicherheit gegenüber Risswachstum • Verformungsabhängige Auslegung	K_{IC} / E und σ_f
	• Maximale Bruchsicherheit gegenüber Risswachstum • Energieabhängige Auslegung	K_{IC}^2 / E und σ_f
Innendruck aufnehmen (Behälter)	• Fließen vor Bruch	K_{IC} / σ_f
	• Undichtheit vor Bruch	K_{IC}^2 / σ_f

Bei der Gestaltung strukturmechanischer (tragender) Bauteile ist zwischen lastgerechter und verformungsgerechter Konstruktion zu unterscheiden. Beide Anforderungen können gleichzeitig auftreten, wobei jedoch (je nach Werkstoff) eine die Auslegung dominiert.

Die Eignung der Form eines Querschnitts wird über die Formfaktoren ausgedrückt. Sie ist das *Verhältnis der Steifigkeiten eines „formgestalteten" Bauteils zum „formlosen" Bauteil gleicher Querschnittsfläche.* Den „formlosen" Querschnitt legt Ashby als quadratischen Querschnitt fest; die Formfaktoren des Quadrats betragen somit ausnahmslos Eins. Für Torsion und Biegung ergeben sich daraus zwei Formfaktoren:

- *Formfaktor ϕ_B^e für Biegung bei einer Verformungsgrenze* bzw. der
- *Formfaktor ϕ_T^e für Torsion bei einer Verformungsgrenze.*

Bei Festigkeitsanforderungen sind die auftretenden Biege- und Torsionsspannungen für die Bestimmung der Formfaktoren maßgebend. Statt der Flächenträgheitsmomente sind die Widerstandsmomente der jeweiligen Beanspruchungsart zu berücksichtigen. In analoger Weise werden der

- *Formfaktor ϕ_B^f für Biegung bei einer Fließ- bzw. Bruchgrenze* bzw. der
- *Formfaktor ϕ_T^f für Torsion bei einer Fließ- bzw. Bruchgrenze*

berechnet. Die Formeln für einige im Maschinenbau gebräuchliche Querschnittsformen zeigt *Tab. 6-8.*

Die Bedeutung der Formfaktoren sei näher erläutert: Für einen Rohrquerschnitt mit 3 % Wandstärke t (bezogen auf den mittlerem Radius r) berechnet sich bei einer Verformungsanforderung durch Biegung ein Formfaktor ϕ_B^e von ca. 32. Der Hohlquerschnitt ist damit bei gleichem Materialeinsatz (Querschnittsfläche) gegenüber einem quadratischen Querschnitt um das über 30-fache steifer.

Für einen Rechteckquerschnitt soll eine Überlast durch Biegung vermieden werden. Ein Höhen/Breiten-Verhältnis von $h/b = 2$ führt zu einem Formfaktor $\phi_B^f = 1,4$. Damit besitzt er eine um diesen Faktor bessere Werkstoffausnutzung gegenüber dem „gleichgewichtigen" Vollquerschnitt ($\phi_B^f = 1$). In gleicher Weise sind die Formfaktoren für Torsion zu interpretieren. Das Beispiel zeigt, welchen gewaltigen Einfluss die Gestaltung des Bauteils auf den Materialeinsatz und damit auf die Werkstoffwahl erhält (*vergleiche auch Abb. 4-4*).

Formfaktoren zeigen auf, wie je nach Konstruktionsanforderung (verformungs- oder lastgerecht) der Werkstoff ausgenutzt wird. Ein höherer Formfaktor verspricht eine bessere Ausnutzung des Werkstoffs; die Wahl dieses Querschnitts ist vorzuziehen.

Ein zweiter Aspekt der Formgebung ist im Zusammenhang mit der Materialwahl zu beachten: Die gewünschten Formen müssen als Halbzeuge verfügbar sein und damit durch Fertigungsprozesse hergestellt werden können. Die materialspezifischen und verfahrenstechnischen Grenzen der formgebenden Fertigungsverfahren lassen die Formherstellung nur bis zu einer minimalen bzw. maximalen Größe zu. Die *Machbar-*

Tab. 6-8: Formfaktoren gebräuchlicher Bauteilquerschnitte (nach /1/)

Form	Formfaktor ϕ_B^e für Biegung an einer Verformungsgrenze	Formfaktor ϕ_T^e für Torsion an einer Verformungsgrenze	Formfaktor ϕ_B^f für Biegung an einer Fließ- bzw. Bruchgrenze	Formfaktor ϕ_T^f für Torsion an der Fließ- bzw. Bruchgrenze
(Rechteck)	$\dfrac{h}{b}$	$2{,}38 \cdot \dfrac{h}{b} \cdot \left(1 - 0{,}58 \cdot \dfrac{b}{h}\right)$	$\sqrt{\dfrac{h}{b}}$	$1{,}6 \cdot \sqrt{\dfrac{h}{b}} \cdot \dfrac{1}{1+0{,}6 \cdot \dfrac{b}{h}}$
(Kreis)	$\dfrac{3}{\pi} = 0{,}955$	$1{,}14$	$\dfrac{3}{2 \cdot \sqrt{\pi}} = 0{,}846$	$1{,}35$
(Rohr) $r_i \approx r_a \approx r \to r \gg t$	$\dfrac{3}{\pi} \cdot \left(\dfrac{r}{t}\right)$	$1{,}14 \cdot \left(\dfrac{r}{t}\right)$	$\dfrac{3}{\sqrt{2} \cdot \pi} \cdot \sqrt{\dfrac{r}{t}}$	$1{,}91 \cdot \sqrt{\dfrac{r}{t}}$
(Kasten) $h, b \gg t$	$\dfrac{1}{2} \cdot \dfrac{h}{t} \cdot \dfrac{1 + 3 \cdot \dfrac{b}{h}}{\left(1 + \dfrac{b}{h}\right)^2}$	$\dfrac{3{,}57 \cdot b^2 \cdot \left(1 - \dfrac{t}{h}\right)^4}{h \cdot t \cdot \left(1 + \dfrac{b}{h}\right)^3}$	$\dfrac{1}{\sqrt{2}} \cdot \sqrt{\dfrac{h}{t}} \cdot \dfrac{1 + 3 \cdot \dfrac{b}{h}}{\left(1 + \dfrac{b}{h}\right)^{3/2}}$	$3{,}39 \cdot \sqrt{\dfrac{h^2}{b \cdot t}} \cdot \dfrac{1}{\left(1 + \dfrac{h}{b}\right)^{3/2}}$
(I-Profil) $h, b \gg t$	$\dfrac{1}{2} \cdot \dfrac{h}{t} \cdot \dfrac{1 + 3 \cdot \dfrac{b}{h}}{\left(1 + \dfrac{b}{h}\right)^2}$	$1{,}19 \cdot \dfrac{t}{b} \cdot \dfrac{1 + 4 \cdot \dfrac{h}{b}}{\left(1 + \dfrac{h}{b}\right)^2}$	$\dfrac{1}{\sqrt{2}} \cdot \sqrt{\dfrac{h}{t}} \cdot \dfrac{1 + 3 \cdot \dfrac{b}{h}}{\left(1 + \dfrac{b}{h}\right)^{3/2}}$	$1{,}13 \cdot \sqrt{\dfrac{t}{b}} \cdot \dfrac{1 + 4 \cdot \dfrac{h}{b}}{\left(1 + \dfrac{h}{b}\right)^{3/2}}$

keitsgrenzen einer Form (beispielsweise eines T-Profils) bestimmen mit darüber, inwieweit ein Werkstoff die Zielgrößen bei der Materialauswahl optimieren kann.

Die Formfaktoren von Querschnitten sind je nach Werkstoff durch Machbarkeitsgrenzen (Verfahrensgrenzen der Herstellverfahren) nach oben begrenzt. Damit wird die Wahl der Form eines Bauteils materialabhängig.

Bestimmt man die Formfaktoren für die vier diskutierten last- und verformungsgerechten Fälle in Abhängigkeit verfügbarer Querschnittsgrößen und für die daraus resultierenden Flächenträgheitsmomente, so lassen sich für unterschiedliche Werkstofffamilien (Stahl, Aluminiumlegierungen usw.) maximale mögliche Formfaktoren ableiten. Diese Größen stellen quasi die maximal mögliche Ausnutzung des Werkstoffs durch Anpassung des Querschnitts an den Last- bzw. Verformungsfall dar. Je nach Entwicklung der Fertigungstechnik können sich diese Formfaktoren verändern. Könnten beispielsweise durch Verfahrensverbesserungen Umformgrade von Materialien zukünftig erhöht werden, lassen sich Halbzeuge in größeren Abmessungen walzen.

Der Zusammenhang mit der Werkstoffauswahl sei nochmals herausgestellt:

Die Wahl des Materials bestimmt die Verfahrensgrenzen der für eine Form einsetzbaren Fertigungs- und Bearbeitungsverfahren mit. Damit werden zwangsläufig auch Grenzen für die Verwendung des Materials entsprechend der Last- und Steifigkeitsanforderungen der Konstruktion gesetzt. Somit lassen sich je nach Fall Materialien finden,

- *die durch eine geeignete Formgebung Last- und Steifigkeitsanforderungen besser erfüllen und*
- *am besten geeignete Materialien, die aufgrund ihrer Verarbeitungseigenschaften durch optimale Ausnutzung des Werkstoffs materialsparende Formen mit größtem Formfaktor realisieren.*

Es nutzt beispielsweise wenig, wenn ein Werkstoff eine hohe Festigkeit besitzt, aber aufgrund seiner schwierigen Bearbeitbarkeit nur als Vollmaterial eingekauft werden kann.

Die oberen Grenzen der Formfaktoren sind somit zusätzliche auswahlgerechte Kriterien für Steifigkeits- und Lastanforderungen von Werkstoffen /1/.
Sind die *Freiheitsgrade* bei einer Größenänderung der Form in der Konstruktion eingegrenzt (z. B. maximal mögliche Breite eines Spanntisches oder Durchmesser einer Druckstrebe), wirkt sich dies ebenfalls auf die Materialwahl aus. Die Suche nach Werkstoffen darf in diesem Fall nicht mit Hilfe der maximalen Formfaktoren erfolgen. Es können auf den Anwendungsfall zugeschnittene speziellere Formfaktoren bestimmt werden, um den Vergleich der potenziellen Werkstofflösungen zu ermöglichen /1/.

Anwendung der Formfaktoren im Werkstoffschaubild

Die Verwendung von Formfaktoren kann auf die Materialsuche im Werkstoffschaubild angewendet werden. *Die abgeleiteten Materialindizes, die die Steigung der Auswahlgeraden im doppelt-logarithmischen Werkstoffschaubild bestimmen, werden durch den Formfaktor verändert.* Der Nutzwert eines Materials wird maximiert, wenn der mit dem Formfaktor bewertete Materialindex maximiert ist. Eine Darstellung im Werkstoffschaubild ist durch die Korrektur der dargestellten Größen über den Formfaktor möglich. Für eine genauere Behandlung der Vorgehensweise sei auf /1/ verwiesen. Alternativ kann für die vorausgewählte Gruppe an Werkstoffen ein tabellarisches Ranking erfolgen.

6.3.4   Einbeziehung des Fertigungsverfahrens

Ein Bauteil kann unterschiedlich hergestellt werden. Die Auswahl des Verfahrens bestimmt dabei maßgeblich die Kosten, beeinflusst aber auch die technischen Eigenschaften. Wird ein Werkstoff gewählt, so schließen sich bestimmte Herstellmethoden aus. Werden Formen der Bauteilquerschnitte gewählt, hat dies ebenfalls einschränkende Auswirkungen auf mögliche Fertigungsprozesse. Weitere Einflussfaktoren sind Oberflächenqualitäten, wirtschaftliche Losgrößen, Investitionskosten, Qualitätskosten etc. (*siehe auch Abschnitte 4.4.1 und 4.4.3*).

Die Festlegung auf ein Fertigungsverfahren schließt zwangsläufig Werkstoffe als Lösungen für ein Bauteil aus; des Weiteren sind u. a. die Verfahrensgrenzen, die Kosten sowie Einflüsse auf technische Eigenschaften zu beachten.

Die *Suche nach dem geeigneten Fertigungsprozess* folgt einer ähnlichen Strategie wie die Materialsuche. Nachdem die Anforderungen an das Bauteil bzw. Produkt auf fertigungsspezifische Anforderungen analysiert sind, können bereits Verfahren ausgeschlossen werden, die diesen nicht gerecht werden (z. B. Oberflächenqualitäten, Maßtoleranzen, Bauteilformen). Unter Einbeziehung der relativen Fertigungskosten und der geplanten Stückzahlen sind die verbleibenden Prozesse einer Bewertung zu unterziehen, und es ist ein Ranking zu erstellen.

Dieser Auswahlprozess benötigt meist nur schwer verfügbare Daten: *So werden umfassende Informationen zu den technologischen Grenzen des Prozesses und den Fertigungskosten in Abhängigkeit von Stückzahl, Bauteilgröße usw. gebraucht.* Darüber hinaus müssen diese sinnvoll zusammengeführt und verwertet werden.
Aufgrund dieser hohen Komplexität werden die Methoden zur Herstellung der Bauteile in der Regel aus den Erfahrungswerten der Entwickler abgeleitet. Problematisch ist dabei, dass fehlende Erfahrungen zu Fertigungsverfahren neuartiger Werkstoffe zum frühzeitigen Ausscheiden innovativer Materiallösungen führen können.

> Die Auswahl des Fertigungsverfahrens basiert vielfach auf den Erfahrungswerten der Konstruktionsabteilungen. Systematisierte Auswahlmethoden zu Fertigungsverfahren sind aufgrund einer unzureichenden oder fehlenden Datenbasis (Verfahrensgrenzen, Werkstoffe, Kosten) nur schwer durchführbar.

Erste Auswege zeigt Ashby in einer rechnergestützten Wahl der Fertigungsverfahren auf. Nach Eingabe technischer und technologischer Basisdaten des Bauteils findet eine Auswertung der in Datenbanken gesammelten Informationen statt; ein Ranking der relativen Kosten unterschiedlicher Herstellmethoden wird grafisch in einem Balkendiagramm veranschaulicht. Diese Vorgehensweise muss jeweils für die vorausgewählten Materialien stattfinden, die den unterschiedlichen Werkstoffgruppen bzw. -untergruppen angehören. Das in der Entwicklungsphase befindliche Programm (integriert in die Software CES, *siehe Abschnitt 6.3.6*) muss seine Praxistauglichkeit noch beweisen.

6.3.5   Ziel- und Penaltyfunktion für die Materialauswahl

Materialfragen unterliegen – wie aus der Erstellung der Materialanforderungsliste bereits bekannt – einer Vielzahl von Zielen und Bedingungen. Nur in Sonderfällen dominiert ein Ziel die Werkstoffwahl (eindimensionale Probleme, *vergleiche Abschnitt 6.2.4.1). Mehrfachziele sind fast nie unabhängig voneinander; sie konkurrieren und müssen bestmöglich aufeinander abgestimmt werden.* So muss der Werkstoff für ein Bauteil unter der Zielvorgabe „Geringstes Gewicht" meist auch das Ziel „Geringste Kosten" realisieren. Die Leichtbauwerkstoffe gehören aber leider nicht zu den günstigsten Materialien.

Für diesen *Zielkonflikt* bzw. für mehrere Zielkonflikte gilt es, über eine methodische Vorgehensweise Kompromisslösungen auszuwählen. Wie bereits in Abschnitt 4.4.1 detaillierter erläutert, werden entsprechend den Funktionsanforderungen eines Bauteils aus einer Zieldefinition bzw. aus mehreren Zieldefinitionen *Bedingungsgleichungen*

Tab. 6-9: Suchstrategien bei der Werkstoffwahl (nach /1/)

Aufgabenstellung	Lösung
(1) Mehrere Bedingungen, ein Ziel	▪ Suche die bestimmende Werkstoffeigenschaft oder den bestimmenden Materialindex und wähle geeignete Werkstoffe aus! ▪ Ordne zur Bewertung die Werkstoffe entsprechend der Rangfolge der Werkstoffeigenschaft bzw. des Materialindex!
(2) Mehrere Bedingungen, zwei Ziele	▪ Suche den maßgebenden Materialindex unter allen Materialindizes, der beide Zielvorgaben erfüllt! ▪ Wähle geeignete Werkstoffe mit Hilfe der Bedingungen des maßgebenden Materialindex aus! ▪ Konstruiere ein Kompromissschaubild für den bestimmenden Designparameter! ▪ Falls nötig, konstruiere und evaluiere die Zielfunktion!
(3) Mehrere Bedingungen, mehr als zwei Ziele	▪ Vorgehen gemäß (2), jedoch Penaltyfunktion unter Verwendung von Normierungsfaktoren (Vereinheitlichung der Ziele in ein Gesamtziel).

abgeleitet. Aus der Mathematik ist bekannt, dass die Lösung eines Auswahlproblems nicht mehr analytisch möglich ist, wenn die Zahl der abgeleiteten Bedingungen (Gleichungssystem) die Zahl der freien Variablen (Werkstoffeigenschaften, Geometriegrößen usw.) übersteigt. Eine komplexe, mehrdimensionale Problemstellung liegt vor. Dies ist allerdings nicht negativ zu sehen: Die *Freiheitsgrade* lassen unterschiedliche Lösungen zu, die hinsichtlich Vor- und Nachteilen bewertet werden können.

> Das die Materialauswahl beschreibende Gleichungssystem wird aus Zielfunktionen und Bedingungsgleichungen gebildet; die Materialeigenschaften (und Materialindizes) sind Lösungsvariablen, die bei Unterbestimmtheit Freiheiten bei der Wahl des Eigenschaftsprofils zulassen.

Tab. 6-9 zeigt die grundlegende Vorgehensweise, wie sie Ashby bei unterschiedlichen Ausgangspositionen der Materialauswahl vorschlägt.

Zur Lösung dieser Aufgabenstellungen werden (je nach Komplexität und beabsichtigter Objektivität) abweichende Verfahrensweisen eingesetzt, die im Folgenden erläutert werden.

6.3.5.1 Mehrere Bedingungen, ein Ziel

Bei einer *Auswahlproblematik mit n Bedingungen und einer Zielformulierung* (z. B. geringes Gewicht oder niedrige Kosten) können zu jeder Bedingung Materialindizes M_i *(i = 1 ... n)* ermittelt werden. Dazu sind die Zielfunktionen Z_i (z. B. $G = A \cdot \ell \cdot \rho$ zum Minimieren des Bauteilgewichts) zu definieren, die zu den jeweiligen Bedingungsgleichungen gehören. Eine Bedingungsgleichung wird aus dem funktionalen Zusammenhang abgeleitet.

Im Abschnitt 5.4.3 war das Ziel für die Druckstrebe, die Kosten für das Bauteil zu minimieren. Eine Anforderung (Bedingung) des Bauteils, die Knicksicherheit, erbrachte einen Zusammenhang zwischen der maximal möglichen Drucklast F_D und dem Elastizitätsmodul E:

$$F_D \le F_K = \frac{\pi}{4} \cdot \frac{E \cdot A^2}{(k \cdot \ell)^2}.$$

Die *Bedingungsgleichung* wurde mit der *Zielfunktion „Kosten K"*

$$Z_1 = K = A \cdot \ell \cdot k_v$$

unter Eliminierung der freien Variable, in unserem Fall die Fläche A, in eine Form überführt, die den *Funktionsindex $f_i(F)$*, den *Geometrieindex $g_i(G)$* und den *Materialindex M_i* erkennen lassen:

$$Z_1 = K_1 = f_1(F) \cdot g_1(G) \cdot M_1 \quad \text{mit}$$

$$f_1(F) = F_D^{0,5}, \quad g_1(\ell) = \ell^2 \quad \text{und} \quad M_1(k_v, E) = \left(\frac{k_v}{E^{0,5}} \right).$$

Häufig sind weitere Anforderungen in der Bauteil- und Materialanforderungsliste enthalten, die ebenfalls über Bedingungsgleichungen zur Lösung unseres Materialauswahlproblems beitragen. Beispielsweise kann eine Forderung bestehen, dass die Druckstrebe gleichzeitig der Wärmeableitung dient und ein Wärmestrom dQ/dt unbedingt erreicht werden muss. Dafür ist eine zweite, von der ersten unabhängige, Bedingungsgleichung zu formulieren:

$$\frac{dQ}{dt} = \lambda \cdot \frac{A}{\ell} \cdot \Delta T.$$

Bei gegebener Temperaturdifferenz ΔT ermittelt sich der Wärmestrom dQ/dt aus der Wärmeleitfähigkeit λ und den Geometriegrößen Länge ℓ und Fläche A. Eine zweite Zielfunktion für das Ziel „Niedrige Kosten" folgt aus dem Eliminieren des *freien Konstruktionsparameters A:*

$$Z_2 = K_2 = \left(\frac{dQ/dt}{\Delta T} \right) \cdot \ell^2 \cdot \frac{k_v}{\lambda}$$

bzw. $\quad Z_2 = f_2(dQ/dt) \cdot g_2(G) \cdot M_2 \quad \text{mit}$

$$f_2(F) = \frac{dQ/dt}{\Delta T}, \quad g_2(\ell) = \ell^2 \quad \text{und} \quad M_2(k_v, \lambda) = \left(\frac{k_v}{\lambda} \right).$$

An den Werkstoff wird mit dem zweiten *Materialindex M_2* ein weiteres Minimumkriterium bezüglich der Kosten gestellt: Das Material mit dem kleinsten Verhältnis (k_v/λ) ist von dieser Warte aus das geeignetste.

> Sind in einer Materialanforderungsliste (bzw. Bauteilanforderungsliste) mit einer Zielsetzung mehrere Bedingungen verknüpft, so können bezüglich des Zielwerts (z. B. niedrige Kosten) mehrere Zielfunktionen abgeleitet werden.

In vielen Konstruktionsaufgaben ist bereits das Produkt aus *Funktionsindex* und *Geometrieindex* (in Grenzen) vorgegeben. Hinsichtlich des Geometrieindex sind Festlegungen von Bauteilgrößen (meist mindestens in einer Dimension) vorhanden. Der

Tab. 6-10: Materialsuche – mehrere Bedingungen, ein Ziel

Aufgabenstellung: Ein Ziel und drei konstruktive Bedingungen				
• Auswahl unter vier vorausgewählten Werkstoffen				
• Ziel: geringe Bauteilkosten K				
• Drei konstruktive Bedingungen (z. B. Knicksicherheit, Wärmeleitung, elektr. Widerstand)				
Werkstoff	Bedingung 1	Bedingung 2	Bedingung 3	Auswertung
1	$K_{11} = 32$ €	$K_{12} = 24$ €	$K_{13} = 16$ €	Max(K_{1i})=32 €
2	$K_{21} = 43$ €	$K_{22} = 57$ €	$K_{23} = 28$ €	Max(K_{2i})=57 €
3	$K_{31} = 84$ €	$K_{32} = 96$ €	$K_{33} = 70$ €	Max(K_{3i})=96 €
4	$K_{41} = 37$ €	$K_{42} = 24$ €	$K_{43} = 64$ €	Max(K_{4i})=64 €
Ranking: 1. Platz	**Werkstoff 1**	(geringste Bauteilkosten)		**Min(K_{ki})=32 €**
2. Platz	Werkstoff 2			
3. Platz	Werkstoff 4			
4. Platz	Werkstoff 3	(größte Bauteilkosten)		

Funktionsindex ergibt sich üblicherweise aus Entwurfsbetrachtungen: Er ist Folge eines geforderten mechanischen Anforderungsprofils an das Bauteil oder Ergebnis einer Wärmebilanzrechnung. Eventuell lassen sich auch Grenzen des Produkts definieren, womit die Auswahlspanne für den Materialindex vergrößert werden kann.

Wann ist ein Material am besten für die Erfüllung der Zielvorgabe geeignet? Trotz alleinigem Ziel „Niedrige Kosten" können durchaus unterschiedliche Materialien um den ersten Platz streiten: die mit niedrigen Materialindizes $M_1 = k_v/E^{0,5}$ gegen die mit niedrigen Materialindizes $M_2 = k_v/\lambda$. Diese Frage soll im Folgenden behandelt werden.

Vorauswertung der Zielwerte

Sind für k unterschiedliche Materialien die *Materialindizes* ermittelt, so variieren die *Zielwerte Z_{ij} (i = 1 … n, j = 1 … k)* der Kostenfunktion in Abhängigkeit von der Größe der Materialindizes. Für das „j"-te Material ist der größte Zielwert Z_i, also *max (Z_{i2})*, für $i = 1 … n$, entscheidend. Dieser erfüllt alle n Bedingungen an das Bauteil.

Tab. 6-10 soll dieses allgemeine Vorgehen verdeutlichen. Die Matrix zeigt die für jede Bedingung errechneten Bauteilkosten von vier Werkstoffen. Werkstoff 1 weist Bauteilkosten von 32, 24 und 16 € für die drei Bedingungen aus. Es liegt auf der Hand, dass für diesen Werkstoff Bedingung 1 (mit 32 €) die ausschlaggebende Anforderung beinhaltet. Wird das Bauteil mit Werkstoff 1 für 32 € Kosten realisiert, werden automatisch die Bedingungen 2 und 3 erfüllt.

Für Werkstoff 2 folgen Bauteilkosten von 57 € (Bedingung 2), für Werkstoff 3 96 € (Bedingung 2) und für Werkstoff 4 64 € (Bedingung 3). Es wird deutlich, dass nicht (wie bei Werkstoff 1) stets Bedingung 1 entscheidet, sondern dies in Abhängigkeit von den Materialeigenschaften erfolgt. *Die erste Auswertung muss daher über das Auffinden der am stärksten einschränkenden Bedingung erfolgen.*

Für einen Werkstoff sind, abhängig von den einschränkenden Bedingungen, alle Zielwerte für die unterschiedlichen Zielfunktionen zu ermitteln (Vorauswertung). Eine der Bedingungen schränkt den Zielwert am stärksten ein. Er ist für die weitere Auswertung zu verwenden.

Rangplatz Eins

Der *am besten geeignete Werkstoff* ist nun der mit den geringsten Bauteilkosten dieser Vorauswertung, und damit Werkstoff 1 mit 32 €. Er erfüllt alle Bedingungen bei den niedrigsten Kosten. Die anderen folgen entsprechend der Größe des Zielwerts.

Für sehr viele zu prüfende Werkstoffe ist die tabellarische Auswertung sehr mühevoll; die Lösung sollte daher über ein Tabellen-Kalkulationsprogramm (z. B. Excel) zeitsparend ermittelt werden.

> Je nach Bewertungsrichtung ist eine absteigende bzw. aufsteigende Rangfolge für die aus der Vorauswertung ermittelten Zielwerte zu bilden.

Grafische Lösungssuche im Werkstoffschaubild

Ashby bietet außerhalb dieser analytischen Vorgehensweise eine *grafische Lösungsvariante* für seine Werkstoffschaubilder an, die hier nur kurz angedeutet werden soll. Die unterschiedlichen Bedingungsgleichungen für das Ziel können zueinander ins Verhältnis gesetzt werden, sodass der Zusammenhang zwischen den Materialindizes deutlich wird. Allgemein folgt:

$$M_2 = \left[\frac{f_1(F) \cdot g_1(G)}{f_2(F) \cdot g_2(G)} \right] \cdot M_1 = K \cdot M_1.$$

In einem Werkstoffschaubild, das aus den Materialindizes M_1 und M_2 aufgebaut wird, führt K zu einer definierten Steigung einer Lösungsgeraden. Deren Lage definiert die für das Ziel maßgebliche Bedingung und eröffnet Suchfelder, aus denen Werkstofflösungen in der Vorauswahl entnommen werden können. Auswahl und Bewertung können damit quasi in einem Prozessschritt erfolgen.

6.3.5.2 Mehrere Bedingungen bei zwei und mehr Zielen

Die Methode mit einem Ziel ist für *Mehrfachziele* in der vorbeschriebenen Art und Weise nicht anwendbar. Es liegt mehr als eine Zielfunktion (z. B. geringste Kosten, geringstes Bauteilgewicht) vor, und für jede dieser Zielfunktionen sind *einschränkende Bedingungen* gültig. Aus der großen Zahl an Werkstoffen lassen sich Materiallösungen finden, die unter den gegebenen Bedingungen in ihren Zielwerten möglichst klein bzw. groß bleiben. Es entstehen somit mehrere Auswertungsmatrizen entsprechend dem vorangegangenen Beispiel.

Anhand der Zielwerte der unterschiedlichen Zielsetzungen muss nun eine Schar an Werkstofflösungen gefunden werden, die einen Kompromiss beider Zielvorgaben repräsentieren. Soll das Bauteil „kostengünstig" und „leicht" konstruiert werden, so scheiden folglich teuere, schwergewichtige Lösungen aus; je nach Mehrgewichtung einer der Zielvorgaben sind Lösungen von „leicht, aber teuer" bis „schwergewichtig, aber günstig" denkbar.

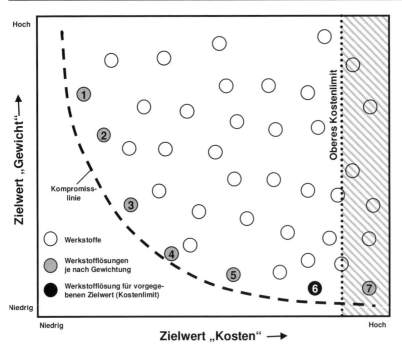

Abb. 6-2: Grafische Lösung mit „Kompromisslinie" für zwei Zielsetzungen

> Bei Mehrfachzielen konkurrieren die Zielsetzungen miteinander, sodass je nach Gewichtung einer Zielsetzung unterschiedlichste Materiallösungen möglich werden.

Für das Beispiel mit zwei unterschiedlichen Zielsetzungen ergibt sich aus der Auswertung der Bedingungsgleichungen des Ziels 1 zu jedem Werkstoff ein Minimalwert; entsprechend wird auch das Minimum für Ziel 2 bestimmt (*vergleiche Abschnitt 6.3.5.1*). Damit liegt für jeden Werkstoff ein Wertepaar vor, bestehend aus „Leichtestes Gewicht" und „Geringste Kosten". Werden für vorausgewählte Materialien diese Wertepaare in einem Diagramm dargestellt, so erscheinen die je nach Gewichtung möglichen Werkstofflösungen 1 bis 7 entlang einer „*Kompromisslinie*"; für alle anderen Werkstoffe können bessere Materialien mit kleineren Zielwerten gefunden werden (*vergleiche Abb. 6-2*). Welche Zielvorgabe mehr Gewicht erhält, ist von subjektiven Gesichtspunkten der Entscheider abhängig.

Die Festlegung einer Ober- oder Untergrenze als Zielvorgabe (z. B. Kosten < 50 €) führt zur eindeutig besten Lösung – für unseren Fall Material 6.

Das Vorgehen ist für zwei Ziele noch einfach anwendbar und führt in der Regel zu einer guten Werkstoffwahl. *Bei einer größeren Zahl an Zielvorgaben verlässt die grafische Methode den zweidimensionalen Raum*; die Kompromisslinie wird zur „Kompromissfläche" (drei Ziele) und führt schließlich in die Mehrdimensionalität.

Die grafische Lösung in Werkstoffschaubildern erfolgt über Kompromisslinien (-flächen etc.), die je nach Gewichtung der Zielsetzung eine unterschiedliche Materiallösung als die am besten geeignete ausweist.

Analytische Lösung über Penaltyfunktion

Der aufgezeigte Lösungsweg für die Materialauswahl kann noch nicht als optimal angesehen werden, da das Vorgehen lediglich einen Kompromiss der miteinander im Konflikt stehenden Zielvorgaben darstellt. *Der „Kompromiss" unterliegt somit der subjektiven Höhergewichtung eines Ziels.*

Um systematisch die optimale Werkstofflösung für die konstruktive Aufgabe zu finden, führt Ashby die Penaltyfunktion ein. Durch die Zusammenführung der Zielwerte in die *Penaltyfunktion* wird eine rechnerische Optimierung möglich.
Zielwerte unterscheiden sich in ihren Einheiten (z. B. Gewicht in kg, Kosten in €, Volumen in m³). Daher muss für die Beschreibung eines für alle Zielvorgaben gemeinsam zu optimierenden Zielwerts Z_g eine Normierung auf eine Einheit (in der Regel „€") erfolgen. Alle Zielwerte (Anzahl i), die materialabhängig für den anstehenden Auswahlalgorithmus berechnet wurden, aber nicht in der gemeinsamen Zielwerteinheit bewertet sind, werden über *Normierungsfaktoren* δ_i in die Norm-Einheit umgewandelt. Für diese Normierungsfaktoren gilt

$$\delta_i = \left(\frac{Z_g}{Z_i}\right)_{Z_{j,j\neq i}}.$$

Der Normierungsfaktor für den Zielwert Z_i drückt aus, wie sich der Gesamtzielwert Z_g ändert, wenn eine Änderung des Zielwerts Z_i erfolgt. Alle anderen Zielwerte nehmen bei der Berechnung dieser Steigung feste Werte an. Für den Gesamtzielwert Z_g folgt

$$Z_g = \sum_i \delta_i \cdot Z_i.$$

Die Penaltyfunktion berechnet einen Gesamtzielwert aus den Einzelzielwerten der unterschiedlichen Zielsetzungen. Die dazu notwendigen Normierungsfaktoren vereinheitlichen die mit unterschiedlichen Einheiten belegten Zielgrößen auf eine Referenzeinheit.

Die Ermittlung von Normierungsfaktoren

Die obige mathematische Beschreibung hilft dem Konstrukteur und Materialsuchenden nicht weiter. Ashby erläutert eine Lösung für die Normierungsfaktoren am Beispiel von Fahrzeugen für den Personentransport. Ausgangspunkt seien die Betrachtungen über das gesamte Produktleben und die Zielsetzungen „Geringes Gewicht" und „Niedrige Kosten". Als Gesamtzielgröße werden die Kosten mit der Einheit Euro vereinbart.

Die Fragestellung für den fehlenden Normierungsfaktor, der die Auswirkungen des Bauteilgewichts in Kosten fasst, lautet: Welcher *monetäre Nutzen* für das Fahrzeug ergibt sich aus der Einsparung von Gewicht? Für einen Familienwagen wird jedes

Kilogramm Einsparung an Fahrzeuggewicht in einer Einsparung im Verbrauch mün-
den; für ein Flugzeug liegt der finanzielle Nutzen eines reduzierten Gewichts jedoch
weit höher, da das eingesparte Gewicht als gut bezahltes Plus an Zuladung zu Buche
schlägt. Ein Mehr an Passagieren oder an Gütern (im Cargo-Bereich) führt zu höheren
Einnahmen. Der wirtschaftliche Nutzen der Kostenersparnis pro Kilogramm ist somit
im Flugverkehr deutlich höher als für die Familienkarosse. Ein noch höheres Einspa-
rungspotenzial findet man in der Raumfahrttechnik; das Aussetzen eines Satelliten
wird „fürstlich" entlohnt.

Die *Normierungsfaktoren* können für die unterschiedlichen Anwendungen nur über
die Produktlebensdauer abgeschätzt werden. Für das Beispiel wurden von Ashby folgende Normierungsfaktoren δ recherchiert:

- Familienwagen   1 bis 2   €/kg,
- zivile Luftfahrt   100 bis 500   €/kg,
- Raumfahrt   3.000 bis 10.000   €/kg.

Wie verändert dies die Materialwahl? Eine Titanlegierung für den Pkw-Bereich ist
unbezahlbar; das niedrige Gewicht schafft nicht den ausreichenden Mehrwert, um die
erhöhten Materialkosten zu kompensieren. Die zivile Luftfahrt hingegen gewinnt
durch den Einsatz von leichten Verbundwerkstoffen mehr als die Kosten für den
Werkstoff. Als beeindruckendes aktuelles Beispiel ist hier der Wettbewerb zwischen
Boeing und Airbus im privaten Luftverkehr anzuführen, der sich technisch u. a. in
Werkstoffinnovationen und den damit zu entwickelnden innovativen Fertigungs- und
Prüfverfahren ausdrückt.

Dieses technisch und betriebswirtschaftlich noch relativ einfach beschreibbare Szenario ist in anderen Bereichen (z. B. für Massengüter) wesentlich schwieriger in Zahlen
zu fassen. Der „*perceived value*" eines Produkts, die *Wertempfindung*, ist für die
Preisgestaltung am Markt einer der entscheidenden Faktoren. Er kann nur schwierig
faktoriell gefasst werden. So steht der technische Nutzen eines um wenige Kilogramm
leichteren Fahrrads in einem sicherlich sonderbaren Verhältnis zum Verkaufspreis.
Hohe Summen werden ausgegeben, um den „altertümlichen" Stahlrahmen durch einen
Rahmen aus einer Aluminium- oder gar einer Titanlegierung zu ersetzen. Verbundwerkstoffe halten Einzug, um den Käufern neue Anreize zu bieten. Für den Normierungsfaktor δ gilt: Jede Gewichtsverringerung schafft „ideellen" Wert (also ein großes
δ), der gegebenenfalls weit über dem Mehr an Materialkosten des Fahrrads liegt.

Allerdings ist darauf hinzuweisen, dass der Normierungsfaktor sich über die unterschiedlichen Fahrradsegmente verändert. Werden Räder mit dem Gesamtziel „niedriges Gewicht bei geringen Herstellkosten" konstruiert, so ist für ein gebräuchliches
„schweres" Fahrrad mit geringem Normierungsfaktor zu rechnen. Die Materialkosten
stehen im Vordergrund; eine Optimierung des Gewichts ist ohne jeden wirtschaftlichen Nutzen. Im Segment leichter Räder, z. B. Rennräder, gestaltet sich die Sachlage
anders. Die Kosten werden zweitrangig; die Gewichtseinsparung erbringt bei hohem
Normierungsfaktor einen hohen Nutzen. Die Zielgruppe ist bereit, einen hohen Preis
für jedes Gramm Gewichtseinsparung zu bezahlen. Je nach Segment sind unterschied-

liche Normierungsfaktoren heranzuziehen, und die Werkstoffwahl erhält eine sehr hohe konstruktive Bedeutung.

Normierungsfaktoren müssen erfassen, inwieweit eine Zielgröße eine andere quantitativ beeinflusst. Die Faktoren sind nur schwierig erfassbar, da sie nicht nur von objektivierbaren Zusammenhängen zwischen Zielgrößen (wie Gewicht und Kosten) bestimmt werden, sondern auch von subjektiven Aspekten wie der Wertempfindung.

Da die Normierungsfaktoren dem Entwicklungsteam nur in den seltensten Fällen bekannt sind und ihre Analyse eines hohen Zeitaufwands bedarf, wird diese objektivierte Verknüpfung von Zielen nur selten Anwendung finden. Zur Bewertung und zur Vorauswahl von Materialien sind jedoch die vorangestellten Methoden völlig ausreichend.

6.3.6 Cambridge Engineering Selector (CES)

Der *Cambridge Engineering Selector (CES)* ist eine Software-Lösung der Fa. Granta Design Ltd. (Cambridge, Großbritannien), welche die beschriebene Vorgehensweise nach Ashby (Mitbegründer) rechnerunterstützt nachvollzieht. Das kommerziell vertriebene Programm kann zweifellos als eines der *umfassendsten rechnergestützten Werkzeuge auf dem Gebiet der Materialsuche* bezeichnet werden. Der Einsatz ist in den *Konzept- und Entwurfsphasen und beim Redesign von Produkten* sinnvoll und dient der Reduzierung von Produktkosten, der Verbesserung von Produkteigenschaften und der Produktqualität sowie zur Suche innovativer Produktlösungen.

Je nach Konfiguration greift die Software über die Standard-Datenbanken „Material Universe" und „Process Universe" hinaus auf weitere, weltweit anerkannte Materialdatenbanken zu.

Material Universe

Material Universe verfügt heute über 3.800 Daten zu Metallen, Keramiken, Polymeren, Verbunden und auch Naturwerkstoffen. Damit integriert sie alle Werkstoffgruppen und schafft die Voraussetzung für das Auffinden innovativer Materiallösungen. *Abb. 6-3* (linke Seite) stellt zum einen die zugrunde liegende Klassifizierung der Materialien dar. Zum anderen zeigt der Screenshot der CES-Software [Anm.: mit freundlicher Unterstützung der Fa. Granta Design Ltd.] beispielhaft die Darstellung der Werkstoffkennwerte der Legierungsfamilie „Magnesium-Gusslegierungen". Die ca. 60 allgemeinen, mechanischen, thermischen, optischen, elektrischen sowie korrosiven Kennwerte werden ergänzt durch den ungefähren Materialpreis.

Jede Werkstoffsorte erscheint in der Datenbank nur einmal; die unterschiedlichen Angaben der Hersteller wurden dabei in einem übersichtlichen, nach definierten Eingabefeldern aufgebauten Datensatz vereint. Sind Kennwerte nicht bekannt, wurden aus der Theorie der Materialwissenschaften Werte berechnet und eingetragen. Die Einheit eines Kennwerts ist für alle Werkstoffe gleich.

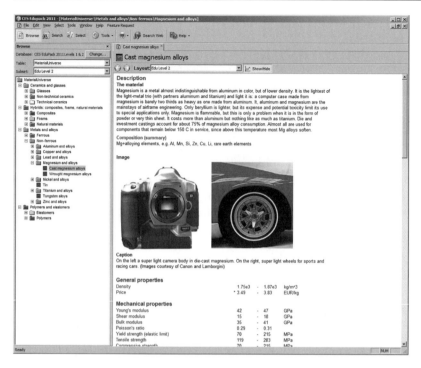

Abb. 6-3: Material Universe – Übersicht

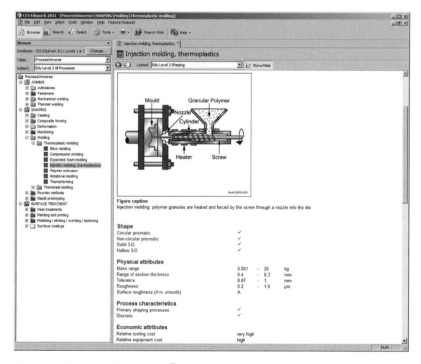

Abb. 6-4: Process Universe – Übersicht

Die *hierarchische Klassifizierung der Materialien* erlaubt es, immer tiefer in Werkstoffgruppen, -untergruppen und -familien zu verzweigen, bis schließlich eine Werkstoffsorte angewählt werden kann. *Alle Daten können aufgrund dieser Datenstruktur für die Erstellung von Werkstoffschaubildern und anderen Übersichts- und Vergleichsdarstellungen genutzt werden.*

Process Universe

Process Universe enthält Informationen zu 230 Fertigungsverfahren der Formgebung, Oberflächenbehandlung und der Verbindungstechnik. Etwa 20 Merkmale, darunter nicht nur physikalische und wirtschaftliche Daten, sondern auch Informationen zu Verfahrensgrenzen, zu möglichen Formen werden zur Auswahl der Herstellmethode verarbeitet. *Abb. 6-4* gibt die Klassifizierung der Fertigungsprozesse wieder. Das Beispiel des Spritzgießens von Thermoplasten veranschaulicht, wie übersichtlich die Kennwerte zu den Herstellprozessen in der Datenbank verwaltet werden.

Ergänzende Features und Angebote

Neben der Basisversion werden spezielle Module des CES Selectors angeboten, um:

- Test- und Designdaten von Herstellern oder Forschungsinstituten hinzuzufügen und zu verwalten (CES Constructor),
- weitergehende Informationen zu Kunststoffen (CES Polymer Selector), Werkstoffen der Luft- und Raumfahrt (CES Aero Selector) sowie der Medizintechnik (CES Medical Selector) zu erhalten,
- das Materialverhalten von Verbundwerkstoffen vorherzusagen (CES Hybrid Synthesizer) oder
- mithilfe umweltrelevanter Kennwerte von Materialien den Einfluss des Werkstoffeinsatzes auf die Umwelt über den Produktlebenszyklus abzuschätzen (CES Eco Audit Tool).

Granta Design Ltd. arbeitet mit weltweit führenden Organisationen zusammen. Die daraus entwickelten materialspezifischen Produkte werden unter nachfolgenden Internetadressen angeboten (alle Links mit Stand 24. April 2014):

- *ASM International (http://www.asm-intl.org):*
  Mit ASM International wurden CD-basierte, metallische Materialinformationssysteme entwickelt (*vergleiche Abschnitt 8.4.2.1*).
- *Material Data Management Consortium (MDMC, http://mdmc.net):*
  Das Konsortium ist ein Zusammenschluss der Granta Design Ltd., der ASM International, des NASA Glenn Research Center (http://www.nasa.gov), weiterer auf dem Gebiet der Materialentwicklung tätiger Unternehmen sowie amerikanischer Regierungsstellen der Raumfahrt- und Verteidigungsindustrie und hat als Hauptziel die Entwicklung von effizienter und flexibler Software zum Management von

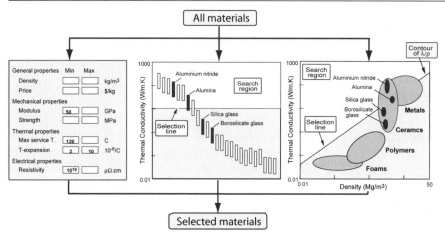

Abb. 6-5: Auswahlfenster der rechnerunterstützten Materialwahl mit der CES-Software /1/

Materialdaten. Datenintegrität, -sicherheit und -verfolgbarkeit stellen insbesondere in der Luft- und Raumfahrt unverzichtbare Merkmale bei der Datenverarbeitung dar.

- *Matdata.net* (*http://matdata.net*):
  Die Internetadresse ist eine Web-Suchmaschine der ASM International und Granta Design Ltd.

Werkstoffauswahl mit dem Cambridge Engineering Selector

CES agiert mit drei unterschiedlichen Suchmethoden (*siehe Abb. 6-5*). Ein einfaches Suchfenster ermöglicht die Eingabe von *Ober- und Untergrenzen* grundlegender Werkstoffeigenschaften (Dichte, relative Kosten, Elastizitätsmodul, Festigkeit, Einsatztemperatur, thermischer Ausdehnungskoeffizient, spezifischer elektrischer Widerstand); die Auswertung sortiert alle Materialien aus, deren Eigenschaftsprofil außerhalb des Anforderungsprofils liegt.

Die beiden anderen Möglichkeiten der Materialsuche basieren auf *Balkendiagrammen* von Materialkennwerten sowie auf *zweidimensionalen Werkstoffschaubildern, deren dargestellte Eigenschaften frei gewählt werden können*. Durch Zugriff auf die Daten in den Datenbanken werden die Diagramme generiert. Designlinien (entsprechend den Materialindizes) oder Auswahlbezirke entsprechend den gewünschten Materialkenn-werten grenzen die Suchfelder ein; nicht passende Werkstoffe werden ausgeblendet.

Alle *drei Suchstrategien* können beliebig kombiniert und hintereinandergeschaltet werden, sodass alle Anforderungen der Materialanforderungsliste abgearbeitet werden können. Des Weiteren ist es möglich, die grobe Vorauswahl über die Werk-stoffgruppen und -untergruppen durchzuführen und die Zahl der Werkstoffe und damit die Größe der „Datenbank" mit dem Suchprozess auszudehnen. Dies dient im Wesent-lichen der Übersichtlichkeit der Darstellung und gestaltet die rechnergestützte Vor-auswahl sehr bedienerfreundlich.

Für die verbleibenden Materiallösungen können ergänzende Informationen aus den Datenbanken abgerufen werden, die außer einer ausführlichen Werkstoffbeschreibung weitere Bezugsquellen (Literatur) für Informationen benennt. Des Weiteren kann per Knopfdruck eine Web-Suche für Suchbegriffe eingeleitet werden.

Die CES-Software erstellt weiterhin Auswahlschaubilder für Fertigungsverfahren. Die Beschreibung des Fertigungsverfahrens beinhaltet die für die Suche entscheidenden Verfahrensgrenzen (Größe, Toleranzen, Oberflächenqualitäten), ökonomische Einstufungen (wirtschaftliche Losgrößen, Werkzeug- und Investitionskosten, Personalaufwand, realisierbare Formen), aber auch Textinformationen über Gestaltungsregeln, technische Besonderheiten und Anwendungsgebiete. Mittels eines Kostenmodells werden über abschätzbare Basisdaten zum Bauteil für eine Materialklasse die relativen Kosten zu den Fertigungsverfahren berechnet, und es wird ein Ranking in Form eines Balkendiagramms erstellt.

Für die Bedienung des Programms werden Schulungen angeboten. Ein speziell auf die Lehre zugeschnittenes Softwarepaket CES EduPack wird in neun Editionen (z. B. „Standard", „Design", „Polymer" und „Aerospace" angeboten. Die Verwendung kann in drei Ausbaustufen (Levels) mit jeweils ansteigender Zahl an Werkstoffen erfolgen, sodass der Lernende schrittweise an den Umgang mit dem CES herangeführt wird.

Zusammenfassend ist festzustellen, dass Granta Design Ltd. das umfassendste Material-Datenmanagement für eine Materialsuche in der Konzept- und Entwurfsphase von Produktentwicklungen bzw. beim Redesign von Produkten anbietet. Die hohe Datenintegrität bewahrt den Konstrukteur vor negativen Überraschungen bei der Verifizierung der Produkteigenschaften. Die Flexibilität der Suche über drei unterschiedliche Suchmasken sowie deren Kombination erlaubt es, mit nur einem Werkzeug eine effiziente und rasche Vorauswahl von Lösungskandidaten zu gestalten. Darüber hinaus können fertigungstechnische Fragestellungen untersucht werden und frühzeitig Kostenabschätzungen die Entwicklung begleiten.

6.4   Liste der Versuchswerkstoffe

Für den weiteren Produktentwicklungsprozess sollten in der Regel nicht mehr als die ersten fünf Materialien einer Rangliste weiterverfolgt werden, da der Arbeits- und Kostenaufwand für die nun folgende Beschaffung ergänzender Informationen drastisch steigt. Sicherlich ist die Zahl der Kandidaten aber von den verfügbaren Ressourcen (Personal, Zeit, Arbeitsmittel etc.) abhängig.

Im Laufe der Feinauswahl und Bewertung wurden zu den Werkstoffkandidaten der *Liste möglicher Materiallösungen* über allgemein verfügbare Quellen (*vergleiche Kapitel 8*) zusätzliche Informationen ermittelt, wodurch eine weitere Detaillierung des Werkstoffs in der Materialgruppe (-familie) erfolgt ist. In diesem Stadium der Vorauswahl kann bereits eine Werkstoffsorte identifiziert sein; allerdings können auch weiterhin feiner detaillierte Materialgruppen als Lösungen vorliegen.

Aus der Bewertung mit Ranking-Methoden oder auch durch die Methodik nach Ashby liegt als Zwischenergebnis eine *Rangliste der Materiallösungen* vor. Die in Phase IV folgende Evaluierung (Bewertung) und Validierung (Nachweis) von Produkteigenschaften ist mit weit kosten- und zeitaufwendigeren Maßnahmen verbunden. Es ist daher sicherzustellen, dass sich dieser Aufwand für die weit stärkere Ressourcennutzung (Personal, Arbeitsmittel, Labore etc.) für die Spitzenreiter der Rangliste auch lohnt. Für alle diese Materiallösungen ist daher einzeln zu hinterfragen, ob der Einsatz als Versuchswerkstoff gerechtfertigt ist. Nur diese sollten auf einer „Liste der Versuchswerkstoffe" aufgeführt werden; sie ist das abschließende Arbeitsergebnis (Dokument) der Phase III.

Verschärfte Eignungsprüfung der Lösungskandidaten

Dazu ist zunächst – falls es sich bei einer verbleibenden Lösung noch um eine Materialgruppe handelt – eine *weitere Spezifizierung des Materials* notwendig. Die dazu heranzuziehenden anwendungsspezifischeren Informationen sind weitaus aufwendiger zu recherchieren und verursachen häufig Kosten. Mögliche Quellen sind:

- Recherchen über *unternehmensexterne Erfahrungen* mit dem Werkstoff in anderen Anwendungen,
- Recherchen von *Fallstudien* und von *Fachartikeln,*
- *Gespräche mit Lieferanten und Fachleuten* des Herstellers, die sich im Verlauf des Materialauswahlprozesses auf immer neue Werkstoffaspekte vertiefen,
- *Expertenmeinungen* aus dem Hochschulbereich bzw. von Forschungsinstituten,
- die Suche nach *Versuchsergebnissen*, welche auf die eigene Konstruktion übertragbar sind,
- *Fachgespräche mit unternehmensinternen Know-how-Trägern* auf allen Gebieten des Produktlebens (Fertigung, Kosten, Qualitätsfragen, Recycling usw.),
- die *Sichtung von Konstruktions- und Verarbeitungsrichtlinien* usw.

Diese Daten sind nicht nur rein materialbezogen zu erheben, sondern können bereits im Kontext mit Produkt- und Bauteilanforderungen stehen. Oft spielt es dabei keine Rolle, ob der Werkstoff in „nicht vergleichbaren Produkten" eingesetzt wurde. Die geistige Auseinandersetzung mit den Anforderungen des fremden Produkts zeigt möglicherweise Parallelen zur eigenen Anwendung auf und lässt Beurteilungen des zukünftigen Produktverhaltens zu. Besonders gilt dies bei relativ neu auf dem Markt verfügbaren Werkstoffen.

Diese Sammlung an zusätzlichem Faktenwissen erlaubt es dem Entwickler, die Werkstoffsorten in den Materialklassen in Abgleich mit dem Anforderungsprofil näher einzugrenzen bzw. ein besseres Bild darüber zu gewinnen, wie ein Material die Bauteil- und Produktanforderungen zu erfüllen vermag. An dieser Stelle erneut methodische Hilfsmittel der Bewertung (*vergleiche Abschnitt 6.2*) einzusetzen, ist angesichts des dazu notwendigen Zeitaufwands kritisch zu hinterfragen. Die Methoden leisten in der „Entwurfsphase" des Auswahlprozesses vor allem die für eine Werkstoffinnovation entscheidende Arbeit, aus allen verfügbaren Konstruktionswerkstoffen eine systematische Vorauswahl zu treffen. Dies wiegt weit höher als die nun im Folgeprozess notwendige Detailarbeit eines Produktentwicklers.

Vor der mühevollen Arbeit der Evaluierung und Validierung sind neben den bereits oben genannten Informationsquellen *Fachgespräche mit den Herstellern, Verarbeitern und Experten* meist das probateste Mittel, den Zeitaufwand für das Identifizieren der passenden Werkstoffsorten mit der dann normierten Materialbezeichnung (und dem Handelsnamen) zu reduzieren.

Das Ziel dieser Wissensvertiefung über die ausgewählten Materialien ist es, deren Schwächen und Stärken zu erkennen. Der Konstrukteur benötigt diese Grundsicherheit, da er mit dem Einsatz eines neuen Materials häufig produkttechnische, aber auch persönliche Risiken eingeht. Gerade diese Auseinandersetzung mit den Lösungskandidaten erweckt aber in dem Entwickler ein Grundvertrauen, welches für eine positive Bewertung unentbehrlich ist und den weiteren Antrieb für die Entwicklungsarbeit gibt. Konstrukteure wollen „innovativ" sein, wenngleich sie es auf dem Gebiet der Werkstoffe aus den bereits genannten Gründen seltener versuchen.

Aus den vielen zusätzlich gewonnenen Informationen muss der Entwickler weitere Materiallösungen aus der Rangliste der Materiallösungen streichen und eine *Liste der Versuchswerkstoffe* erstellen, deren Vertreter die größten Erfolgsaussichten bei der Auswahl genießen. Sie ist Grundlage der nachfolgenden evaluierenden und validierenden Aktivitäten. Aufgrund des nicht unerheblichen Kosten- und Zeitaufwands sollte diese Festlegung auf die Versuchsmaterialien durch eine Qualitätsbewertung oder ein Design Review abgesichert werden (*vergleiche Abschnitt 9.1.3*).

Das Arbeitsergebnis der Feinauswahl und Bewertung (Phase III) ist die Liste der Versuchswerkstoffe. Ihre Vertreter haben alle bisherigen materialbezogenen Anforderungskriterien erfüllt. Zudem hat eine anwendungsspezifischere Suche nach Informationen, die auch in Bezug auf Bauteil- und Produktanforderungen erfolgt, keine Einwände hinsichtlich der Eignung für die Konstruktionsaufgabe erbracht. Der hohe Aufwand für die anstehende Evaluierung und Validierung der Produkteigenschaften (Phase IV) ist somit für diese Versuchswerkstoffe gerechtfertigt.

6.5 Kontrollfragen

6.1 Welches Ziel verfolgt die Feinauswahl bei der Materialsuche? Wie ist die Vorgehensweise?

6.2 Was ist die Quelle für die Bewertungsmerkmale? Welche Bedeutung haben sie hinsichtlich der Nachvollziehbarkeit einer Materialentscheidung?

6.3 Wie werden Bewertungsmerkmale üblicherweise erarbeitet?

6.4 Welche Aufgaben und welches Ziel haben Bewertungsverfahren? Wie werden sie typisiert (mit Erläuterung)?

6.5 Wozu dienen Gewichtungsfaktoren in Bewertungsverfahren?

6.6 Welche Methoden werden zur „objektiven" Ermittlung von Gewichtungsfaktoren verwendet? Welches der Verfahren eignet sich am besten bei einer großen Zahl an Bewertungskriterien, welche sind am einfachsten zu handhaben?

6.7   Für ein Bauteil wurden fünf wesentliche Werkstoffeigenschaften identifiziert, die zur Prüfung der Eignung herangezogen werden sollen. Des Weiteren sind zwei Zielsetzungen genannt, die miteinander in Wechselwirkung stehen: niedrigste Kosten, geringstes Gewicht. Welche einfache Methode verwenden Sie, um schnell eine Rangliste der Materiallösungen zu erhalten?

6.8   Ermitteln Sie für die Sohle eines Bügeleisens der Extraklasse die Gewichtungsfaktoren zunächst mit einer absoluten Gewichtung (Maßstab „1" bis „5"), anschließend im Paarvergleich! Folgende Beurteilungsmerkmale mit zugeordneten Werkstoffeigenschaften sind gegeben:

Beurteilungskriterium	Maßgebender Werkstoffkennwert	Anmerkungen
Geringes Gewicht	Dichte	Für eine gute Handhabung
Gute Wärmeübertragung	Wärmeleitfähigkeit	Zur Erfüllung der Hauptfunktion
Gutes Wärmespeichervermögen	Temperaturleitfähigkeit	Kein schnelles Auskühlen der Sohle
Geringe Bauteilkosten	Niedriger Relativkostenfaktor	Für wirtschaftliche Fertigung des Massenteils
Hohe Korrosionsbeständigkeit	Korrosionsbeständigkeit	Gegenüber Umgebungseinflüssen über die gesamte Lebensdauer
Gute Verschleißfestigkeit	Hohe Härte (auch bei Betriebstemperatur)	Bei Kontakt z. B. mit metallischen Körpern (Knöpfe etc.)

6.9   Ermitteln Sie für eine Waschmaschinentrommel der „Unterklasse" die Gewichtungsfaktoren zunächst mit einer absoluten Gewichtung (Maßstab „1" bis „5"), anschließend im Paarvergleich! Folgende Beurteilungsmerkmale mit zugeordneten Werkstoffeigenschaften sind gegeben:

Beurteilungskriterium	Maßgebender Werkstoffkennwert	Anmerkungen
Beständigkeit gegenüber Laugen	Korrosionsbeständigkeit	Lebensdauer
Geringes Gewicht	Dichte	Geringe Unwuchtkräfte
Ausreichende Festigkeit und Steifigkeit	Fließgrenze, Elastizitätsmodul	keine
Gutmütiges Versagensverhalten	Bruchzähigkeit, Festigkeit	Verformung statt Bruch
Geringe Materialkosten	Relativkostenfaktor	Massenprodukt, Unterklasse!

6.10 Was ist der Gesamtnutzwert (oder Material-Performance-Index) eines Werkstoffs?

6.11 Was bedeutet eine „Normierung" von Eigenschaftsgrößen bei der Anwendung von Bewertungsverfahren? Welchen wesentlichen Vorteil hat eine Normierung?

6.12 Welche Nachteile ergeben sich bei der Bewertung von Eigenschaftsgrößen mit unterschiedlichen Bewertungsrichtungen?

6.13 Was ist eine Designlinie im Werkstoffschaubild?

6.14 Wie werden Designlinien zur Materialsuche genutzt?

6.15 Leiten Sie den Materialindex für die Zielsetzung „Geringstes Gewicht" bei einer torsionsbelasteten Vollwelle (Durchmesser d, Länge ℓ) her! Der freie Konstruktionsparameter sei der Durchmesser d (und somit die Fläche A).

6.16 Eine Schwungscheibe soll ein Maximum an Energie pro Kilogramm des eingesetzten Werkstoffs speichern. Dabei ist die Festigkeit des Werkstoffs zu berücksichtigen, da Fliehkräfte den Werkstoff beanspruchen. Die Spannungen im Werkstoff können wie folgt berechnet werden:

$$\sigma_{max} = \left(\frac{3+\nu}{32}\right) \cdot \rho \cdot d^2 \cdot \omega^2 \approx \frac{1}{8} \cdot \rho \cdot d^2 \cdot \omega^2.$$

Bestimmen Sie den dazugehörigen Materialindex, der für die Werkstoffauswahl verwendet wird!

6.17 Warum ist ein Formfaktor bei der Materialsuche mit Materialindizes einzubeziehen?

6.18 Welche beiden Formfaktoren werden unterschieden? Erläutern Sie die Unterschiede!

6.19 Berechnen Sie die Formfaktoren zu verformungsgerechten, torsionsbeanspruchten Konstruktionsauslegungen folgender Querschnitte:
- Quadrat,
- Rechteck mit einem Höhen/Breiten-Verhältnis von Zwei,
- Vollwelle (Kreisquerschnitt),
- Hohlwelle mit einer Wanddicke von ca. 10 % des mittleren Durchmessers.

Interpretieren Sie das Ergebnis und erläutern Sie an einem Beispiel, wie sich dies auf eine Werkstoffwahl auswirken kann!

6.20 Berechnen Sie die Formfaktoren zu lastgerechten, biegebeanspruchten Konstruktionsauslegungen folgender Querschnitte:
- Quadrat,
- Rechteck mit einem Höhen/Breiten-Verhältnis von Zwei,
- Vollwelle (Kreisquerschnitt),
- Hohlwelle mit einer Wanddicke von ca. 10 % des mittleren Durchmessers.

Interpretieren Sie das Ergebnis!

6.21 Welche Problematiken ergeben sich, wenn ein Bauteil mehrere Zielsetzungen erfüllen soll? Erläutern Sie dies anhand eines Beispiels.

6.22 Welche Vorgehensweise wird bei Bauteilen im Hinblick auf die Werkstoffauswahl gewählt, um verschiedene Randbedingungen bei einer Zielsetzung zu berücksichtigen?

6.23 Warum ist die Einschränkung auf eine geringe Anzahl an Versuchwerkstoffen für den weiteren Verlauf einer Produktentwicklung von größter Bedeutung?

6.24 Welche anwendungsspezifischen Quellen sind bei der Eingrenzung auf wenige Versuchswerkstoffe zu nutzen? Welches Ziel wird mit dieser Informationsbeschaffung verfolgt?

7 Phase IV – Evaluierung, Validierung und Werkstoffentscheidung

Mit der Materialanforderungsliste (*siehe Abschnitt 3.1*) wurden mit den Methoden der Informationsbeschaffung (*siehe Kapitel 8*) unter Anwendung von Auswahlkriterien (*siehe Abschnitt 5.2*) Werkstofflösungen ermittelt. Eine Feinauswahl und Bewertung (*siehe Abschnitt 6.2.4*) reduzierte die Zahl der Lösungskandidaten auf eine für den weiteren Verlauf praktikable Anzahl, die in der *Liste der Versuchswerkstoffe* zu Beginn der Phase IV vorliegt. Nun gilt es, die wenigen verbliebenen Materialien, die zur Fertigung des Bauteils in Frage zu kommen, auf alle auch bisher noch nicht geprüfte Produkt- und Bauteilanforderungen zu prüfen. Der Fokus kann nun nicht mehr alleine auf den Werkstoff gerichtet werden. *Die Eignung des Materials wird an der Prüfung konkreter Bauteil- und Produktanforderungen gemessen (evaluiert) und die Erfüllung aller Anforderungen nachgewiesen (validiert).* Dann erst kann über seine Verwendung entschieden werden.

In Phase IV, der Evaluierung und Validierung von Produkteigenschaften, sind somit noch zwei Arbeitsfelder vor der abschließenden Werkstoffentscheidung zu bearbeiten (*vergleiche Abb. 3-3*):
- Bewertung sowie Nachweis von Bauteilanforderungen durch eigene Untersuchungen und das Erstellen einer Entscheidungsvorlage (Schritt 4.1)
- Diskussion der Entscheidungsvorlage unter Einbeziehung sachübergreifender Aspekte (Schritt 4.2).

Die Aktivitäten betten sich in den Gesamtprozess der Produktentwicklung ein. Seitens des Projektmanagements sind die Arbeitsschritte daher meist nicht mehr als werkstoffbezogen erkennbar.

Definition der Arbeitspakete

Aus der *umfassenden Datensammlung über die Materialien* und – nicht zu vergessen – aus dem *Maßnahmenkatalog der Risikoanalyse zum Produkt* (*vergleiche Abschnitt 9.4*) erschließen sich dem Konstrukteur die erforderlichen Tätigkeitsfelder, die für die Ausarbeitung einer Entscheidungsvorlage für den neuen Werkstoff zu bearbeiten sind. *Schwächen und Stärken* werden in einem Arbeitspaket (i. Allg. To-Do-Listen) mit dem Ziel weiteruntersucht, eine *hohe Zuverlässigkeit und Qualität des Produkts zu sichern*. Auch die Wahl des Fertigungsverfahrens und die Auslegung des Bauteils werden von diesen Aktivitäten beeinflusst und mitbestimmt. Sie sind eng mit den parallel verlaufenden Teilprozessen der Produktentstehung vernetzt und heben sich nicht mehr (wie bisher) vom Gesamtentwicklungsprozess ab. *Die Evaluierung und Validierung von Materialanforderungen ist diesbezüglich zu sehr mit denen der Produkteigenschaften verknüpft.* Dieser an Aktivitäten reiche Prozessschritt erbringt die Ergebnisse, die die Werkstoffentscheidung maßgeblich tragen.

Vorgehensweise bei Evaluierung und Validierung

Der *Ablauf von Evaluierungs- und Validierungsaktivitäten* wird vom Durchlaufen von Optimierungsschleifen (z. B. unter Nutzung der Möglichkeiten, Werkstoffeigenschaften anzupassen) bestimmt. Dieser Methodik liegt im Qualitätsmanagement der Deming-Zyklus „*Plan-Do-Check-Act*" zugrunde. Des Weiteren ist in dem Teilprozess fortwährend zu prüfen, ob die Materialanforderungsliste erfüllt werden kann oder ob gegebenenfalls (mit dem Konsens der Beteiligten) Korrekturen einzubringen sind. Der Aufwand für den Nachweis der Einsatztauglichkeit eines Materials kann in dieser Phase so stark ansteigen, dass wirtschaftliche Aspekte bei der Entscheidung bestimmend werden und ein Versuchswerkstoff frühzeitig aus dem Rennen ausscheidet.

Welche Möglichkeiten stehen dem Entwickler zur weiteren Bewertung und zum Eignungsnachweis von Werkstoffen zur Verfügung? *Der Evaluations- und Validierungsprozess für neue Materialien verwendet die gleichen Werkzeuge, die auch für die anderen Aspekte des Produktentwicklungsprozesses herangezogen werden* (siehe /35/, /36/ u. v. m.). Sie tragen in diesem Fall nur stärker materialgewichtige Züge. Das Ziel einer modernen Entwicklung verlangt dabei vor allem „virtuelle Methoden", die Zeit und Kosten sparen. Die Werkzeuge firmieren unter dem Begriff VPD (Virtual Product Development). Eine rasche Markteinführung und eine hohe Wirtschaftlichkeit des Produkts versprechen höhere Umsätze bei guten Gewinnmargen.

Für die Evaluierung und Validierung von neuen oder geänderten Materialien sind die Arbeitspakete (To-Do-Listen) mit Hilfe von Qualitätsmanagementmethoden (z. B. FMEA) zu definieren. Sie umfassen sowohl die Bewertung von Materialeigenschaften als auch von Bauteil- bzw. Produkteigenschaften. Den daraus resultierenden Aktivitäten sollte der Deming-Zyklus „Plan-Do-Check-Act" zugrunde liegen.

Im Folgenden seien daher ausgewählte Methoden erläutert, für die fast ausnahmslos CAE-Techniken (Computer Aided Engineering) eingesetzt werden. Ihr Einsatz lässt sich aus den heutigen Projektplänen komplexer Produktentwicklungen nicht mehr wegdenken.

7.1   Ausgewählte Möglichkeiten der Evaluierung und Validierung

7.1.1   Grundlegende Bauteilberechnungen

Grundlegende Ingenieurberechnungen zu Bauteilen sind die ersten Anhaltspunkte für das Verhalten eines Werkstoffs (bzw. eines Bauteils) im Einsatzfall. Es wird dabei versucht, über eine geeignete *Modellbildung* das *Betriebsverhalten* so weit als möglich mit den Berechnungsgrundlagen der Ingenieurwissenschaften zu „simulieren". Der Begriff *Simulation* wird in diesem Zusammenhang selten verwendet, obwohl er für diesen Ursprung des Vorausdenkens technischer Prozesse durchaus seine Berechtigung hat.

Grundlegende Ingenieurberechnungen dienen dem Vorausdenken von Produktverhalten.

Meist bieten diese einfachen Modelle den Vorzug, klare Vorstellungen über ein Grundkonzept eines Produkts (bzw. eines Bauteils) zu gewinnen. Jede weitere Hinzunahme von Randbedingungen führt unweigerlich zu einer vom Konstrukteur schwerer zu durchschauenden Komplexität. Die betriebliche Erfahrung lehrt, dass Entwickler, die in der Lage sind, ihre komplexen Produkte in einfache Modelle zu übersetzen, auch für die weitergehenden beziehungsreichen Aufgaben besser gerüstet sind. *Die Abbildung in einem einfachen Modell bietet zudem den Vorteil, die Ergebnisse von Simulationsrechnungen auf Plausibilität zu prüfen.* Dies gilt für Materialfragen ebenso wie für alle anderen produkttechnischen Belange.

Die Übersetzung komplexen Produktverhaltens in einfache berechenbare Modelle dient dem grundlegenden Verständnis und erleichtert die Weiterarbeit.

Modellbildung erfolgt für ein Produkt üblicherweise zu mehreren technischen Gesichtspunkten. Es existiert daher nicht nur ein Modell; mehrere, oft miteinander in Wechselwirkung stehende Modelle werden erstellt. Außerhalb der in der Regel stets erforderlichen mechanischen Versagens- und Verformungsnachweise sind für ein optimales Produkt- und Werkstoffverhalten Antworten auf thermische, strömungsmechanische, physikalische oder elektrische Fragestellungen zu suchen.

Die Arbeit am Schreibtisch und im Entwicklungsteam, zu der auch externe Wissensträger bzw. Mitarbeiter zu zählen sind, wird durch die Verwendung von *Tabellenkalkulationsprogrammen* (wie MS Excel) oder Mathcad erleichtert. Letztere Software ist ein weitverbreitetes Werkzeug für die Ausführung, Dokumentation und Nutzung von Berechnungen und Entwurfsarbeiten. Auf Basis ingenieurwissenschaftlicher Formeln können zeitsparend verschiedene Werkstoffe im Ingenieurmodell durchgerechnet und bewertet werden. Die Darstellung mathematischer Formeln ermöglichen bedienerfreundliche *Computeralgebrasysteme* (CAS) wie Maple, sodass die von Konstrukteuren häufig gescheute Auseinandersetzung mit Differenzialgleichungen oder anderen Lösungsansätzen der höheren Mathematik nicht mehr gescheut werden muss.

Ein ebenfalls vielfach eingesetztes Programm ist MatLab, welches mit den grafischen Entwicklungsumgebungen Simulink oder Stateflow für komplexere Modelle und *Simulationen* verknüpft werden kann. Dem Entwickler wird mit diesen Softwarelösungen eine freie Programmierbarkeit von formelmäßig erfassten Aufgabenstellungen ermöglicht. Des Weiteren sind an normierte und unnormierte Konstruktionselemente gebundene Computerprogramme erhältlich. So deckt das immer stärker in der Konstruktion Verbreitung findende Berechnungsprogramm Mdesign laut Hersteller Tedata (http://www.tedata.com [Stand: 24. April 2014]) fast alle Standardprobleme der mechanischen Konstruktion ab. Die Software basiert auf den Regeln der DIN, des VDI und der EN. Ein integriertes Werkstoff-Informationssystem umfasst ca. 500 Materialien. Ein hinterlegter Werkstoffkostenfaktor lässt wirtschaftliche Bewertungen zu.

Über diese Berechnungen von klassischen Maschinenelementen inklusive der dazu notwendigen Betrachtungen der Technischen Mechanik hinaus werden von einigen

Firmen als Serviceleistung *Berechnungsprogramme* zu speziellen, immer wiederkehrenden Konstruktionselementen angeboten, die ebenfalls unterschiedliche Materialien als Input gestatten. So können Kunststoffbauteile auf den Internetseiten von Verarbeitern und Rohstoffherstellern berechnet werden (z. B. die Kalkulationsprogramme der BASF AG für Biegeteile, Schnapp- und Schraubenverbindungen unter http://www.plasticsportal.net/wa/ ~de_DE, Menüpunkt „Technische Unterstützung" [Stand: 12. September 2006]). Diese reichen hin bis zu einfachen FEM-Anwendungen, die in Abschnitt 7.1.3 ausführlicher behandelt werden sollen (z. B. Kunststoffteile: http://plastics.bayer.com/, Menüpunkt „Verarbeitung & Konstruktion" – „FEMSnap" der Bayer AG [Stand: 12. September 2006]).

> Tabellenkalkulationsprogramme, Computeralgebrasysteme oder speziellere Rechenprogramme helfen bei der Bearbeitung grundlegender Ingenieurberechnungen zur Verifizierung (Bestätigung) von Produkt- und Materialverhalten.

7.1.2 CAD-Systeme

CAD-Systeme werden heute nicht mehr nur zur Konstruktion von Produkten eingesetzt, sondern bilden für den Konstrukteur den Mittelpunkt einer weit leistungsfähigeren Entwicklungsumgebung. Verknüpfungen mit unterschiedlichen *CAE-Programmen* ermöglichen eine weitgehende virtuelle Produktentwicklung und stellen über entsprechende Schnittstellen zu Produktdaten-Management-Systemen (PDM) den am Produktentwicklungsprozess Beteiligten die notwendigen konstruktiven Informationen „in Echtzeit" zur Verfügung.

So können die im vorangegangenen Abschnitt beschriebenen selbstständigen Softwareprogramme für grundlegende Ingenieurberechnungen mit bestehenden CAD-Systemen verknüpft werden und unterstützen den Entwickler bei der Konstruktion des Bauteils direkt am Bildschirmarbeitsplatz. Als Beispiel seien die *Berechnungsmodule* zu Zahnrädern, Wellen und Lagern, Schrauben u. a. bis hin zu kompletten Getrieben und Antriebssträngen der KissSoft AG (http://www.kisssoft.ch [Stand: 24. April 2014]) mit den CAD-Schnittstellen zu Solid Edge, Solid Works und Inventor aufgeführt.

Darüber hinaus sind vielfältige CAE-Anwendungen wie *Bewegungssimulationen, FEM-Berechnungen, Simulationen thermischer Prozesse usw.* für CAD-Systeme verfügbar. Für die spezielle Suche nach unterstützenden CAE-Modulen, die grundsätzlich auch zur Evaluierung und Validierung von Werkstoffen verwendet werden können, bieten die unten aufgeführten Homepages der führenden CAD-Hersteller bzw. CAD-Systeme umfangreiche Informationen (alle Links mit Stand 24. April 2014):

- CATIA (Dassault Systèmes, http://www.3ds.com)
- Solid Works (Dassault Systèmes, http://www.solidworks.de)
- Inventor (Mann Datentechnik, http://www.mann-datentechnik.de/ cad-software/inventor)
- AutoCAD (Autodesk GmbH, http://www.autodesk.de)
- CREO (PTC, http://www.ptc.com)
- NX (Siemens PLM Software, http://www.plm.automation.siemens.com)
- Solid Edge (Siemens PLM Software, http://www.solidedge.com)

Moderne CAD-Systeme sind heute Schaltstelle für viele Hilfsanwendungen (CAE) zur virtuellen Produktentwicklung (VPD). Die damit verknüpfte Software erlaubt die Simulation mechanischer oder thermischer Belastungen, strömungstechnischer Vorgänge, von Bewegungen, von fertigungstechnischen Prozessen u. v. m.

7.1.3 FEM-Systeme und Simulationen

Auf *FEM (Finite-Elemente-Methode)* basieren in der Regel alle im Markt verfügbaren virtuellen Produktentwicklungswerkzeuge zur Evaluierung und Validierung von Produkteigenschaften sowie zur Simulation von Fertigungsprozessen. Sie versprechen eine zeit- und kostensparende Produkt- und Bauteilentwicklung. *Die Leistungsfähigkeit der CAE-Programme geht dabei weit über die von CAD-Herstellern angebotenen integrierbaren CAE-Lösungen hinaus.* Durch die Zusammenarbeit zwischen den Anbietern lassen sich Verknüpfungen zu bestehenden CAD-Systemen realisieren.

Aufbau von FEM-Programmen

Eine FEM-*Software* besteht stets aus drei Hauptkomponenten, die nicht zwingend vom gleichen Hersteller bezogen werden müssen. Im *Preprozessor* werden unter Beachtung der unterschiedlichen Dateiformate die CAD-Daten sowie weitere Eingabeparameter für die Berechnung aufbereitet. Dazu gehören unter der Verwendung der CAD-Geometrie die Generierung des FEM-Netzes mit Strukturelementen sowie die Festlegung der Randbedingungen (Lasten, Einspannungen, Wärmequellen usw.) und der Materialdaten. Im *Gleichungslöser (Solver)*, dem Herzstück des FEM-Systems, wird die eigentliche Lösung der Fragestellung numerisch ermittelt. Je nachdem finden lineare oder nichtlineare, implizite oder explizite Algorithmen Anwendung. Die aus der Rechnung resultierende hohe Zahl an Daten muss im Weiteren benutzerfreundlich aufbereitet werden. Dazu dient der *Postprozessor*, welcher die Rechenergebnisse in einer interpretierbaren tabellarischen oder grafischen Form aufbereitet.

Simulation des Werkstoffverhaltens

Im Preprocessing werden die zur Lösung erforderlichen Materialdaten eingegeben; das *Materialverhalten* wird über ein *Werkstoffmodell* festgelegt. Je nach Material und CAE-Anwendung umfassen die Daten Gesetzmäßigkeiten

- zu dem elastischen oder elastoplastischen Verhalten oder der Viskoplastizität,
- zu der Iso- und Anisotropie von Werkstoffeigenschaften,
- zu Verfestigungsmechanismen,
- zu Kriechkurven,
- zur Ermüdung, Verfestigung, Entfestigung etc.

Werkstoffwissenschaftliche Ansätze oder Daten aus Versuchsreihen bilden die Grundlage dieser materialspezifischen Eingaben. Der Konstrukteur muss bei der FEM-gestützten Berechnung sorgsam darauf achten, dass das gewählte Werkstoffmodell dem Verhalten des zu untersuchenden Werkstoffs entspricht. Einfache Ansätze sind das Hookesche Gesetz oder der Newtonsche Schubspannungsansatz.

In Programmen, die sich der Methode der Finite-Elemente-Berechnung bedienen, muss das Materialverhalten über ein vorzudefinierendes, korrektes Werkstoffmodell simuliert werden.

Marktlösungen

Die verfügbaren Marktlösungen für FEM-Software können in Universal- und Speziallösungen unterschieden werden. Erstere, auch als General Purpose-Systeme bekannt, betten sich i. d. R. in CAD-Anwendungen ein und werden dort im Bedarfsfall aus der Konstruktionsumgebung aufgerufen. Vielfach eingesetzte Marktlösungen sind SIMULIA (mit Abaqus, www.simulia.com), ANSYS (mit FLUENT, www.ansys.com), Lösungen von CD-Adapco (z. B. STAR-CD, www.cd-adapco.com), SolidWorks Simulation (www.solidworks.com), die Produkte der ESI-Group (z. B. PAM Crash, www.esi-group.com), CAE-Software von MSC (wie MSC NASTRAN, www.mscsoftware.com) oder Siemens PLM Software (z. B. NX NASTRAN, www.plm.automation.siemens.com). Die Simulationstools dienen der virtuellen Produktentwicklung und damit einer kostengünstigen Vorhersage von Produktverhalten. Ihre Vielseitigkeit und Leistungsfähigkeit findet Ausdruck in der Strukturierung in anwendungsspezifischen Lösungspaketen (Module) aus den unterschiedlichsten Ingenieurdisziplinen:

* Bewegungsanalysen
* Bruch- und Strukturmechanik (Crash-Tests, lineare und nichtlineare Verformung)
* Simulation von Fertigungsprozessen (Gießen, Umformen)
* Thermodynamik
* Fluidmechanik
* Akustik, Piezoelektrizität und Elektromagnetismus u. v. m.

Tab. 7-1 führt darüber hinaus ergänzend einige Lösungen von Spezialanwendungen auf, die sowohl auf das „Virtual Prototyping" als auch auf die Simulation unterschiedlicher Fertigungsprozesse („Virtual Manufacturing") abzielen. Auch sie sind zum Teil in CAD-Systemabwendungen integriert.

Tab. 7-1: Spezielle FEM-Anwendungen (nach 53)

Anbieter	Hauptanwendungen	Link
Adina	Strukturmechanik, CFD	www.adina.com
Autoform	Blechumformung	www.autoform.com
Altair	Pre-/Postprozessoren	www.altair.de
Eta	Metallumformung, Automobil	www.eta.com
Field Precision	Elektromagnetik, Permanent-magnete	www.fieldp.com
Mentor	CFD, Thermik, Elektronik	www.mentor.de
Flow-3D	CFD	www.flow3d.com
Integrated Engineering Software	Magnetische und elektromagnetische Felder	www.integratedsoft.com
Magma	Metallgießerei	www.magmasoft.de
Maya	Thermik, CFD	www.mayahtt.com
Moldex 3D	Kunstspritzguss	www.moldex3d.com www.simpatec.com
Moldflow	Kunstspritzguss	www.moldflow.com
Quickfield	Elektromagnetik, Thermik	www.quickfield.com
Vector Fields	Elektromagnetik	www.vectorfields.com

Für alle Angaben gilt: Stand vom 24. April 2014

Fast zu allen technischen Problemstellungen in Bezug auf das Produktverhalten (bzw. Werkstoffverhalten im Fertigungsprozess) sind spezielle FEM-Programme im Markt verfügbar.

Hinweise zum Werkstoffvergleich durch Simulation

Bei der Evaluierung und Validierung des Werkstoffverhaltens im Produkt darf nicht vergessen werden, dass in vielen Fällen ein anderer Werkstoff zu anderen Konstruktionsweisen führen muss (Gestalt, Größe etc.). Eine einfache Änderung der neuen Werkstoffkennwerte würde der Realität einer materialabhängigen Gestaltung nicht entsprechen. Wird dies beachtet, so können die Ergebnisse von Simulationen der Bewertung von Bauteilvarianten mit unterschiedlichen Werkstoffen dienen. Besser geeignete Werkstoffe werden somit identifiziert. Des Weiteren können ohne die Fertigung des Bauteils Aussagen getroffen werden, ob das Eigenschaftsprofil des Werkstoffs ausreicht, um geforderte Produkteigenschaften zu realisieren (Validierung).

Wird das Bauteilverhalten mit unterschiedlichen Materialien über eine Simulation verglichen, so muss der Aspekt der materialabhängigen Gestaltung in die Beurteilung miteinbezogen werden.

Alle FEM-Berechnungen beruhen auf den in Normversuchen ermittelten Eigenschaftswerten von Werkstoffen, auf vorgegebenen Werkstoffmodellen, auf vereinfachenden Definitionen von Randbedingungen u. v. m. Dies schränkt die *Praxisrelevanz der Ergebnisse* mehr oder weniger ein. Die *Verlässlichkeit von Bauteilberechnungen* ist für jede Modellbildung (und dies gilt auch für die grundlegenden Auslegungsrechnungen) stets mit einer Unsicherheit behaftet. Es müssen daher bei neuen oder geänderten Materialien auch andere Werkzeuge zur Risikominimierung auf die Methoden des Virtual Prototypings aufsetzen.

7.1.4   Design of Experiments (DOE)

Die Evaluierung und Validierung der Produkteigenschaften ist beim Einsatz neuer Materialien nicht allein über eine virtuelle Produktentwicklung möglich. *Die Simulation unterschiedlicher Betriebsbedingungen kann in den CAE-Systemen nicht immer ausreichend realisiert werden*; in einigen Fällen liegen noch keine bzw. unzureichende Modelle für eine numerische Berechnung vor. Die Ergebnisse der VPD-Methoden (Virtual Prototype Development) sind sicherlich für das weitere Ausschließen von Werkstoffen nützlich, da sie die grundlegenden Verhaltensweisen eines Produkts und Materials aufzeigen; für eine weiterführende Entscheidung sind Untersuchungen angeraten, die den Einsatzbedingungen des Produkts näherkommen.

Versuche verteilen sich über den gesamten Produktentwicklungs- bzw. Materialauswahlprozess. Die Bandbreite reicht von *Grundlagenversuchen*, die vorrangig eine Grundtauglichkeit eines Materials für ein Bauteil nachweisen, bis hin zu *Feldtests*, bei denen Materialien im Produkteinsatz unter Betriebsbedingungen getestet werden.

Versuche verursachen hohe Kosten und benötigen Zeit. Ihre Planung muss daher ziel-orientiert und effizient erfolgen. Die heutige Versuchstechnik bedient sich dazu unterschiedlicher Methoden, die unter dem Begriff *„Design of Experiments"* (DOE) firmieren. DOE versucht, über eine *statistische Versuchsmethodik* mit möglichst wenigen Versuchen ein Höchstmaß an abgesicherten Informationen über eine Produktfunktion oder eine Prozessgestaltung zu erhalten. Damit wird eine Senkung der Versuchskosten und der Projektlaufzeiten von 40 % bis 75 % erreicht /37/.

Um zeit- und kostenaufwendige Versuche effizient zu gestalten, werden Methoden des „Design of Experiments" (DOE) angewandt. Über die statistische Versuchsmethodik erhält man aus einer kleinen Zahl an Versuchen eine große Ausbeute an Ergebnissen.

Versuchsplanung

Die *Versuchsplanung* unterscheidet zwischen den

* *klassischen Methoden*, in welchen die Abhängigkeit von Zielgrößen durch in der Regel quantitative Parameter untersucht wird,
* Methoden (z. B. nach *Taguchi*), bei denen ein Prozessergebnis oder ein Produktverhalten möglichst *„robust"* gestaltet werden soll (geringe Abhängigkeit von Störgrößen) und
* Methoden (z. B. nach Shainin) zur Identifikation von entscheidenden *Störgrößen* des Prozessergebnisses oder des Produktverhaltens.

Für jede Versuchsplanung ist es zunächst entscheidend, die maßgeblichen Einflussgrößen auf ein Produkt- und Materialverhalten zu identifizieren. *Ein Parameter, der nicht variiert wird, kann bezüglich seiner Auswirkungen auf das Ergebnis nicht beurteilt werden.* Das Material stellt mit seinen *Eigenschaftswerten* unter vielen anderen Einflussgrößen die Variablen zum Aufbau des Versuchsplans bereit; ihre Bedeutung für das Produktverhalten ist zu klären und die Eigenschaft gegebenenfalls zum Versuchsparameter zu erheben.

Klassische Methoden

Wird über den Versuch die optimale Kombination einer Vielzahl quantitativer, sich zum Teil gegenseitig beeinflussender Produkt- oder Prozessparameter gesucht, so verbietet sich aus Zeit- und Kostengründen normalerweise der Test aller möglichen Kombinationen (*vollständiger faktorieller Versuchsplan*). Die statistische Versuchsmethodik erbringt über nur wenige Einzelversuche einen Großteil an notwendiger Information, um über die „Einstellungen eines Prozesses", die „Produktgestaltung", „ein Material" etc. zu entscheiden. Dazu liegen bereits ausgearbeitete *ScreeningVersuchspläne* (bei *fraktionellen faktoriellen Versuchsplänen*) oder *Versuchspläne nach Taguchi* bei der Entwicklung von robusten Produkten und Prozessen vor /37/.

Methoden nach Taguchi

Die Suche nach dem robusten Prozess oder Produkt wird nach der Strategie von Taguchi nicht allein durch die Optimierung der Zielgrößen bestimmt, sondern wesentlich von deren Streuung. Je größer die herstell- oder prozessbedingten Abweichungen von Zielgrößen werden, desto höhere Qualitätskosten werden verursacht und desto geringer ist der Gebrauchswert des Produkts oder Prozesses für den Kunden. Daher ist eine Zielgröße unempfindlich gegen die unvermeidlichen Schwankungen seiner Einflussgrößen zu gestalten (*Robust-Design*). Ein Material kann diese Robustheit des Produktverhaltens verbessern. So können Korrosionsbeständigkeiten für unterschiedliche Betriebsbedingungen von dem Werkstoff A besser ertragen werden als von einem Material B. Die Streuung der Zielgröße „Korrosionsbeständigkeit" fällt für den „robusteren" Werkstoff A geringer aus, woraus ein klares Plus im Hinblick auf die abschließende Bewertung resultiert.

Methoden nach Shainin

Die Untersuchung von Fehlerursachen und Störgrößen mittels der *Methoden nach Shainin* basiert auf den Verfahren des *Komponententauschs*, des *Multi-Variations-Bildes* und des *paarweisen Vergleichs*. Bei geringerer Zahl an Einflussgrößen können auch vollständig faktorielle Versuchspläne oder Variablenvergleiche angewendet werden.

> Je nach Aufgabenstellung (Optimierung von Eigenschaften, Ermittlung eines robusten Designs, Störgrößeneinflüsse) werden vielfach klassische Versuchspläne, Methoden nach Taguchi oder Shainin angewandt.

Durchführung und Auswertung

Die Durchführung der Versuche ist nicht an die Ressourcen des eigenen Unternehmens gebunden. Der Auftrag für Experimente kann über externe Prüflabors oder beim Kunden selbst stattfinden. Dadurch kann die Anschaffung aufwendiger Prüfaufbauten vermieden werden, die insbesondere für Werkstoffprüfverfahren (z. B. Schwingungsprüfung) notwendig sind. Die Auswertung der Versuche erfolgt meist über im Markt verfügbare Softwarelösungen, die zu den CAE-Verfahren zu zählen sind.

Viele Informationssysteme (*siehe Abschnitt 8.4.2*) haben sich auf die Ablage und Auswertung unternehmenseigener Versuchsdaten zu Materialkennwerten spezialisiert. Die daraus resultierende Standardisierung der Ergebnisse in bestehenden Datenbankstrukturen nützt insbesondere bei einer späteren Anwendung in CAE-Systemen. Für produktspezifische Prüfungen sind diese weniger geeignet.

> Versuchsdurchführungen werden vielfach außerhalb des Unternehmens beauftragt, um Anschaffungskosten für Prüfmaschinen etc. zu vermeiden. Die Auswertung erfolgt mit CAE-Systemen.

7.1.5   Prototypen und Rapid Prototyping

Um Produkte und Materialien frühzeitig zu testen, sind *Prototypen* bereits in der kritischen Frühphase der Produktentwicklung von hohem Informationswert. *Je nach Art des Prototyps lassen sich Erscheinen (Ästhetik), technische (Funktion, Herstellbarkeit) und wirtschaftliche Eigenschaften (Kosten) beurteilen.* In allen Fällen ist es das Ziel, in einer

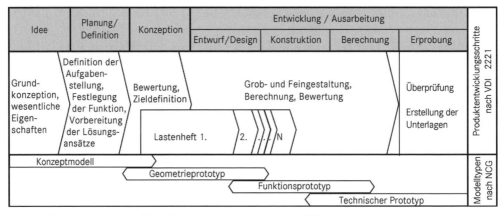

Abb. 7-1: Prototypen des Produktentstehungsprozesses /38/

frühen Phase der Entwicklung das Design sowie technische und wirtschaftliche Produktmerkmale zu beurteilen bzw. effizient zu testen. Dadurch werden Fehler im Produktentwicklungsprozess frühzeitig erkannt.

Es lassen sich zwei *Möglichkeiten des Prototypenbaus* unterscheiden:
- *Umbau* von vorhandenen Produkten oder von Wettbewerbsprodukten auf das „neue Produkt",
- *Fertigung des neuen Produkts als Prototyp* (z. B. mittels Rapid Prototyping).

Die erste Methode hat den Vorteil, geringere Kosten zu verursachen. Für den Einsatz neuer Materialien ist sie allerdings nur geeignet, wenn der neue Werkstoff nicht gänzlich unterschiedliche Konstruktionsweisen oder Fertigungsprozesse verlangt. Ist Letzteres der Fall, sind die Umbauarbeiten deutlich höher. Gegebenenfalls muss entschieden werden, ob sich trotz einer neuen Konstruktion mit dem Umbau wertvolle Erkenntnisse über den neuen Werkstoff gewinnen lassen.

Die *Vorteile von Prototypen* liegen in einer Beschleunigung des Entwicklungsprozesses und der Vermeidung einer verzögerten Markteinführung (Time to Market) des Produkts. Die folgenden nutzbringenden Aspekte gelten auch für die Materialauswahl:
- Verbesserung bei der Kostenbeurteilung eines neuen Produkts bzw. Werkstoffs,
- Verbesserung der Kommunikation und des Verständnisses des neuen Produkts bzw. Materials (Show-and-Tell-Modelle),
- die Möglichkeiten eines frühen Anlaufs von Zertifizierungs- und Normungsverfahren oder anderer Produktauflagen,
- die frühzeitige Überprüfung notwendiger Recyclingmerkmale (z. B. Demontageversuche),
- Motivationsschub für die Beteiligten, da das Ziel greifbar vor Augen liegt.

Materialien können in Prototypen durch Umbau von bestehenden Produkten oder durch Neufertigung getestet werden. Sie erlauben es, frühzeitig das Produkt- und Materialverhalten zu beurteilen. Erkannte Fehler können beseitigt werden. Eine schnellere Produkteinführung wird möglich.

Klassifizierung von Prototypen

Im Laufe einer Entwicklung werden unterschiedliche Prototypen gebaut, die nach der NCG (NC-Gesellschaft e. V.) je nach *Abstraktionsgrad, Detaillierungsgrad und Funktionalität des Prototyps* als

- *Konzeptmodelle,*
- *geometrische Prototypen,*
- *Funktionsprototypen und*
- *technische Prototypen*

eingestuft werden. Sie werden in unterschiedlichen Phasen der Produktentstehung (*siehe Abb. 7-1*) eingesetzt. Während *Konzeptmodelle* (oder *Designprototypen*) die Beurteilung optischer, ästhetischer und ergonomischer Produktmerkmale erlauben und daher die weniger technischen Werkstoffeigenschaften ansprechen, lassen sich mit *geometrischen Prototypen* bereits Genauigkeits-, Montage- und Gebrauchsversuche durchführen. Sie werden üblicherweise noch nicht aus den endgültigen Materialien gefertigt und sind daher für eine Werkstoffentscheidung von geringerer Bedeutung. Allerdings lassen sich Aussagen über Genauigkeiten, Montageabläufe oder auch Gebrauchseigenschaften so konkretisieren, dass daraus Änderungen des Anforderungsprofils folgen können. Diese sind in der Materialanforderungsliste zu dokumentieren.

Der *Funktionsprototyp* ermöglicht den Test ausgewählter Funktionen eines neuen Produkts. Da Materialien die Funktion maßgeblich beeinflussen, geben diese Prototypen für die spätere Werkstoffentscheidung wesentliche Hinweise.

Der Bau eines *technischen Prototyps* steht am Ende fast eines jeden Produktentstehungsprozesses. Er stimmt mit dem Endprodukt überein, gegebenenfalls mit Ausnahmen bei Materialien und Fertigungsverfahren. Für die Vorbereitung einer Werkstoffentscheidung sollten diese Ausnahmen keine Gültigkeit besitzen; der technische Prototyp ist mit dem neuen oder geänderten Werkstoff zu testen.

Rapid Prototyping und Rapid Tooling

Die schnelle Verfügbarkeit von Prototypen durch verkürzte Fertigungszeiten wird mit *Rapid-Prototyping-Verfahren* (RP) ermöglicht. Dadurch lassen sich noch früher Fehler im Entwicklungsprozess aufdecken und somit noch mehr Zeit und Kosten bei der Produktentwicklung einsparen. Dies gilt als Hauptvorteil des Rapid Prototyping (analog des Virtual Prototyping) gegenüber der konventionellen Fertigung von Modellen.

Alle Prototypen werden aus jeweils für das RP-Verfahren typischen Werkstoffen hergestellt und besitzen einen vom Verfahren abhängigen Detaillierungsgrad. Aufgrund dieser Abhängigkeit vom Werkstoff sind diese Methoden für die Werkstoffauswahl nur schwer einzusetzen. Weitere Informationen werden daher von Untersuchungen an konventionell gebauten Modellen gewonnen.

Möglichkeiten bieten jedoch *Rapid-Tooling-Methoden*. Basierend auf RP-Verfahren können innerhalb kurzer Zeit Werkzeuge (meist Gussformen) hergestellt werden, die die Bauteilfertigung mit einem zu prüfenden Werkstoff erlauben.

Die Rapid-Prototyping-Verfahren sind zur Evaluierung und Validierung von Werkstoffeigenschaften nur unzureichend einsetzbar, da die Fertigung meist mit speziellen Materialien erfolgt. Mit einer raschen Werkzeugherstellung über Rapid-Tooling können die Verfahren aber zur raschen Prototyperstellung genutzt werden.

7.2   Endgültige Materialwahl

Mit den aufgeführten wichtigsten Werkzeugen der Evaluierung und Validierung,

- grundlegende Berechnung,
- Simulation (CAE),
- Versuchstechnik und
- Prototypenbau

wurde weiteres Datenmaterial erarbeitet, welches das Bild über die im Materialauswahlprozess verbliebenen Werkstoffe aus der *Liste der Versuchswerkstoffe* abrundet. Statt der strukturierten qualitativen, quantitativen und attributiven Daten der Vorauswahl stehen nun Informationen produktspezifischeren Inhalts zur Beurteilung zur Verfügung.

Entscheidungsvorlage

Im Falle eines komplexeren Produktentwicklungsprozesses ist aus all diesen Ergebnissen der Evaluierungs- und Validierungsmaßnahmen dem Entscheider ein Vorschlag für eine Werkstofflösung, die *Entscheidungsvorlage*, zu unterbreiten. Eine Entscheidung geringerer Tragweite kann meist vom Konstrukteur selbst oder seinem Teamleiter (Projektleiter, Gruppenleiter) getroffen werden.

Die Entscheidungsvorlage ist das letzte Dokument im Werkstoffauswahlprozess vor der endgültigen Materialentscheidung. *Sie sollte nicht an formale Regeln gebunden sein, da sowohl die Spezifika eines Produkts als auch die Fülle möglicher Evaluierungs- und Validierungsaktivitäten ein jeweils eigenes Bild für die Entscheidungsvorlage entwerfen.* Üblicherweise wird ein *Entscheidungspapier* oder eine *Entscheidungspräsentation* erstellt.

Die Entscheidungsvorlage (als -papier oder als -präsentation) schlägt ein Material zur Lösung vor.

Inhalt einer Entscheidungsvorlage

Grundsätzlich sollten die *technischen, technologischen und wirtschaftlichen Aspekte* einer Entscheidung *entsprechend der festgeschriebenen Gewichtungen* in komprimierter Form in die Begründung für einen Werkstoff einbezogen werden. Es muss deutlich werden, *dass das Eigenschaftsprofil der vorgeschlagenen Werkstofflösung mit dem Anforderungsprofil des Materials und des Produkts am besten übereinstimmt.* Häufig ist es vorteilhaft, den Weg zur Entscheidung und damit die Gründe gegen die mituntersuchten Materiallösungen herauszustellen.

In der Regel wird die anstehende, endgültige Materialentscheidung auf der Grundlage vorhandener, meist in den Folgen bekannter Risiken getroffen. *Eine zusammenfassende Beschreibung möglicher Risiken und ihre Quantifizierung sollte daher in einer Entscheidungsvorlage nie fehlen.*

Die Entscheidungsvorlage fasst die Ergebnisse des Werkstoffauswahlprozesses zusammen und begründet die Entscheidung aus technischer, technologischer und wirtschaftlicher Sicht. Die noch vorhandenen Risiken der Entscheidung sind zu benennen und – wenn möglich – zu quantifizieren.

Die Werkstoffentscheidung

Liegt die Entscheidungsvorlage und damit der Vorschlag für eine Materiallösung vor, so zeigt die berufliche Erfahrung, dass in einer Vielzahl von Entscheidungssituationen nicht die erarbeitete *„objektive"* Bewertung der Werkstoffe die ausschlaggebende Rolle spielt, sondern die *„subjektive"* Einschätzung des Entscheiders. Diese „aus dem Bauch" getroffenen Entscheidungen sind für viele Produktentwickler unverständlich, da sie dem technischen Fortschritt die höchste Priorität zumessen. Wird darüber hinaus in der Vorlage der Nachweis der Wirtschaftlichkeit erbracht, scheinen andere Argumente noch belangloser.

Der endgültige Beschluss wird jedoch durch viele über diese Sichtweise hinausgehende, unternehmensinterne und marktspezifische Aspekte beeinflusst, die einer sachlichen Gewichtung weniger zugänglich sind. Diese sind eng mit der Größe des Risikos verknüpft, die ein geänderter oder neuer Werkstoff für den Herstellungsprozess und den Einsatz des Produkts mit sich bringt.

So werden die *unternehmerischen Risiken* der hohen Investitionskosten auch von einem gewissenhaft berechneten „Return of Investment" vielfach gescheut. Für die Dynamik eines Marktes kann in der Regel nicht nur ein *Szenario* gezeichnet werden; die Berechnung der Kapitalrückgewinnungsdauer wird aber selten einem „worst case"-Szenario standhalten. Ungeachtet der auf ausführlichen Risikoanalysen basierenden Evaluierungs- und Validierungsmaßnahmen wird der Sorge um erhöhte Qualitäts- und Garantiekosten sowie um Produktionsausfälle meist mehr Entscheidungsrelevanz beigemessen. *Feldstudien*, die eine größtmögliche Sicherheit hinsichtlich des Produkteinsatzes erbringen können, sind nicht nur teuer, sondern sie bedeuten einen hohen organisatorischen Aufwand. Sie binden auf längere Zeit personelle Ressourcen. Zudem vergeht kostbare Zeit, die die Markteinführung des Produkts hinauszögert.

So wird bei der endgültigen Entscheidung durch den Konstrukteur, durch das Entwicklungsteam oder durch die Geschäftsführung nicht immer der aus der Bewertung heraus beste Werkstoff für das Bauteil bzw. Produkt gewählt. Überzeugen kann ein neuer Werkstoff den Entscheider nur, wenn klar aufgezeigt wird, dass das entstehende Risiko kalkulierbar ist und dass daraus dem Unternehmen (am besten deutliche) wirtschaftliche Vorteile erwachsen.

Eine Werkstoffentscheidung ist nicht alleine Ausdruck der Abwägung objektiv zusammengetragenen Datenmaterials; häufig spielen subjektive Einschätzungen wie Zukunftsszenarien, Risikoentwicklung usw. eine tragende Rolle. Daher kann eine Entscheidung auch gegen den Vorschlag einer Entscheidungsvorlage fallen.

Wird trotz guter Vorbereitung dem Entwickler der neue, gegebenenfalls innovative Werkstoff verwehrt, sei dennoch an die Motivation des Einzelnen appelliert, nicht

„den Kopf in den Sand zu stecken" und „sich nie wieder diese Arbeit aufzuladen". Es sollte respektiert werden, wer die Verantwortung für die Unternehmensentscheidungen trägt. Der größte Beitrag für ein zukünftiges Ja beim nächsten Materialauswahlprojekt wurde durch die gezeigte Gewissenhaftigkeit bei der systematischen Durchführung des Auswahlprozesses geleistet.

Damit sollte zukünftig auch nicht ein konservativer, risikoarmer Weg bei der Materialauswahl begangen werden, der sich bereits bei der Vorauswahl der Werkstoffe durch frühzeitiges Ausscheiden innovativer Werkstoffe ankündigt. Einem ausgeprägten Innovationswillen, der aus den in Abschnitt 2.1 genannten Beweggründen heraus erwachsen kann, muss auch der Mut folgen, den evaluierten und validierten neuen Werkstoff über die bestehenden Restrisiken hinaus tatsächlich einzusetzen.

Die endgültige Materialwahl schließt den Entwicklungsprozess zwar formal ab, jedoch ist bei einer Neueinführung oder Änderung eines Materials eine „Nachsorge" durch Kontrollen beim Einsatz des Produkts, der Auswertung von Schadensfällen etc. von zukünftigem Interesse. Hier sollten die Hauptverantwortlichen klar definiert werden, um verwertbare Daten für weitere Produktverbesserungen zu erhalten.

Ein abschließender Appell

Für die Vorgehensweise bei der Werkstoffauswahl und der daraus abgeleiteten Entscheidung sei abschließend ein Zitat von Ehrlenspiel und Kiewert /2/ aufgeführt, welches nach Meinung des Autors am ehesten die berufliche Praxis trift: „Von einer automatisierten Entscheidung kann bei den vielen subjektiv getroffenen Festlegungen ohnehin keine Rede sein." Die beschriebene Methodik der Werkstoffauswahl soll als Leitfaden dienen, diesen Prozess ebenfalls systematisch anzugehen. Dem Autor sind durchaus die Bedenken gegenüber formalen Vorgehensweisen bekannt. Eine umfassende Methodik muss aber nicht notwendigerweise vollständig in den Unternehmensabläufen umgesetzt werden. Vielmehr sind sie je nach Notwendigkeit entsprechend zu modifizieren. Es ist mit einer Methodik die Hoffnung verbunden, dass die Chancen für eine Werkstoffinnovation durch die Klarheit des Vorgehens steigen.

7.3   Anmerkungen zu den Kapiteln 8 und 9

Die nachfolgenden Kapitel dienen speziellen Zwecken des Materialauswahlprozesses.

Kapitel 8

Über den gesamten Prozess der Materialwahl sind Informationen zu beschaffen. Gegenüber früher sind die Möglichkeiten dazu schier unerschöpflich: Waren früher das Fachbuch oder der eigene Versuch die einzigen Möglichkeiten, Daten über Werkstoffe zu erhalten, bietet heute eine Vielzahl von Medien Zugang zu Materialdaten. Angesichts der Fülle an Printmedien, Speichermedien, audiovisuellen Medien, Internet, Datenbanken etc. fällt es heute nicht leicht, die Flut der Daten effizient zu steuern. Aus diesem Grund wird in Kapitel 8 versucht, einige Informationssysteme zu benennen, die eine Suche nach Werkstoffdaten erleichtern.

Kapitel 9

Prozesse benötigen zur frühen Fehlervermeidung, zur Steuerung von Information, zur Planung von Ressourcen u. v. m. ein modernes Projekt- und Qualitätsmanagement. Zunächst werden dazu in Kapitel 9 Werkzeuge vorgestellt,

- auf die in der beruflichen Praxis nicht verzichtet werden sollte und
- die auch sinnvoll auf Werkstoffauswahlprozesse angewendet werden können.

Diesbezüglich werden – soweit erforderlich – Beispiele aufgeführt, die in der Literatur gefunden wurden.

7.4   Kontrollfragen

7.1   Welchen Hauptaufgaben muss sich der Entwickler in Phase IV bei der Werkstoffauswahl zuwenden, um Sicherheit bezüglich des Einsatzes eines Bauteilwerkstoffs im Produkt zu erhalten?

7.2   Warum sind bereits grundlegende Ingenieurberechnungen zum Produktverhalten „Simulationen"?

7.3   Warum nehmen technische Modellbildungen bei komplexen Produkten einen hohen Stellenwert in der Produktentwicklung ein?

7.4   Wie lassen sich moderne CAD-Systeme für die Entwicklung von Produkten nutzen?

7.5   Was ist im Hinblick auf das Material in FEM-Berechnungen korrekt zu definieren?

7.6   Was ist zu beachten, wenn unterschiedliche Werkstoffe in FEM-Systemen verglichen werden sollen?

7.7   Welches Ziel verfolgt DOE? Wie hilft die statische Versuchmethodik?

7.8   Wie lassen sich Produkt- und damit Materialverhalten versuchstechnisch am besten absichern? Was sind die daraus resultierenden Problematiken?

7.9   Welche Zielsetzungen werden bei der Versuchsplanung unterschieden?

7.10   Welche Möglichkeiten gibt es, um Prototypen herzustellen?

7.11   Welchen Vorteil bieten Prototypen?

7.12   Welche Arten von Prototypen werden unterschieden?

7.13   Welchen Zweck verfolgt die Entscheidungsvorlage? Welche Inhalte hat das Dokument?

7.14   Welche Gründe entscheiden außer den in der Entscheidungsvorlage dargestellten Sachverhalten noch über einen Werkstoff mit?

8 Informationsbeschaffung

Die Möglichkeiten, auf Informationen für Werkstoffe zuzugreifen und eine Überprüfung der Übereinstimmung von Anforderungs- und Eigenschaftsprofil durchzuführen, wurden in den letzten Jahrzehnten durch den Einsatz von Rechnersystemen und des World Wide Web (WWW) deutlich verbessert. Waren früher Fachbücher, Werkstofflieferanten und Experten die einzigen Informationsquellen, kann die mittlerweile geschaffene Fülle an Informationen fast als Last empfunden werden. Gut strukturierte Informationsquellen sind nur schwer zu finden, und die Einschätzung der Datenintegrität (-zuverlässigkeit) fällt häufig schwer. Eine weitere Problematik im Entwicklungsbereich ist der Zugriff auf laufend aktualisierte Datenbestände, die auch die große Zahl an Werkstoffneuentwicklungen berücksichtigt. Das Wissen um den neuen, für einen Produkteinsatz interessanten Werkstoff wird in vielfältiger Weise (in Fachzeitschriften, auf Messen etc.) geweckt. Es müssen jedoch auch die Daten für die notwendigen Evaluierungs- und Validierungsschritte vorhanden sein. Bei neuen Werkstoffen ist oft selbst der Lieferant noch in der Lernphase und bei dem entsprechenden Datenaufbau.

8.1 Informationsbedarf und Datenqualität

Der Anspruch an die notwendigen Informationen ist stark von den Phasen des Konstruktionsprozesses abhängig. Ein Konstrukteur, der sich auf die Suche nach einem Werkstoff macht, hat als Ausgangspunkt die erarbeitete *Materialanforderungsliste* (*vergleiche Abschnitt 4.3*). Dieses Dokument wird ihn durch den kompletten Auswahlprozess begleiten. Änderungen, Ergänzungen und Streichungen von Forderungen, Wünschen und Zielen werden im Laufe des Auswahlprozesses stets im Konsens mit allen Beteiligten durchgeführt. Die Materialanforderungsliste gibt in jedem Fall vor, nach welchen Daten „gefahndet" werden muss.

> Ausgangspunkt der Informationsbeschaffung ist die Materialanforderungsliste. Sie gibt vor, welche Daten für die Auswahl eines Werkstoffs notwendig sind.

Informationsbedarf in Abhängigkeit der Konstruktionsphasen

Das Ziel der *Vorauswahl* von Materialien (Phase II, *vergleiche Kapitel 5*) ist es, die große Zahl an Konstruktionswerkstoffen über die identifizierten Ausschlusskriterien auf kleinere Suchfelder einzuschränken. Die Konstruktion des Bauteils steckt ebenfalls noch in den Anfängen (Konzept- oder beginnende Entwurfsphase). Der Entwickler führt abschätzende Berechnungen (Leistung, Größe etc.) durch, für die sich notwendige grobe Materialeigenschaftwerte ergeben und die der Erstellung der Materialanforderungen dienen.

Für die *Suchmerkmale* dieser Konzeptphase der Konstruktion werden – wie in Abschnitt 5.2 ausgeführt – die *quantitativen Vorgaben* der Materialanforderungsliste gewählt. Der Konstrukteur muss dabei – um innovative Materiallösungen zu finden –

seine Suche von einer *breiten Datenbasis* aus starten. Sie beinhaltet die Haupteigenschaften aller Werkstoffe und ist nicht nur auf eine Werkstoffgruppe (Metalle oder Kunststoffe oder Keramik usw.) fokussiert. Aus einer solchen beschränkten Informationsquelle würden sich Werkstoffinnovationen nur zufällig ergeben. Allerdings ist in der Konstruktion die frühe Festlegung auf eine Werkstoffgruppe weit verbreitet, da die Herausforderungen eines völlig neuen Materials nicht angenommen werden. Neue Materialien erfordern neue Konstruktionstechniken, die Verwendung neuer Fertigungs- und Prüfverfahren und bergen aufgrund mangelnder Erfahrungen mit der neuen Werkstoffgruppe zudem die Gefahr der Fehleinschätzung des Materialverhaltens im Betrieb.

Bei der Vorauswahl wird geprüft, ob die Eigenschaften von Werkstoffgruppen und -familien (*Eigenschaftsprofile*) mit dem *Anforderungsprofil* (Materialanforderungsliste) übereinstimmen. Ziel des Entwicklers ist noch nicht das Auffinden des konkreten Materials mit in der Regel normierter Bezeichnung (Werkstoffsorte) und dem dazugehörigen detaillierten Eigenschaftsprofil. Es ist vielmehr entscheidend, dass die angebotenen Daten der Materialgruppen eine gegenseitige Abgrenzung der Eigenschaften erkennen lassen. Nur so kann eine anwendungsgerechte Vorauswahl getroffen werden. Die Merkmale der Gruppe, Untergruppe oder Familie müssen für alle ihre Angehörigen Gültigkeit besitzen. Für die Eigenschaften dieser groben wie feineren *Gruppierungen (Cluster)* wird ein durch Ober- und Untergrenze definierter Wertebereich angegeben. Beispiele für typische grundlegende und abgrenzende Werkstoffeigenschaften sind Dichten, Festigkeiten, thermische Ausdehnungskoeffizienten, Wärmeleitfähigkeiten usw. (*vergleiche Abschnitt 5.2*). *Tab. 5-2* zeigt die Wertespannen von Werkstoffuntergruppen für den Elastizitätsmodul.

Datenbestände, die über alle Werkstoffgruppen Informationen bieten, finden sich in *Fach-, Hand-* und *Lehrbüchern* sowie in einigen ausgewählten *Datenbanken*. Auch die von Ashby eingeführten *Werkstoffschaubilder* (*vergleiche Abschnitt 5.3*) sind bestens geeignet, einen grundlegenden Überblick über die Eigenschaften der Materialgruppen zu geben. Die grafische Darstellung erleichtert dem weniger Werkstofferfahrenen eine schnellere Vorauswahl. Auch die im Abschnitt 6.3.6 vorgestellte *CES-Software* wird derzeit in der konzeptionellen Phase zur Eingrenzung der Suchfelder eingesetzt.

Für die Vorauswahl, die auf Basis abgeleiteter quantitativer Suchkriterien erfolgt, muss eine breite Datenbasis zur Verfügung stehen. Werkstoffgruppen dürfen nicht ausgeschlossen werden, um eine Innovation zu ermöglichen. Unverzichtbar ist eine Gruppierung aller Werkstoffe in Untergruppen, Familien u. Ä. Die zugehörigen Materialeigenschaften werden in Form von Wertespannen angegeben. Datenbestände finden sich in ausgewählten Fach-, Hand- und Lehrbüchern sowie Datenbanken (und damit verknüpften Softwareprogrammen).

Die sich im Auswahlprozess anschließende *Feinauswahl und Bewertung* (Phase III, *vergleiche Kapitel 6*) erfordert über die in der Vorauswahlphase zur Identifizierung verwendeten Suchwerte hinausgehende, detailliertere Kenntnisse über die Materialeigenschaften eines Lösungskandidaten. Im Konstruktionsprozess dienen sie der genaueren Analyse der Bauteil- und Produktanforderungen, um zunächst einen Grob-, später einen Feinentwurf des Produkts bzw. Bauteils zu erstellen. Die Daumenwerte der mechanischen, physikalischen und chemischen Kennwerte der Werkstoffgruppen reichen somit nicht mehr aus; mit deutlich schärferen Aussagen werden weiterführende Berechnungen angegangen. Auch die technologischen Eigenschaften müssen spätestens in dieser Phase im Hinblick auf die Fertigung von Bauteilen zur Beurteilung der Werkstoffeignung mitherangezogen werden. Häufig ist diese Festlegung der Fertigungstechnologie bereits in der Konzeptphase der Konstruktion erfolgt.

Je nach Werkstoff und Werkstofffamilie sind diese Daten in *spezielleren Datenbanken* und *Handbüchern* und insbesondere *in teils elektronischen, teils schriftlichen Datensammlungen von Organisationen, Institutionen und Verbänden von Werkstoffherstellern* zu finden.

Für den Konstrukteur ist es unerfreulich, dass die üblicherweise angebotenen Daten keine *Vergleichsdarstellung* potenzieller Werkstofflösungen erlauben. Die Datenstrukturen vieler Hersteller sind auch heute noch so aufgebaut, dass Gegenüberstellungen meist nur für die eigenen Produkte des Herstellers erfolgen können. *Informationssysteme von Vereinigungen und Verbänden der Rohstofflieferanten* erlauben weiterführende Vergleiche von Werkstofffamilien. Kostenpflichtige kommerzielle Lösungen, die eine Vielzahl von Werkstofffamilien auch über Werkstoffgruppen hinweg einbinden, werden angeboten (*siehe Abschnitt 8.4.2.1*). Auch die CES-Software weist diese Funktionalität auf (*siehe Abschnitt 6.3.6*).

In der Entwurfsphase finden durch detailliertere Festlegungen von Bauteilmerkmalen tiefer gehende Eignungsprüfungen an den Lösungskandidaten statt; nach diesem Auswahlprozess sollte nur eine kleine Auswahl (in der Regel drei bis fünf Werkstofflösungen) verbleiben, die in der letzten Phase des Konstruktionsprozesses, der Ausarbeitung, weiter untersucht werden.

> Die Entwurfsphase einer Konstruktion benötigt genauere Werkstoffdaten, um einen Grobentwurf bis hin zum Feinentwurf zu gestalten. Die dazu notwendigen Daten stammen in der Regel von Materiallieferanten, Interessenverbänden und Datenbanken.

Die *Ausarbeitung* einer Konstruktion erfordert letztlich die intensivste Nutzung von Materialdaten. An dieser Stelle des Prozesses wird (wenn nicht bereits früher geschehen) vielfach der *Materialhersteller* mit in die Detailauswahl des Werkstoffs, die Gestaltung und die Berechnung des Bauteils einbezogen. Aus der Kenntnis einer Fülle von Anwendungsfällen ist er meist in der Lage, Vorhersagen über das vermutliche Betriebsverhalten zu treffen. Ihm sind *weiterführende Quellen* (Forschungsprojekte, Literatur, Experten usw.) bekannt, die zur Lösung speziellerer Probleme (z. B. Tribosysteme, Korrosionsverhalten) beitragen können. Die Fachgespräche mit Werkstoffexperten, Daten der Broschüren, Daten-CDs und Datenblättern der Hersteller runden das aus externen Quellen aufgebaute produktspezifische Bild des Werkstoffs ab.

Trotz der großen Menge an Informationen, die zu ausgewählten Werkstoffen zur Verfügung stehen, reichen oft Daten nicht aus, das Betriebs- und Fertigungsverhalten eines neuen Materials einzuschätzen. Um das Risiko des Einsatzes zu minimieren, sind weitere *Evaluierungs- und Validierungsmaßnahmen* (*vergleiche Kapitel 7*) zu treffen. Simulationen und Versuche helfen, spezielle Risiken des Werkstoffs einzuschätzen. Bei großer Unsicherheit ist als letzte Maßnahme ein Feldversuch zu planen. Zeit- und Kosteneinsparungen bei diesen Maßnahmen sind durch die angesprochenen Simulationen denkbar. Leider beschreiben sie häufig nur einen Teil des tatsächlichen Materialverhaltens im Betriebs- und Fertigungsfall. Die notwendigen Inputs für die *Werkstoffmodelle* der CAE-Systeme (Computer Aided Engineering, *vergleiche Abschnitt 7.1.3*) stellen in einigen Fällen den Anwender vor beträchtliche Probleme bei der Datenbeschaffung. Auch hier haben sich spezielle kommerzielle Datenbanken bzw. Informationssysteme ausgebildet, die diese Nachfrage bedienen (z. B. MARLIS von M-Base, *siehe Abschnitt 8.4.2.2*).

Die benötigten *exakten Kennwerte und Eigenschaften* der Materialien in der Ausarbeitungsphase schließen nicht nur die mechanischen, physikalischen und chemischen Daten ein. Die wirtschaftlichen Kenngrößen eines Produkts (Zusammensetzung der Herstellkosten), die Verfügbarkeit der Materialien, die Möglichkeiten der Fertigung (extern, intern) sind zu prüfen.

> Zur Ausarbeitung einer Konstruktion sind für die Bauteilberechnungen exakte Werte zu den Eigenschaften der Materialien notwendig.

Datenqualität

Betrachtet man den beschriebenen Gesamtprozess der Konstruktion, so wird deutlich, dass die *Aktualität und Zuverlässigkeit der Daten* (Datenintegrität) mit fortschreitendem Prozess stark an Gewicht gewinnen. Während die Vorauswahl der Konzeptphase mit groben Wertespannen der erforderlichen Eigenschaften arbeitet, benötigt die Entwurfsphase bereits genauere Kennwerte für die Auslegung sowie die Beurteilung der Wirtschaftlichkeit und des Betriebsverhaltens. Eine Ausarbeitung ist auf die Richtigkeit der Daten eines Materials angewiesen, um das Produktrisiko (über das gesamte Produktleben) geringzuhalten und den wirtschaftlichen Erfolg eines Erzeugnisses zu garantieren. Aufgrund der Produkthaftung ist ein Nachweis der Produktsicherheit (über Rechnung, Versuch usw.) unverzichtbar.

> Die Anforderungen an die Qualität der Werkstoffdaten wachsen mit fortschreitender Konstruktion. Der Nachweis der Produkteigenschaften und -sicherheit muss mit aktuellen und zuverlässigen Materialdaten erfolgen.

8.2 Beschaffungsquellen

Informationsgewinnung zu Materialdaten können über unterschiedliche *Bezugsquellen* gewonnen werden. Hierzu gehören *Printmedien* wie
- *Lehrbücher, Fachbücher, Handbücher* o. Ä. (z. B. /1/, /22/, /21/, 24/, /39/),
- *Tabellenbücher* und *Werkstoffkataloge* (z. B. /40/, /41/),
- *Normen* und *Richtlinien,*
- *Herstellerinformationen* (Prospekte, Tabellen, Datenblätter, Untersuchungsergebnisse),
- Informationen von *Fachorganisationen* und *Interessenverbänden,*

- *wissenschaftliche* (oder auch allgemeine) *Veröffentlichungen* in Fachzeitschriften, Schriftenreihen usw. oder
- interne und externe *Schadensstatistiken*.

Viele dieser Informationen werden heute über *audiovisuelle Medien* bzw. *Speichermedien* (CD, DVD, Video etc.) angeboten. Das Recherchieren von Printmedien erfolgt in der Regel kostenpflichtig mit Hilfe von Literaturdatenbanken.

Eine andere, sehr wertvolle Möglichkeit der Beschaffung von Informationen sind *Personen*. Dazu gehören

- die *Beratung durch Experten* der Hersteller, von Forschungseinrichtungen (Hochschulen, Verbänden, Gesellschaften etc.) und des Unternehmens (aus unterschiedlichen Fertigungsbereichen) sowie
- der *Besuch von Messen, Fachkongressen, Arbeitskreisen*.

Heute werden immer stärker *neue, elektronische Medien* zur Informationssuche eingesetzt:

- *Internet*
  Es bietet nicht nur auf den Homepages der Werkstoffhersteller oder von Interessenverbänden Informationen über Werkstoffe an, sondern heute können bereits viele Fachartikel über das World Wide Web eingesehen werden.
- *Literatur- und Patentrecherchen*
- *Materialdatenbanken* (Online, aber auch auf Speichermedium) und Expertensysteme
- *Online-Software*.

Zur Informationsbeschaffung dienen Printmedien, audiovisuelle Medien, auf Speichermedium verfügbare Daten und die Möglichkeiten des neuen Mediums Internet (Datenbanken, Homepages, Recherchen).

Außerhalb dieser konkreten Bezugsquellen bietet es sich an, für einen innovativen Werkstoffauswahlprozess auch andere *kreative Methoden* für die Suche einzubeziehen. So kann ein „Blick über den Tellerrand" auf branchenfremde Applikationen mit ähnlichen Werkstoffanforderungen aufschlussreiche Informationen liefern. Dabei lassen sich ohne die üblichen wettbewerbsinternen Einschränkungen wertvolle Informationen und Erfahrungen über ein Material mit Fremdfirmen austauschen.

Die *Bionik* spielt in den letzten Jahrzehnten bei Werkstoffinnovationen eine wichtige Rolle, bei der „Konstruktionen der Natur" technisch abgebildet werden. Dazu einige werkstoffspezifische Beispiele:

- Bei der Gestaltung von Materialoberflächen führt der Lotuseffekt dazu, dass Schmutz nicht mehr anhaftet, sondern mit der Flüssigkeit weggespült wird (z. B. im Sanitärbereich).
- Die Haifischhaut sorgt für einen geringen Strömungswiderstand (Anwendungen im Flugzeugbau).
- Metall- und Kunststoffschäume sind als Transferleistungen strukturmechanischer Elemente der Natur (Knochengerüst) zu werten.

Auch andere *kreativitätsbetonte Techniken der Konstruktionslehre* (wie das Brainstorming in einer Runde von Fachleuten unterschiedlicher Fachabteilungen) können ein eher konservativ definiertes Suchfeld um innovative Werkstoffideen bereichern.

8.3 Zugang zu Printmedien

Schriftliche Werkstoffinformationen können heute rasch über die *Suchmöglichkeiten des Internets* ermittelt werden. Die dazu verwendbaren allgemein und kostenlos angebotenen Möglichkeiten werden durch speziellere, kommerzielle und kostenpflichtige Methoden ergänzt. Für alle im Folgenden genannten Links im World Wide Web gilt der Stand April 2014.

Suchmaschinen

Zu den meist genutzten Suchmaschinen gehören Google (http://www.google.de) und Bing (http://www.bing.com). Darüber binden Meta-Suchmaschinen mehrere Suchmaschinen in eine Suche ein (z. B. https://www.ixquick.com/ oder http://www.metager.de). Die angebotenen Ergebnisse sind für den Ingenieurbedarf jedoch nicht ausreichend gut strukturiert und bieten so nur einen schlechten Einstieg bei der Suche nach Werkstofflösungen und -informationen. „Masse statt Klasse" führt daher zu einem wenig effizienten Arbeiten mit diesen WWW-Tools. Der Einsatz dieser Suchmaschinen bietet sich erst im späteren Verlauf des Auswahlprozesses an, um gegebenenfalls detailliertere Materialinformationen zu finden. Für diese Suchläufe schränken wesentlich speziellere Suchbegriffe die Fälle der Ergebnisse ein. Dabei ist es sinnvoll, auch spezifische, auf wissenschaftliche Zwecke ausgerichtete Suchmaschinen zu verwenden (z. B. http://scholar.google.de/ oder http://worldwidescience.org/). Eine Übersicht zu fachspezifischen Suchmaschinen bietet u. a. http://www.wissenschaftliche-suchmaschinen.de/.

> Zu Beginn einer Werkstoffsuche bieten die allgemeinen Suchmaschinen keine ausreichende Ergebnisaufbereitung, um allgemein gehaltene, vergleichende Werkstoffdaten zu erhalten. Sie bieten sich erst bei stärkerer Detaillierung als Mittel zur Informationsbeschaffung an.

Fachbücher

Der Zugang zu allgemeineren schriftlichen Informationen über Materialien erfolgt in der Konzept- und Entwurfsphase besser über *Fachbücher*. Eine einfache Methode, diese unter der Vielzahl von Buchveröffentlichungen zu finden, ist die Verwendung von Suchprogrammen von Bibliotheken. Dazu zählt z. B. das Hannoversche Online-Bibliothekssystem HOBSY (http://www.hobsy.de), das über den Online-Katalog „OPAC" Zugriff auf die Literatursuche in den Bibliotheken der technischen Hochschulen in Hannover erlaubt. Unter dem Auswahlpunkt „KVK" (Karlsruher Virtueller Katalog) kann zudem unter mehr als 500 Mio. Büchern und Zeitschriften in Bibliotheks- und Buchhandelskatalogen weltweit gesucht werden. Die Gesamtkataloge aller deutschen Bibliotheksverbünde werden in dieser Abfrage mit eingebunden.

In Fachbüchern finden sich sowohl detaillierte Informationen zu Materialien als auch Übersichtstabellen von Werkstoffgruppen, sodass sie in allen Phasen des Auswahlprozesses zum Fortschritt beitragen können.

Hilfreiche Internetlinks zur Informationsbeschaffung

Außerhalb dieser Möglichkeiten können Informationen über die sich ausgebildeten Interessengemeinschaften von Werkstoffgruppen und -familien gewonnen werden. Die in Tab. 8-1 aufgeführten Internetlinks geben nach Materialgruppen gegliedert nicht nur selbst eine Vielzahl von Informationen über den Werkstoff, sondern verweisen auf eine Reihe weiterer aufschlussreicher Links. Ergänzend werden Internetadressen für spezielle Fertigungsverfahren (z. B. Galvanik) und Werkstoffbeanspruchungen (insbesondere Korrosion) aufgeführt. Deren Inhalte können im Hinblick auf die Materialwahl konstruktiv Bedeutung erlangen.

Wird für Materialien in der *Tab. 8-1* kein Internetlink aufgeführt, lohnt ein Blick auf die Seite „http://www.verbaende.com"; dort kann möglicherweise eine Interessenvereinigung hinsichtlich der Verwertung des gesuchten Werkstoffs gefunden werden.

Über Links von Interessenverbänden (*siehe Tab. 8-1*) ist für unterschiedliche Werkstoffgruppen und -untergruppen eine detaillierte, aber noch allgemein gehaltene Informationsbeschaffung möglich.

Literaturrecherchen über Datenbanken

Das Auffinden detaillierterer Werkstoffinformationen für die Entwurfs- und Ausarbeitungsphase ist über Literaturrecherchen möglich. Eine der in Deutschland am meisten verbreiteten Anlaufstellen ist das Fachinformationszentrum Karlsruhe (http://www.fizkarlsruhe.de). Als gemeinnützige wissenschaftliche Serviceeinrichtung folgt sie dem Auftrag, Fachinformationen und damit verbundene Dienstleistungen für Forschung, Entwicklung und Lehre in Verbindung mit den Anwendungen der Industrie bereitzustellen.

Tab. 8-1: Auffinden von Informationen durch technische und wirtschaftliche Organisationen, Verbände und Vereinigungen

Werkstoffgruppe	Link (http://...)
Stahl und Eisen	
VDEh Verein Deutscher Eisenhüttenleute	www.stahl-online.de
Informationsstelle Edelstahl Rostfrei (ISER)	www.edelstahl-rostfrei.de
AWT Arbeitsgemeinschaft Wärmebehandlung und Werkstofftechnik e.V.	www.awt-online.org
VDG Verein Deutscher Gießereifachleute e.V.	www.vdg.de
AIST – Association for Iron & Steel Technology	www.aistech.org
Nichteisenmetalle	
Gesamtverband der Aluminiumindustrie e.V.	www.aluminium-zentrale.de
European Aluminium Association (EAA)	www.aluminium.org
Deutsches Kupferinstitut e.V.	www.kupfer-institut.de
Copper Development Association Inc.	www.copper.org
International Zinc Association	www.zincworld.org/zwo_org
Nickel Institute	www.nickelinstitute.org
Deutsche Titan GmbH	www.deutschetitan.de
International Magnesium Association	www.intlmag.org
Initiative Zink	www.initiative-zink.de
Cometec GmbH – Tantal und Niob	www.tantal.de
Lead Development Association International	www.ldaint.org
Keramik	
DKG Deutsche Keramische Gesellschaft e.V.	www.dkg.de
Verband der Keramischen Industrie e.V.	www.keramverband.de
NEMO-Keramikeinkaufsführer	www.ceramic-journals.com
DEV Deutscher Email Verband e.V.	www.emailverband.de
EcerS European Ceramic Society	www.ecers.org
AcerS American Ceramic Society	www.acers.org
Glas	
Deutsche Glastechnische Gesellschaft e.V. (DGG) Hüttentechnische Vereinigung der Deutschen Glasindustrie e.V. (HVG)	www.hvg-dgg.de
Bundesverband Flachglas	www.bundesverband-flachglas.de
Verbundwerkstoffe	
Institut für Verbundwerkstoffe GmbH	www.ivw.uni-kl.de
Kunststoffe, Gummi und Kautschuk	
KunststoffWeb GmbH	www.kunststoffweb.de
Plastics-technology.com	www.plastics-technology.com
DKG Deutsche Kautschuk-Gesellschaft e. V.	www.dkg-rubber.de
Holz	
Internationaler Verein für Technische Holzfragen e.V.	www.ivth.org
Gesamtverband Deutscher Holzhandel e.V.	www.holzhandel.de
Umgebungseinflüsse (Korrosion, Verschleiß, Schmierung)	
GfKORR Gesellschaft für Korrosionsschutz e.V.	www.gfkorr.de
DECHEMA Gesellschaft für Chemische Technik und Biotechnologie e.V.	www.dechema.de
GfT Gesellschaft für Tribologie e.V.	www.gft-ev.de
Cole-Parmer (Chemische Verträglichkeit)	www.coleparmer.com
EFC European Federation of Corrosion	www.efcweb.org
Fertigungstechnologien und Oberflächentechnik	
DGO Deutsche Gesellschaft für Galvano- und Oberflächentechnik e. V.	www.dgo-online.de
GALVAonline (Galvanotechnik)	www.galvaonline.de
EPMA European Powder Metallurgy Association	www.epma.com
DVS Deutscher Verband für Schweißen und verwandte Verfahren e. V.	www.dvs-ev.de

Grundlage des größten Geschäftsbereichs der FIZ ist die Zusammenarbeit mit dem weltweit führenden *Online-Dienst für wissenschaftlich-technische Datenbanken* STN International (The Scientific and Technical Information Network, http://www.stn-international.de). Über kostenpflichtige Recherchen kann auf die Informationen aus über 210 Datenbanken mit rund 400 Mio. Dokumenten zurückgegriffen werden. Aufgrund der Einteilung der Daten in *spezifische Datenbanken (Cluster)* wird die Suche nach Werkstoffinformationen und deren speziellen Eigenschaften vereinfacht.

Beispielsweise enthält das Cluster MATERIALS die in *Abb. 8-1* aufgelisteten Datenbanken. Die Datenbestände sind i. d. R. nach Werkstoffgruppen angelegt:

- COPPERLIT fokussiert auf Kupfer und seine Legierungen.
- ALUMINIUM beinhaltet Informationen über Aluminiumwerkstoffe, deren Verarbeitung und Entwicklungstrends.
- RAPRA enthält bibliographische Daten, Patentinformationen, Herstellerangaben als auch Handelsnamen zu Kunststoffen und deren Verbundwerkstoffen sowie Klebstoffen.
- CERAB ist eine Datenbank für keramische Werkstoffe usw.

Diese werden auch in anderen Clustern wie METALS (metallische Werkstoffe) oder ENGINEERING (verstärkter Anwendungsbezug) verwendet. Spezielle, in den Clustern vorhandene Datenbanken unterstützen den Entwickler bei Problemstellungen der Tribologie (z. B. TRIBO von der Bundesanstalt für Materialforschung und -prüfung BAM), der Korrosion (CORROSION) oder der Fügetechnik (WELDASEARCH).

Literaturrecherchen zu Werkstoffen dienen der weiterführenden Informationsbeschaffung und werden am besten in Zusammenarbeit mit ausgebildeten Mitarbeitern von Bibliotheken durchgeführt.

MATERIALS

1MOBILITY, 2MOBILITY, ALUMINIUM, ANTE, APOLLIT, CAPLUS, CBNB, CEABA-VTB, CERAB, CIN, CIVILENG, COMPENDEX, COPPERLIT, CORROSION, DKF, EMA, ENERGY, HEALSAFE, IFIPAT, INSPEC, INSPHYS, MATBUS, MECHENG, METADEX, MSDS-OHS, PASCAL, PIRA, PQSCITECH, RAPRA, RDISCLOSURE, SCISEARCH, SOLIDSTATE, TEMA, TRIBO, USPATFULL, USPATOLD, USPAT2, WELDASEARCH, WSCA

Abb. 8-1: STN-Cluster MATERIALS

Patentrecherchen

Auch *Patentfragen* sind möglicherweise bei der Werkstoffauswahl einzubeziehen. Patente zu Werkstoffen sind recherchierbar (z. B. in Patentdatenbanken von STN wie PATDD, PATDPA, PATDPAFULL). Um die Suche möglichst effizient zu gestalten, empfiehlt sich die Zusammenarbeit mit ausgebildetem Personal, das in großen Technik-Bibliotheken kontaktiert werden kann.

Tab. 8-2: Suche nach Schutzrechten im Internet

Wo?	Was?	Internetadresse (http://...)
Deutsches Patentamt	Patentschriften, Gebrauchsmuster, Offenlegungsschriften, Patentfamilien vieler Länder	depatisnet.dpma.de
Europäische Patentorganisation	Patentschriften, Gebrauchsmuster, Offenlegungsschriften	www.epo.org/searching_de.html
US-Patentamt	US-Patentschriften	www.uspto.gov/patents/index.jsp
Japanisches Patentamt	Japanische Patentschriften, Gebrauchsmuster	www.jpo.go.jp

Patentrecherchen sind im Zusammenhang mit einer Werkstoffauswahl jedoch eher selten von Bedeutung. *Tab. 8-2* führt dazu kostenlose Recherchemöglichkeiten im Internet auf. Eine Suche im Deutschen Patentamt erlaubt auch den Zugriff auf ausländische Patente.

Patentrecherchen zu Werkstoffen sind nur in Ausnahmefällen notwendig.

8.4   Rechnergestützte Informationssysteme

Die Weiterentwicklung der Rechnersysteme gestattet es, riesige Datenmengen nicht nur einzulesen und zu speichern, sondern sinnvoll zu kategorisieren und deren Inhalte zielgerichtet zu verknüpfen. *Somit werden nicht nur Datenbanksysteme für Werkstoffe aufgebaut, sondern Informationssysteme*, die für eine rechnergestützte Werkstoffauswahl genutzt werden können.

8.4.1   Einsatz in der Werkstoffwahl

Für die Materialsuche müssen die Datenbanken über die Funktion einer einfachen Datensammlung hinaus erweiterte Funktionalitäten erhalten. Eine Auswahl wird erst möglich, wenn die Datenbestände mittels Suchkriterien bzw. nach mehreren Suchkriterien gefiltert werden können. Dazu wird eine einfache, für Datenbankprogrammierungen entwickelte Abfragesprache (SQL = standard query language) verwendet. Die Ausführung der Suchalgorithmen in den Informationssystemen ist unterschiedlich komfortabel, in der Regel aber selbsterklärend und somit bedienerfreundlich. Die Mehrheit aller Datenbanken ist auf die Bereitstellung *technischer und technologischer Kennwerte* ausgerichtet. Die Einbindung *wirtschaftlicher Grunddaten* wird seltener geleistet.

Die Rechnerunterstützung für die Kennwertermittlung wird laut einer Studie des Instituts für Kunststoffverarbeitung an der RWTH Aachen aus dem Jahr 1998 (*siehe*

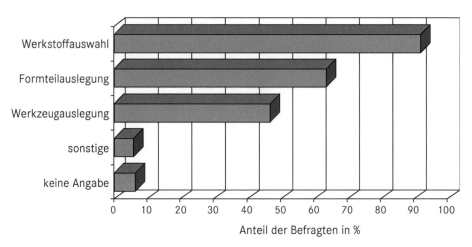

Abb. 8-2: Umfrageergebnis – Einsatz von Datenbanken zur Kennwertermittlung /42/

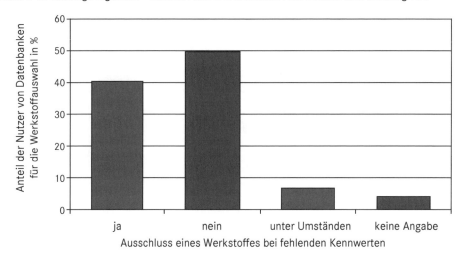

Abb. 8-3: Umfrageergebnisse – Auswirkung fehlender Kennwerte auf das Ergebnis der Werkstoffauswahl /42/

Abb. 8-2) hauptsächlich für die Materialauswahl genutzt. Erst in zweiter Linie dienen Datenbanken der Werkzeug- und Formteilauslegung. Die Studie (*siehe Abb. 8-3*) zeigt, *dass fehlende Werkstoffkennwerte durchaus zum Ausschluss vom Auswahlprozess führen*. Diese Ergebnisse, die auf einer Umfrage von Unternehmen der kunststoffverarbeitenden Industrie beruhen, lassen sich vom Trend sicherlich auf andere Produktentwicklungsprozesse übertragen.

Fehlende Kennwerte führen nicht selten dazu, dass Werkstoffe aus dem Auswahlprozess ausgeschlossen werden.

Datenbanken sollten für ein beginnendes Auswahlverfahren nicht ein Überangebot an Werkstoffdaten bereitstellen. *Es ist sinnvoll, für Vorauswahlprozesse zunächst ein ausreichendes, die Eigenschaftsmerkmale von Materialgruppierungen vollständig abdeckendes Datenmaterial zu nutzen und erst mit der Verfeinerung der Suche die*

Datenmenge beständig zu erweitern. Eine anforderungsgerechte Datenbank ist somit in der Lage, aufgrund der angelegten Datenstruktur diese Filterung vorzunehmen und benutzergerecht anzubieten.

Hinsichtlich der Datenbestände haben Informationssysteme von Herstellern den großen Nachteil, nur die unternehmenseigenen Materialien darzustellen und nur deren Vergleich zuzulassen. Dies erschwert die Werkstoffwahl, da dazu herstellerübergreifend Gegenüberstellungen von Materialien notwendig sind. Angebote von Rohstofferzeugern und -lieferanten eignen sich daher erst für eine spätere Detaillierung der Werkstoffsorte statt für eine Vorauswahl in der Konzept- und Entwurfsphase einer Konstruktion. Entsprechende weit gefächerte Datenbestände weisen die unter Abschnitt 8.4.2.1 aufgeführten Systeme auf.

Daten für CAE-Systeme

Rechnergestützte Informationssysteme müssen nicht nur den Bedürfnissen einer Materialauswahl genügen; im Hinblick auf die Vernetzung von Daten mit CAE-Systemen (Computer Aided Engineering, *vergleiche Abschnitt 7.1.1 bis 7.1.3*) kommt ihnen eine weit größere Bedeutung zu. Fehlen über die auswahlrelevanten Informationen hinaus Kennwerte zur Steuerung von Simulationen, Strukturanalysen u. Ä., so kann dies trotz Übereinstimmung des Eigenschaftsprofils des Materials mit dem Anforderungsprofil der Konstruktionsaufgabe ebenfalls zum nachträglichen Ausschluss im Entwicklungsprozess führen.

CAE-Methoden dienen der schnelleren und kostenreduzierten Entwicklung von Produkten und sind ohne das Vorhandensein benötigter Werkstoffkennwerte nicht durchführbar. Um den Anforderungen an Zeitvorgaben zu genügen, muss eine Informationssuche rasch erfolgen; darüber hinaus müssen sich die Entwickler absolut auf die *Qualität der Daten* verlassen können.

Daten direkt aus der Datenbank in die CAE-Programme einzulesen, vermeidet die Gefahr von Übertragungsfehlern. Eventuell fehlende Parameter werden gegebenenfalls über theoretische Werkstoffmodelle berechnet. Zur Bewerkstelligung dieser Aufgabe ist eine *einheitliche Datenstruktur für die Materialien* zu realisieren.

> Daten, die in CAE-Systemen zur Simulation (o. Ä.) Verwendung finden, sollten direkt in die Anwendungen übertragen werden. Die Datenintegrität ist für diese evaluierenden Aktivitäten sicherzustellen.

Standardisierte Datenstruktur

Eine einheitliche Datenstruktur ist wesentliche Grundlage für eine hohe Datenqualität und für die Möglichkeiten einer Weiterverarbeitung. Daher werden stets vor Aufbau einer Werkstoffdatenbank die notwendigen Datenfelder festgelegt. Die Daten sind gemäß den Ergebnissen *normierter Werkstoffprüfverfahren* abzulegen. Dies ist nicht unproblematisch, da Materialien ungleicher Werkstoffgruppen nach sehr unterschiedlichen Normen geprüft werden. Viele Anbieter von Datenbanken bleiben daher innerhalb der Werkstoffgruppe, der -untergruppe oder sogar der -familie.

Vereinzelt sind z. B. bei Werkstoffneuentwicklungen Prüfverfahren noch nicht normiert. Zum Aufbau einer Datenbank ist – wie bereits ausgeführt – eine einheitliche, an Standards gebundene Datenstruktur unerlässlich. Wenn sich Unternehmen zusammenschließen, um sich auf standardisierte Werkstoffprüfungen zu verständigen und um gemeinsam mit einem Softwarehersteller Datenbanken zu entwickeln (z. B. CAMPUS, MARLIS), bietet dies die große Chance, einen *Industriestandard* für die Eigenschaftsprofile der betroffenen Werkstoffe zu definieren. Die entstehenden Informationssysteme werden üblicherweise herstellerseitig finanziert und kommerzialisiert.

Eine standardisierte Datenstruktur muss insbesondere festgelegte, normierte Prüfverfahren für die Werkstoffkennwerte berücksichtigen.

Datensicherheit

Es stellt sich die grundlegende Frage, ob kostenlos im Internet oder auf CD-ROM angebotene Werkstoffinformationssysteme hinsichtlich der Datenintegrität kritischer als kommerzielle zu beurteilen sind. Jede Softwarelösung bedient sich in der Mehrheit der Informationen der Hersteller. Diesen von Herstellern bzw. Fachverbänden zur Verfügung gestellten Datenbeständen kann grundsätzlich ein hohes Vertrauen in die Datenqualität entgegengebracht werden (z. B. CAMPUS, AluSelect). *Wer sich somit Informationen über den Werkstoff direkt an der Quelle (Lieferant) beschafft, ist auf der sicheren Seite und hat zudem im Falle der Fehlinformation sofort Zugriff auf den Informanten.*

Eine kommerzielle Lösung hat im Markt nur Überlebenschancen, wenn ihre Datenqualität und die Möglichkeiten der Datenverarbeitung den Kunden überzeugen. Die Einbindung von Herstellerinformationen kann aufgrund der notwendigen Datenübertragung und Standardisierung der Datenfelder zu Fehlern führen. Die Untersuchung eines CAMPUS-Arbeitskreises der im Handel befindlichen Kunststoffdatenbanken zeigt, dass u. a. Konvertierungs-, Interpretations- und Tippfehler verhältnismäßig verbreitet sind /43/. Für die Werkstoffendauswahl sind daher – wie bereits festgestellt – Daten des Werkstofferzeugers unverzichtbar.

Die Sicherheit von Daten ist am stärksten bei Bezug vom Hersteller gewährleistet.

Internet- oder PC-Realisierung

Die Informationstechnik realisiert sowohl *PC-basierte Lösungen* als auch *Internetlösungen*. Offline-Systeme speichern alle Daten auf Festplatte oder benötigen zusätzlich ein Speichermedium (CD, DVD). Dieses bietet Vorteile, wenn ein Unternehmen eigene Werkstoffversuchsdaten in das Informationssystem einbinden will; eine Verwaltung eigener Daten im Internet wird meist aus Sicherheitsgründen abgelehnt.

Für PC-Lösungen sind regelmäßige Updates der Programme und der Daten notwendig. Diesen Nachteil weisen Internet-Datenbanken nicht auf; sie werden vom Betreiber laufend gewartet und gepflegt. Falls dies nicht der Fall ist, gibt das letzte Aktualisierungsdatum Auskunft über den Stand. Des Weiteren sind sie weitgehend unabhängig von der Hardware eines PCs und bedürfen nur der Pflege des Browsers (Internet Explorer, Firefox usw.). Die schlechtere Funktionalität, die sich insbesondere im grafischen Bereich findet, wird mittels moderner Übertragungstechniken (DSL) weitgehend überwunden und sicherlich immer mehr verschwinden. So stellt sich bei den Internetlösungen allein die Frage, wer das Informationssystem betreibt und wie es finanziert wird. Als Provider finden sich heute mehrheitlich Fachorganisationen (z. B. AluSelect oder CAMPUS) und Softwarehäuser (z. B. M-Base).

Kosten

Seitens des Entwicklers besteht selbstverständlich der Wunsch, dass Daten kostenlos verfügbar sind. Herstellerseitig wird dies aus wirtschaftlichen Erwägungen (Verkaufsargumente) in der Regel geleistet.

Zur Materialauswahl sind über einen Rohstofferzeuger hinaus Vergleiche zwischen Werkstoffen zu gestalten. Dies wird von Non-Profit-Organisationen wie von kommerziellen Datenbankanbietern teils kostenlos, teils kostenpflichtig geleistet. Spezielle Materialdaten, die in CAE-Applikationen einfließen, sind meist nur über aufwendige Materialprüfungen zu ermitteln und sind fast ausnahmslos kostenpflichtig.

> Der Wunsch des Entwicklers, kostenlos Daten zu Werkstoffen zu erhalten, wird meist nur vom Hersteller erfüllt. Spezielle Daten und vergleichende Darstellungen sind in der Regel kostenpflichtig.

8.4.2 Werkstoffdatenbanken und -informationssysteme

Materialdatenbanken können als Softwaresysteme verstanden werden, die im Mindestumfang

- *Werkstoffeigenschaften effizient speichern,*
- *die Abfrage der Materialdaten über eine einzugebende Werkstoffidentifikation erlauben und*
- *Werkstoffeigenschaften nach definierten Standards darstellen.*

Weiterführende Informationssysteme bieten je nach Anbieter ergänzende Funktionalitäten. Dazu gehören u. a.:

- die Gestaltung von Suchfunktionen zur komfortablen Werkstoffauswahl,
- die Berechnung von Werkstoffkennwerten auf Basis von Werkstoffmodellen,
- die Einbindung unternehmenseigener Versuchsdaten,
- Schnittstellen für CAE-Systeme usw.

> Zweck von Datenbanken und Informationssystemen ist es, die in der Konzept- und Entwurfsphase zeit- und kostenaufwendigen Aktivitäten wie Literaturrecherchen oder andersartige Nachforschungen auf ein Minimum zu reduzieren.

Expertensysteme

Darüber hinaus werden immer wieder *Expertensysteme* für die Werkstoffauswahl gefordert. Konstrukteure sind aufgrund ihrer Ausbildung in der Mehrheit fertigungs- und gestaltungsorientiert. Das Defizit an Werkstoffwissen verhindert meist die Materialinnovation. Die Idee des *Expertensystems* ist es, diesen Mangel durch ein Softwaresystem basierend auf *künstlicher Intelligenz* auszumerzen. Ein solches System führt mit dem Benutzer einen Dialog und tritt dabei selbst als Experte auf. Es simuliert quasi das allgemeine Problemlösungsverhalten eines Menschen.

Expertensysteme unterscheiden sich von Datenbanken und Informationssystemen, da sie nicht nur Daten speichern und verarbeiten, sondern *durch Anwendung von Regeln die Fakten einer Wissensbasis für Schlussfolgerungen und die Lösungsgewinnung verwenden*. Durch die Möglichkeit eines stetigen Ausbaus der Wissensdatenbank wird ein Expertensystem auch als lernfähig bezeichnet. Es bedarf dazu aber einer ständigen Pflege mit den neuesten Daten.

Die Arbeit mit einem Expertensystem lässt sich annähernd mit dem der Checklisten in vielen Herstellerbroschüren vergleichen. Die Antworten des Konstrukteurs auf zielgerichtete Fragen erleichtern es dem Experten, beim Hersteller die richtige Lösung für den Kunden zu ermitteln.

Aufgrund der hohen Komplexität einer Werkstoffsuche ist es bisher nicht gelungen, Expertensysteme für die Materialwahl zu entwickeln bzw. zu etablieren. Viele Versuche wurden nach Jahren der Forschungstätigkeit abgebrochen. Derzeit sind Expertensysteme nur in Nischenanwendungen präsent und bedienen häufig die Auswahl von Werkstoffen im Bereich der Fügetechnik (Kleber, Schweißzusatzwerkstoffe usw.).

> Expertensysteme haben sich bei der Werkstoffauswahl bisher nicht durchgesetzt. Die vielschichtigen Zusammenhänge zwischen Konstruktion, Werkstoff und Fertigungstechnologie lassen sich nur unzureichend in den heutigen Rechnersystemen darstellen.

Die Suche nach Datenbanken und Informationssystemen

Die nachfolgenden Abschnitte dieses Buches sollen helfen, die ebenfalls sehr zeitaufwendige Suche nach Datenbanken und Informationssystemen zu vermeiden. Dazu wird eine Reihe der auf dem Markt befindlichen Datenbanken kurz vorgestellt. Die vollständige Aufzählung aller Systeme ist nicht möglich. Zu viele unterschiedliche – von sehr speziellen bis wenig informellen – Werkstoffdatenbanken existieren, und die Zahl der Möglichkeiten kann nicht überschaut werden. Es wurde daher versucht, dem Studierenden und den Entwicklern einen guten Einstieg über ausgewählte Systeme zu gewähren. Dabei sei ausdrücklich darauf hingewiesen, dass *Informationssysteme von Rohstofflieferanten* vielfach unter deren Homepage recherchiert werden können. Auf deren Angabe wurde daher verzichtet. Bei speziellen Ingenieurfragen zu Werkstoffen (z. B. in der Fügetechnik, bei Naturfaserverbunden) sei auf Literaturrecherchen und auf die Internetsuche verwiesen, um entsprechende Quellen rasch aufspüren.

Für die in den folgenden Abschnitten angegebenen Internetlinks zu den Betreibern oder den Informationssystemen gilt der Stand 24. April 2014.

8.4.2.1 Über Werkstoffgruppen arbeitende Informationssysteme

Zunächst sei hier an den von Granta Design Ltd. entwickelten **Cambridge Engineering Selector** (CES) (http://www.grantadesign.com) erinnert (*vergleiche Abschnitt 6.3.6*). Die kommerzielle Software dient nicht nur der Datenbeschaffung; die Programmierung realisiert ein umfassendes Materialauswahlsystem unter wirtschaftlichen, technischen und technologischen Aspekten, das auch die Wahl von Fertigungsverfahren einschließt.

MATWEB (http://www.matweb.com) ermöglicht seit 1996 den kostenlosen Zugriff auf Materialdaten von aktuell 90.000 Werkstoffen der Gruppen Metall, Kunststoff, Holz, Glas und Keramik sowie Verbunden. 90 % der Daten stammen aus den Prüflaboren der Rohstoffhersteller, der Rest aus Datenbeständen von ähnlichen Materialien, von Fachorganisationen, aus Fachbüchern oder aus eigenen Quellen. Durch eine zusätzliche kostenlose Registrierung kann die Online-Version bis zu drei Materialdatensätze miteinander vergleichen. Nach Anmeldung für eine kostenpflichtige Premiumversion werden außer den Standardsuchfunktionen nach Materialtyp, Stoffeigenschaften, Herstellern, Handelsnamen und chemischen Zusammensetzungen weitere Möglichkeiten wie Materialvergleiche, die Teilnahme am Forum zur Lösung von Werkstofffragen und der Datenexport zu Office-Programmen und zum CAD-System Solid Works und ALGOR angeboten.

Die kostenpflichtige **Metals Infobase** (ILI; http://www.ilideutschland.com) umfasst ca. 70.000 weltweite Metallklassifikationen, Normen und Hersteller. Außer den Eigenschaften werden für den Anwender Werkstoffnormen und Lieferanten recherchiert. Internationale Werkstoffvergleiche anhand chemischer und mechanischer Kennwerte sowie Suchalgorithmen können genutzt werden; auch eine Vernetzung mit Firmendaten wird angeboten.

Materials Infobase des gleichen Anbieters bietet eine Materialdatenbank für weltweit mehr als 70.000 nichtmetallische Werkstoffe an. Die Daten von Kunststoffen, Keramiken, Gummi, Harzen, Klebstoffen, Fasern und Zusätzen wurden den Herstellerdatenblättern entnommen. Normen und Hersteller werden benannt. Suchfunktionen sind für eine schnelle Identifikation und den Vergleich von Materialien implementiert. Damit wird dem Konstrukteur die Möglichkeit geboten, Werkstoffalternativen rasch zu identifizieren.

KEY to METALS bewirbt ihre gleichnamige Datenbank als die weltweit umfassendste Datensammlung für Metalle (http://www.keytometals.com). Sie ist kostenpflichtig sowohl online als auch auf CD verfügbar. Das Informationssystem enthält 4,5 Millionen Einträge über Stahleigenschaften sowie Daten zu 180.000 Materialien und Legierungen (in 57 Ländern, angeboten in 20 Sprachen). Chemische Zusammensetzung, mechanische Eigenschaften, Eigenschaften bei hohen Temperaturen, Ermüdungseigenschaften,

Wärmebehandlungsdetails und Normen werden bereitgestellt. Cross-Reference-Tabellen helfen beim Auffinden ähnlicher Werkstoffe. Eine Online-Bibliothek schafft kostenlosen Zugang zur Literatur der Werkstoffe. Mit drei Add-Ons kann der Informationsumfang anwenderspezifisch ergänzt werden:

- EXTENDED RANGE erlaubt mit den Möglichkeiten der Einbindung in CAE-Systeme den Zugriff auf Spannungs-Dehnungsdiagramme, Ermüdungsdaten (auch Zeitstandsermüdungsdaten) und bruchmechanische Kennwerte

- SMART COMP sucht Werkstoffe nach einer vorgegebenen chemischen Zusammensetzung

- KEY TO SUPPLIERS findet für den Nutzer weltweit Lieferanten für die gewünschten Materialien.

Das Werkstoffinformationssystem der **ASM International** (The Materials Information Society, http://products.asminternational.org/matinfo/index.jsp) ermöglicht dem eingetragenen Nutzer (Abonnenten) den kostenpflichtigen Zugriff auf 22 ASM-Handbücher plus zwei „ASM Desk Editions" auf den ASM Alloy Finder und auf das ASM Failure Analysis Center.

Die **WIAM® Informationsplattform** werkstoffe.de (http://www.werkstoffe.de) der IMA Materialforschung und Anwendungstechnik GmbH in Dresden stellt interaktiv Daten und Informationen zu Werkstoffen, Technologien und Produkten in technischer und wirtschaftlicher Sicht bereit. Ziel der Plattform ist es, ein umfassendes Informationsnetzwerk vom Werkstoff bis zum Produkt zu bieten. Das z. Z. im Aufbau befindliche Informationssystem wird Datenbestände der WIAM® METALLINFO (*Abschnitt 8.4.2.3*) sowie der früheren M-Line Pro des Bayerischen Forschungsverbundes Materialwissenschaften (FORMAT) enthalten; weitere Datenanbieter werden mit kostenpflichtigen oder kostenlosen Angeboten hinzutreten. Das Vorhaben will Anbietern die Möglichkeit geben, ihre Werkstoff-, Halbzeug- und Produkt-Datenbestände kostenlos oder kostenpflichtig über einen Shop bereitzustellen; Anwender haben die Gelegenheit, ihre Erfahrungen zu Werkstoffen auszutauschen.

Unter der Kommunikationsplattform **Stylepark** (http://www.Stylepark.com) entsteht eine alle Werkstoffgruppen berücksichtigende Datenbank mit dem Schwerpunkt auf die gestalterischen Werkstoffeigenschaften, ohne jedoch mechanische, technologische und chemische Eigenschaften außer Acht zu lassen. Finanziert wird die nach Registrierung kostenlose Datenbank durch Materialproduzenten und -lieferanten. Die Zielgruppen sind Gestalter und Architekten und nur in zweiter Linie Maschinenbauingenieure.

8.4.2.2   Informationssysteme zum Schwerpunkt Stahl

Der seit über 50 Jahren vertriebene, weithin bekannte **Stahlschlüssel** (http://www.stahl-schluessel.de) kann heute auch auf CD-ROM (Einzelplatz oder Netzwerk) erworben werden; er enthält Informationen von über 70.000 Stahlmarken sowie über weltweite Normen und Lieferbezeichnungen von ca. 300 Stahlwerken und -lieferanten. Für den Werkstoff suchenden Konstrukteur bestehen Suchmöglichkeiten nach chemischer Zusammensetzung oder nach mechanischen Eigenschaften entsprechend vorgegebener Grenzen.

Die Online-Stahl-Datenbank **StahlDat SX** im Verlag Stahleisen GmbH (http://www.stahldaten.de), die bezüglich der Aktualität und Zuverlässigkeit der Daten vom Stahlinstitut VDEh betreut wird, bietet auf Grundlage der Stahl-Eisen-Liste Informationen zu ca. 2.500 Stahlsorten. Sie verknüpft die Werkstoffdaten mit potenziellen Lieferanten, Produktformen und Normen der Stahlsorte. Nach kostenfreier Registrierung bei der StahlDat SX Community können Nummern und Kurznamen aller europäischen Stahlsorten, Verweise auf zugehörige Normen und Lieferbedingungen, Merkmale und Verwendungszwecke sowie Referenzen zu ZTU/ZTA-Diagrammen und Fließkurven abgerufen werden. In der kostenpflichtigen Version StahlDat SX Standard werden über die Werkstoffgrunddaten hinaus mechanische und thermophysikalische Eigenschaften der Stähle bereitgestellt. Für anspruchsvolle Nutzer bietet StahlDat SX Professional ZTU- und ZTA-Schaubilder, CAE-relevante Daten für Stahlblechwerkstoffe (z. B. Formänderungsdiagramme, statische, dynamische und zyklische Zugprüfungen), Fließkurvenmodelle und eine Bibliothek (Wärmebehandlungs- und Ausscheidungsatlas u. v. m.). Das Informationssystem ermöglicht u. a. Werkstoffvergleiche, Suchstrategien über frei konfigurierbare Suchmasken und den Export von Daten in CAE-Formate. Eine Ähnlichkeitssuche unterstützt den Produktentwickler bei der möglichen Substitution eines Materials. Durch die Zusammenarbeit mit den Unternehmen GRANTA (*Abschnitt 6.3.6*) und Metatech (http://www.meta-tech.de) kann StahlDat SX auch als Grundlage für den Aufbau einer Intranet-Wissensbasis für Werkstoffe durch Unternehmen verwendet werden; dabei ist die Integration anderer Datenbanken z. B. von GRANTA oder auch CAMPUS möglich.

Die Datenbank **StahlWissen®-NaviMat** (http://www.werkstofftechnik.com) enthält in der Basisversion X etwa 26.000 nationale und internationale Stahlanalysen, 37.000 Normen- und Werkstoffbezeichnungen sowie deren Umschlüsselung, ein aktuelles Normungsverzeichnis sowie 3.000 Fachdatensätze mit Angaben über mechanisch-technologische Eigenschaften. Außer gängigen Suchfunktionen nach Werkstoffnummer, chemischer Zusammensetzung o. Ä. kann eine Suche nach Eigenschaftswerten und Bauteilbeispielen (ca. 1.000 Bauteildefinitionen mit Angabe typischer Einsatzgebiete) erfolgen. Ein Schwerpunkt der Version XL liegt auf Daten zur Wärmebehandlung von Stählen (mit unterschiedlichen Abschreckmitteln); ein Berechnungsprogramm lässt die Vorhersage des Abkühlverhaltens für beliebig große Bauteile bei der Wärmebehandlung zu. In der umfangreichsten Version XXL werden weitere Informationen zu Wärmebehandlungsprozessen sowie das Simulationsprogramm StahlRegression angeboten, das die Berechnung von ZTU-Schaubildern und Festigkeitswerten für individuelle Analysen, Abmessungen und Wärmebehandlungen erlaubt. In allen Versionen können eigene Daten der Datenbank zugefügt werden. Im Login-Bereich der Website führt ein Link auf die Internetversion der Datenbank StahlWissen-Online. Hier kann aus 425.000 Datensätzen der richtige Werkstoff zu den gewünschten Eigenschaften gefunden werden. Darüber hinaus vertreibt das Unternehmen neben dem bereits beschriebenen Programm StahlRegression weitere Software für Stähle wie z. B. der Gefügeatlas Metallo-Rom (Parameter und Diagramme zur Wärmebehandlung), EinsatzHärtung (Prozessparameter des Einsatzhärtens) und HärtereiKaufmann (Auftragsabwicklung in der Härterei).

Sehr hohen Nutzen für die Automobilindustrie liefert eine Spezialität auf dem Blechsektor, die Datenbank **MARLIS®** (http://www.marlis-cae.com), die Materialdaten für Feinbleche aus Stahl bereithält. Initiiert von der deutschen Automobilindustrie (Audi, BMW, DaimlerChrysler, Porsche und Volkswagen) bietet MARLIS® werkstoff- wie verfahrensspezifische Daten, zusammengetragen aus einer Vielzahl an Forschungs- und Entwicklungsprojekten der Stahlindustrie, der Automobilhersteller und deren Zulieferern. Durch die Zusammenarbeit der Automobilindustrie haben sich die verwendeten Prüfverfahren und die daraus ermittelten Werkstoffdaten als Industriestandard für diese Bleche etabliert. Als logische Konsequenz wurden zuverlässig arbeitende und Zeit sparende Auswerteroutinen für diese normierten Prüfverfahren ebenfalls programmiert. Regressionsrechnungen für Werkstoffparameter nach komplexen Werkstoffmodellen ergänzen darüber hinaus die Software. Das Informationssystem findet entsprechend auf folgenden Gebieten Anwendung:

- Datenbasis für weiterverarbeitende CAE-Systeme (Crashsimulationen, Verarbeitungssimulationen usw.)
- Einheitliche Versuchsdatenerfassung inklusive ihrer Auswertung und standardisierten Datenablage
- Interne Datenbank bei Automobilherstellern, Zulieferern und Prüfinstitutionen.

Die Installation von MARLIS® erfolgt kundenspezifisch durch den Hersteller M-Base (http://www.m-base.de).

8.4.2.3 Informationssysteme zum Schwerpunkt Nichteisenmetalle

WIAM®METALLINFO (http://www.wiam.de) ist ein Produkt der IMA Materialforschung und Anwendungstechnik GmbH in Dresden. Sie stellt für über 6.000 Werkstoffe Daten und spezifische Recherchemöglichkeiten zur Verfügung. Zu den Werkstoffen Stahl, Stahlguss und Gusseisen, zu NE-Knet- und Gusswerkstoffen (Aluminium, Kupfer, Magnesium, Titan, Kobalt, Zink, Nickel u. a.), zu Edel- (Gold, Platin, Silber …) und Refraktärmetallen (Wolfram, Molybdän, Niob …) und ihren Legierungen werden umfassende Eigenschaftsprofile angeboten. Die Werkstoffauswahl in den Datensätzen findet bei WIAM-Metallinfo nach den Auswahlkriterien Werkstoffnummer, -name und -norm, chemische Zusammensetzung sowie nach beliebig anderen Werkstoffkennwerten in Verbindung mit deren Einflussparametern über eine einfache Syntax und unter der Möglichkeit der Einschränkung auf spezielle Werkstoffgruppen statt. Der Rechercheablauf wird unter der Homepage kurz vorgestellt. Module erweitern die Datenbank individuell um Schwingfestigkeiten (WIAM®ZYK), Fließ- und Spannungs-Dehnungskurven (WIAM®FLIESS), Zeit-Temperaturschaubilder (WIAM®ZTU), Daten zu Kunststoffen (CAMPUS) und deren faserverstärkte Verbundwerkstoffe

(WIAM®FVK). WIAM®-Plattform ermöglicht eine individuelle Gestaltung des Informationssystems; firmenspezifische Daten können mittels WIAM®-Genesis in das System eingebunden werden. Die Datenbanken und Fachmodule können online genutzt werden, sind aber auch per Download bzw. CD erhältlich.

Für Aluminiumwerkstoffe wird im Internet die Datenbank **AluSelect** (http://aluminium.matter.org.uk/aluselect) bereitgestellt. Sie entstand durch die Zusammenarbeit von acht großen europäischen Aluminiumherstellern (European Aluminium Association). Die Verwendung der Datenbank ist kostenfrei; sie beinhaltet die mechanischen, physikalischen, chemischen und technologischen Werkstoffeigenschaften der am häufigsten verwendeten Aluminiumlegierungen. Ein einfaches Auswahlsystem ermöglicht durch Eingabe des Anwendungsfalls die Identifizierung verwendbarer Aluminiumlegierungen. Dem Konstrukteur, der weniger Erfahrung mit Aluminiumwerkstoffen besitzt, wird dabei die Möglichkeit von Werkstoffalternativen aus derzeit 35 Knet- und 12 Gusslegierungen geboten.

Eine weitere Datenbank für Aluminiumwerkstoffe ist der kostenpflichtige **Aluminiumschlüssel-Online**. Provider ist das Ingenieurbüro Dr. Hesse (http://www.ing-drhesse.de; http://alu-schluessel.de); der Vertrieb findet ebenso über den Beuth-Verlag (http://www.beuth.de) statt. 30.000 Datensätze informieren über Werkstoffbezeichnung, Normbasis, Produktnormen, Handelsnamen, Erzeugnisformen, Anwendungen sowie die technischen und technologischen Werkstoffeigenschaften. Angebotene Vergleichswerkstoffe helfen dem Konstrukteur bei der Findung von Werkstoffvarianten. Die aufgeführten Materialeigenschaften entstammen mehrheitlich Richtlinien und Normen. Die Menüführung ist selbsterklärend. Bei Erwerb der Lizenz für den Aluminiumschlüssel bietet der Provider unter dem gleichen Link einen z. Z. kostenlosen Zugang zur Datenbank NE-Schlüssel-Online an, in dem Angaben zu weiteren Nichteisenmetallen wie Kupfer, Magnesium, Nickel, Titan, Blei, Zink, Zinn, Kobalt, Cadmium und deren Legierungen abgerufen werden können. Die Datenbank befindet sich mit bisher 3.000 Datensätzen noch im Aufbau.

Darüber können weitere spezifische Informationssysteme zu Nichteisenmetallen i. d. R. bei Verbänden und Vereinigungen gefunden werden. Beispielhaft seien der Normenvergleich zu Kupferlegierungen im Kupferschlüssel (http://www.copper-key.org/) des Deutschen Kupferinstituts e. V. und eine Datensammlung zu Zinkdruckgusslegierungen (http://www.zinc-diecasting.info/zdc-databaseDE.php) der International Zinc Association genannt.

8.4.2.4 Kunststoffe

CAMPUS ist die mit 300.000 verteilten Kopien erfolgreichste Datenbank und auch weltweit am meisten verbreitete Software der Kunststofftechnik. CAMPUS (Computer Aided Material Preselection by Uniform Standards; http://www.campusplastics.com) wurde 1988 von den Kunststoffherstellern ins Leben gerufen. Sie verfügt aktuell über Daten der weltweit führenden Kunststoffhersteller (*siehe Abb. 8-4*) und deckt damit fast vollständig den Markt der technischen Thermoplaste ab. In sieben Sprachen kann sie weltweit kostenlos über Download auf dem PC installiert oder via Internet genutzt werden. Eine Kurzbeschreibung der Produkte sowie die Daten über mechanische, thermische, elektrische, technologische, optische und sonstige Eigenschaften, wie z. B. das Verhalten gegen äußere Einflüsse, werden übersichtlich dargestellt. Viele der Daten werden als Stoffwerte (Einpunktkennwerte = Single Point Data) aufgeführt; andere sind als Vielpunktkennwerte (Multi Point Data) in Diagrammen oder in Tabellen abzurufen. Besonderes Augenmerk gilt den auf Basis von ISO genormten und einheitlichen Prüfverfahren bei der Ermittlung der Kennwerte, sodass deren Vergleichbarkeit über die unterschiedlichen Hersteller möglich ist. Dem Konstrukteur hilft CAMPUS, in dem das Programm über eine breit gefächerte Suchmaske nach Auswahl von Suchkriterien gemäß eingegebener Grenzen eine Vorauswahl entsprechender Kunststoffe aus dem Sortiment eines vorab gewählten Herstellers vorschlägt. Für die ausgewählten Kunststoffe lassen sich detaillierte Informationen über die Kennwerte abrufen. CAMPUS enthält zudem wichtige Daten für CAE-Anwendungen aus den Bereichen Strukturanalyse und Prozesssimulation.

> A. Schulman GmbH, LANXESS Deutschland GmbH, ALBIS Plastic GmbH, Mitsubishi Engineering Plastics, ARKEMA, Momentive Specialty Chemicals (Bakelite AG), BASF, Polimeri Europa, BASF Polyurethanes GmbH, Polyone, Bayer MaterialScience, RadiciPlastics, DSM Engineering Plastics, Rhodia Engineering Plastics, DuPont, Styrolution, EMS-Grivory, TEIJIN CHEMICALS LTD., Evonik Industries AG, TICONA

Abb. 8-4: Große Kunststoffhersteller der Campus-Datenbank

MCBase® 5.1 der M-Base Engineering + Software GmbH, eines der führenden Unternehmen für Werkstoffdatenbanken und Produktinformationssysteme, ist das offizielle CAMPUS Merge Programm (http://www.m-base.de) in der PC-Variante. Es führt alle Kunststoffdaten der Rohstofferzeuger zusammen und erlaubt den herstellerübergreifenden Vergleich. Damit ist MCBase® sowohl für Neukonstruktionen als auch für die Suche nach Ersatzwerkstoffen ein unverzichtbares Instrument der kunststoffverarbeitenden Industrie. Darüber hinaus sind die Funktionalitäten gegenüber CAMPUS stark erweitert. Bei der Material- bzw. Datensuche ist eine Volltextsuche gestattet. Die Kurvenüberlagerung in Diagrammen, eine individuelle Tabellenerstellung sowie Korrelationsdiagramme visualisieren die Unterschiede zwischen den Kunststoffalternativen. Mittels einer Toolbox lassen sich notwendige CAE-Daten (z. B. Viskositäten, Kriechkurven), Prozessparameter (wie Kühlzeiten beim Spritzgießen) oder Auslegungen (Kunststoffschnappverbindungen) berechnen. Eine Erweiterung mit eigenen Werkstoffdaten ist verfügbar.

MCBase® 5.1 steht quasi online im **Material Data Center** in zehn Sprachen (http://www.materialdatacenter.com) je nach Umfang kostenfrei bzw. gebührenpflichtig zur Verfügung. Über die Funktionalität von MCBase® (*siehe Abb. 8-5*) hinaus kann in diesem Informationsportal für technische Kunststoffe auch auf ASTM-Daten (Prüfung nach amerikanischen Normen) von vornehmlich US-Werkstoffen zugegriffen werden. Eine Biopolymerdatenbank, CAE-Daten zur Crash-Test-Simulation, eine Literaturdatenbank zu den Kunststoffen mit integrierten Standardwerken der Branche /44/ sowie eine reichhaltige Sammlung an Anwendungsbeispielen lassen für den Nutzer keine Wünsche bei der Informationsgewinnung offen. Auf branchenspezifische Anforderungen abgestimmt kann das Material Data Center für Unternehmen als Intranet-Version installiert werden oder individuell gehostet werden.

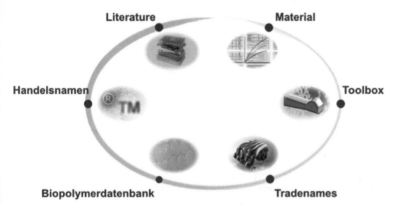

Abb. 8-5: Funktionsumfang des Material Data Center

Die ebenfalls seitens M-Base betreute Online-Datenbank **PLASPEC Global** (http://www.ptonline.com/plaspec/) ist dem Material Data Center sehr ähnlich, aber stärker auf den nordamerikanischen Markt ausgerichtet. Die CAMPUS-Daten sind vollständig enthalten.

Omnexus (http://www.omnexus.com) ist ebenfalls ein Internetportal der weltweiten Kunststoffindustrie. Als Online Service Provider gibt es Hilfestellungen in technischen Fragestellungen über Kunststoffe und informiert rund um den Kunststoffmarkt (Trends, Neuentwicklungen, Web-Seminare und Links zu Kunststoffunternehmen). Für Konstrukteure sind die unter der Rubrik „Solution Case Studies" angebotenen technischen Kunststofflösungen interessant, um geeignete Polymere z. B. bei Anforderungen an die Transparenz oder beim Wunsch, Metalle durch Kunststoffe zu ersetzen, zu identifizieren. Im „Polymers Selector" der Website erlaubt „Search Polymer" die Suche nach Thermoplasten und thermoplastischen Elastomeren mit bis zu vier Werkstoffeigenschaften. Diese können sowohl qualitativ (Stufung z. B. sehr niedrig bis sehr hoch) als auch quantitativ spezifiziert werden. Unter dem Link „Polymer Properties" werden die Werkstoffeigenschaften für einen vorgegebenen Kunststoff gezeigt; „Compare Polymer" vergleicht bis zu fünf Polymere in bis zu fünf Eigenschaftsmerkmalen, was den Anforderungen an eine Kunststoffauswahl zu Beginn einer Materialsuche genügen sollte. Auch wirtschaftliche Grunddaten werden geliefert. Um an alle gebotenen Informationen zu kommen, ist eine kostenlose Registrierung notwendig.

Hersteller, die ihre Kunststoffdaten in CAMPUS integrieren, bieten darüber hinaus weitere Informationen zu ihren Produkten an. So können unter https://www.plasticsportal.net (Menüpunkte „Europa" → „Produkte und Branchen" → „Produktsuche") der BASF AG sehr komfortabel Lösungen für Kunststoffe nach Anwendungsbereich, nach Substitutionskriterien, nach chemischer Zusammensetzung oder mit einer Volltextsuche gesucht werden. Ähnliche Verfahrensweisen für die Produktauswahl finden sich bei der Bayer AG (http://plastics.bayer.com).

8.4.2.5   Verbundwerkstoffe

Die Vielzahl an Möglichkeiten, Materialien aus unterschiedlichen Werkstoffgruppen zu kombinieren sowie die große Zahl an Forschungsaktivitäten haben zu einer Fülle an Datenbanken von (künstlichen) *Werkstoffverbunden* geführt, die auf die speziellen Bedürfnisse der Materialkombination zugeschnitten sind. Für den entsprechenden Fall sind diese über Internet oder über Fachzeitschriften zu suchen. Beispielhaft seien zwei von M-Base betreute Datenbanken genannt:

- **INFACO** (http://www.m-base.de) führt Daten zum Ermüdungsverhalten von faserverstärkten Kunststoffen auf.
- **N-FibreBase** (http://www.n-fibrebase.net) beinhaltet Datensätze über Naturfaserverbunde, deren Einsatz in der Automobilindustrie bereits praktiziert wird. Unterschiedliche Datenbankmodule (Kennwertmodule und Informationsmodule) informieren über die Materialeigenschaften und Einsatzmöglichkeiten der Verbunde.

Informationen zu **Holz**, einem natürlichen Verbundwerkstoff, bietet u. a. der Lehrstuhl für Holz- und Faserwerkstofftechnik der Technischen Universität Dresden (http://www.holzdatenbank.de).

8.4.2.6   Spezielle anwendungsspezifische Informationssysteme

Darüber hinaus existiert eine Vielzahl an Informationssystemen zu speziellen Themen wie Galvanotechnik, Löttechnik, nanokristalline Materialien usw. Drei Themen, die häufig bei Konstruktionen in den Mittelpunkt rücken, seien aufgegriffen: Korrosion, Verschleiß und Schweißtechnik.

Chemische Beständigkeit

Über Korrosionsfestigkeit bzw. chemische Beständigkeit geben bereits eine Fülle der aufgeführten Informationssysteme Auskunft. Darüber hinaus seien zwei weitere Informationsquellen erwähnt: Eine auf Korrosion spezialisierte Datensammlung gibt die DECHEMA seit vielen Jahren mit den Werkstoff-Tabellen heraus, die auch auf CD-ROM verfügbar sind. Leider basieren die Datenbestände auf der seit 50 Jahren bewährten Papiersammlung, sodass eine Suche nur über Volltext (Verknüpfungen mittels Boolescher Algebra) möglich ist. Der Zugang zum amerikanischen Informationssystem **Corrosionsource** (http://www.corrosionsource.com), das für unterschiedliche metallische Werkstoffgruppen Korrosionsdaten bereithält, ist kostenlos. Auf 30.000 Seiten werden zum Thema Korrosion Datenbanken, Literatur, Software (z. B. Vorhersagen), Kurse u.

v. m. angeboten. Ein „Corporate Access" erlaubt einen uneingeschränkten Zugriff auf alle Informationen sowie die Möglichkeit des „Ask an expert". Des Weiteren werden Programme zur Vorhersage des Korrosionsverhaltens angeboten.

Tribologische Daten

Im Falle von Materialdaten im Zusammenhang mit tribologischen Fragen sind aufgrund der Komplexität von Tribosystemen nur schwer Daten zu experimentellen Werten von Versuchen auf dem Gebiet der Abrasion, Kavitation und Adhäsion recherchierbar. Die Datenbank **Tribocollect** der Bundesanstalt für Materialforschung und -prüfung (BAM, Berlin) umfasst 15.000 Datensätze eigener Versuchsergebnisse. Die gebührenpflichtige Version im Internet unter http://www.bam.de/ tribocollect.htm hilft dem Konstrukteur für sein Tribosystem die tribologischen Kenngrößen, insbesondere den Verschleißkoeffizienten, zu finden bzw. abzuschätzen; eine kostenlos herunterladbare Demoversion veranschaulicht die Funktionen des Informationssystems. Eine Recherche in der Datenbank ist auch über Einsenden eines standardisierten Fragebogens (optional per E-Mail) möglich.

Schweißtechnik

Im Bereich der Fügetechnik wird eine große Anzahl an Informationssystemen zur Schweißtechnik (materialgerechte Schweißverfahren, Materialpaarungen, Schweißelektroden und Zusatzwerkstoffe) vornehmlich von Fachverbänden bereitgestellt. So vertreibt die DVS Media GmbH (http://www. dvs-media.eu) des Deutschen Verbands für Schweißen und verwandte Verfahren e.V. Programme für unterschiedliche Werkstoffe. Beispiele sind:

- **NIROWARE:** Ermittlung geeigneter Zusatzwerkstoffe beim Schweißen von Stählen, Vorausbestimmung der Gefügezusammensetzung, Bestimmung des Ferritgehaltes im Schweißgut
- **WELDWARE:** Beratungssystem zur Ermittlung der Wärmeführung beim Schweißen von Stählen
- **AluWeld 2.03 Werkstoff:** Informations- und Dokumentationssystem für das Schweißen von Aluminiumlegierungen.

Darüber hinaus werden Informationssysteme von Normen und Regelwerken der Schweißtechnik sowie Dokumentationsmöglichkeiten von (aufsichtspflichtigen) Schweißungen angeboten.

Im Bereich der Simulation von Schweißprozessen, einer CAE-Anwendung, sei beispielhaft **Weld Quality** der Fa. ESI (http://www.esigroup.com) benannt.

Ein spezieller von Materialdatenbanken bedienter Zweck ist die Bereitstellung von Parametern für CAE-Anwendungen (FEM-Strukturanalysen, Prozesssimulationen, Crash-Tests etc., *Abschnitt. 7.1.1 bis 7.1.3*). Viele der aufgeführten Datenbanken sind mit entsprechenden Schnittstellen für die Weiterverarbeitung ausgerüstet.

Tab. 8-3: Überblick zu Werkstoffinformationssystemen

Name	Internetadresse (Stand: 24. April 2014)	Werkstoffe	Bemerkungen	Kosten	Verfügbarkeit
Cambridge Engineering Selector (CES)	http://www.grantadesign.com	Alle	Hochwertige Auswahlsoftware für Werkstoffe und Fertigungsprozesse, große Zahl an Datenbankmodulen für alle Werkstoffgruppen	J	CD
WIAM® Informationsplattform	http://www.werkstoffe.dem	Alle	z. Z. im Aufbau	N (J)	Online
MATWEB	http://www.matweb.com	Ca. 90.000: Metalle, Kunststoffe, Holz, Gläser, Keramiken, Verbunde	Forschungsverbund von Industrieunternehmen	N (J)[1]	Online
Metals Infobase	http://www.ilideutschland.com	Ca. 70.000 Metallklassifikationen	Metallklassifikationen mit Normen und Herstellern	J	Online CD
Materials Infobase		Mehr als 70.000 nichtmetallische Werkstoffe	Informationen aus Herstellerdatenblättern und Normen für Kunststoffe, Gummi, Zusätze, Klebstoffe, Fasern, Polymere, Harze	J	Online CD
ASM International	http://products.asminternational.org/matinfo/index.jsp	Alle	ASM-Handbücher, ASM Alloy Finder, ASM Failure Analysis Center;	J	Online CD
Stylepark	http://www.stylepark.com	Alle	Schwerpunkt Designer und Architekten	N	Online
WIAM®-Metallinfo	http://www.wiam.de	Über 6000 Werkstoffe: Stahl, Stahlguss und Gusseisen, NE-Metalle, Edel- und Refraktärmetalle sowie Sintermetalle	Ergänzende Module für Schwingfestigkeiten, Korrosionsverhalten, Fließkurven	J	Online CD
Key to Metals	http://www.keytometals.com	4,5 Millionen Einträge über Stahleigenschaften sowie Daten zu 180.000 Materialien und Legierungen	Daten von Herstellern und Normen aus 57 Ländern in 20 Sprachen	J	Online CD
AluSelect	http://aluminium.matter.org.uk/aluselect	Aluminiumwerkstoffe: 35 Knet- und 12 Gusslegierungen	Entstanden aus dem Verbund acht großer europäischer Aluminiumhersteller	N	Online

[1] Abhängig von der gewählten Version

Tab. 8-3: Überblick zu Werkstoffinformationssystemen (Fortsetzung)

Name	URL	Umfang	Beschreibung	N/J	Online/CD
StahlDat SX	http://www.stahldaten.de	Ca. 2.500 Stahlsorten	Materialdatenbank auf Basis der Stahl-Eisen-Liste, ZTU-Schaubilder, Fließkurven u. v. m.	N (J)	Online
StahlWissen®-NaviMat	http://www.werkstofftechnik.com	Ca. 26.000 Stahlanalysen, ca. 37.000 Normen- und Werkstoffbezeichnungen	Schwerpunkt Wärmebehandlung, auch Nichteisenmetalle	J	CD
StahlWissen-Online				J	Online
Stahlschlüssel	http://www.stahlschluessel.de	70.000 Stahlmarken	Weltweite Normen und Lieferbezeichnungen von ca. 300 Stahlwerken und -lieferanten	J	CD
MARLIS®	http://www.marlis-cae.com	Feinbleche aus Stahl	CAE-Datenbank für Anwendungen in der Automobilindustrie; unternehmensspezifische Versuchsdatenbank	J	Online
CAMPUS	http://www.campusplastics.com	Technische Thermoplaste	Thermoplaste der weltweit führenden Kunststoffhersteller, „standardisierte" Daten, hohe Vergleichbarkeit	N	Online
MCBase® 5.1	http://www.m-base.de	Technische Thermoplaste	Offizielles Merge-Programm von Campus, Vergleiche zwischen Herstellern möglich	J	CD
Material Data Center	http://www.materialdatacenter.com	Technische Thermoplaste, Biopolymere	Erweitert MCBase (Campus) um den Zugriff auf ASTM-Daten von vornehmlich US-Werkstoffen und eine Biopolymerdatenbank	N (J)	Online
PLASPEC Global	http://www.ptonline.com/plaspec/	Kunststoffe, Biopolymere	Ähnlich Material Data Center; Ausrichtung auf nordamerikanischen Markt	N (J)	Online
Omnexus	http://www.omnexus.com	Über 10.000 Kunststoffdatenblätter	Internetportal der weltweiten Kunststoffindustrie; anwendungsbezogene Rubrik „Designs & Solutions"	N	Online
KERN RIWETA Material Selector 4.0	http://www.kern-gmbh.de	150 technische Kunststoffe	Konstruktionsspezifische Werkstoffauswahl, Mediathek, Industriefilme	N	CD
INFACO	http://www.m-base.de	Faserverstärkte Kunststoffe	Ermüdungsverhalten der Kunststoffe, Werkstoffeigenschaften, Herstellparameter u. a.	J	CD
N-FibreBase	http://www.n-fibrebase.net	Biopolymere	Zugang über das Material Data Center	N	Online

Darüber hinaus werden auf dem Markt Datenbanken angeboten, die auf die Anwendung ausgerichtete Materialdaten liefern. Aufgrund ihres Nischencharakters sollen sie hier nicht weiterverfolgt werden; die Vertreiber der CAE-Systeme können dem Entwickler die zum Auffinden notwendigen Hinweise geben.

8.4.2.7 Werkstoffinformationssysteme im Überblick

Die Vielzahl an Werkstoffdatenbanken, die im Internet bzw. auf CD-ROM verfügbar sind, wird in *Tab. 8-3* nochmals in einer Übersicht aufgeführt. Es wurde in der Darstellung auf die Informationssysteme verzichtet, die sich auf die im Maschinenbau stark anwendungsspezifisch eingesetzten Werkstoffgruppen Keramik, Glas und Verbunde sowie speziellere Material- und Fertigungseigenschaften beziehen.

Die *Komplexität der Zusammenhänge zwischen Form, Prozess, Material und Funktion* sowie die gegenseitige Beeinflussung der Materialeigenschaften macht es schwierig, Lösungsstrategien für die Materialauswahl zu programmieren. Der Ingenieur wird sich bei der Materialentscheidung daher stets auf die Bewertung der über Recherchen, Versuche u. v. m. gewonnenen Informationen verlassen müssen, um den richtigen Werkstoff für seine Anwendung zu finden.

8.5　Kontrollfragen

8.1　Woraus ergeben sich die Merkmale für eine sinnvolle Informationsbeschaffung im Werkstoffauswahlprozess?

8.2　Welche Unterschiede im Informationsgehalt ergeben sich über die Phasen des Konstruktionsprozesses (Konzept – Entwurf – Ausarbeitung)?

8.3　Welche Informationsquellen sollten zu Beginn einer Werkstoffsuche genutzt werden? Welche Eigenart hat in diesem Stadium die Struktur der Werkstoffinformation?

8.4　Warum sollten zu Beginn einer Werkstoffsuche alle im Markt verfügbaren Materialien miteinbezogen werden?

8.5　Wie sind Daten beschaffen, die zur Evaluierung und Validierung von Produkteigenschaften herangezogen werden?

8.6　Welche Entwicklung muss die Datenqualität im Laufe eines Werkstoffauswahlprozesses nehmen?

8.7　Welche Quellen für Informationen werden für den Werkstoffauswahlprozess verwendet?

8.8　Welche Methoden verwenden Sie, um rasch Quellen von schriftlich fixierten Werkstoffinformationen zu finden? Bewerten Sie ihren Nutzen in den vier Phasen des Werkstoffauswahlprozesses.

8.9 Welche Aufgaben nehmen Materialdatenbanken wahr? Worin besteht der Unterschied zu Informationssystemen?

8.10 Warum besteht die Notwendigkeit, in Informationssystemen Daten mit einheitlicher Struktur zu speichern?

8.11 Welche Vorteile haben internetbasierte Datenbanken gegenüber Lösungen am PC? Welche Gefahr gilt es zukünftig für diese zu überwinden?

8.12 Was sind Expertensysteme? Warum sind diese Systeme für die Werkstoffauswahl nicht verfügbar?

8.13 Recherchieren Sie in der Stahldatenbank Stahldat des VDeH den Verwendungszweck der Werkstoffe 1.4571, 1.4301 und 42CrMo4 sowie die Werkstoffe unter dem Handelsnamen Hastelloy!

8.14 Recherchieren Sie in der Datenbank Stahldat die möglichen Stähle für Messwerkzeuge und Antriebswellen sowie die in der Datenbank gespeicherten, oberhalb von 1.200 °C hitzebeständigen Materialien! Verwenden Sie dazu die erweiterte Suche!

8.15 Recherchieren Sie in der Datenbank Aluselect die Aluminiumlegierungen, die Offshore und für Fahrräder (engl.: bicycle) verwendet werden können! Analysieren Sie auch die Zusammenhänge zwischen Anwendung und Eigenschaften!

8.16 Recherchieren Sie in der Datenbank die Materialdaten der Kunststoffmaterialgruppen Polypropylen PP und Polyethylen PE sowie von glasfaserverstärkten Polyamiden 6.6 (Bezeichnung PA6-GF…)! Was bezeichnet die nach „GF" aufgeführte Zahl?

8.17 Suchen Sie Informationen zu den Polymeren aus Frage 8.16 mittels des Kern Riweta Material Selector!

9 Prozessbegleitende Methoden

Auf den Aufbau von *Zuverlässigkeitsstrukturen* und qualitätssichernder Maßnahmen für einen Entwicklungsprozess darf unter den heutigen Qualitätsanforderungen der Produkte nicht mehr verzichtet werden.

> Die Zuverlässigkeit ist als die Wahrscheinlichkeit definiert, dass ein Produkt über einen Betrachtungszeitraum, in der Regel die Lebensdauer, seine zuvor definierten Aufgaben unter gegebenen Funktions- und Umgebungsbedingungen erfüllt /45/.

Diese Definition umfasst auch die Anforderungen an alle verwendeten Materialien. Da Konstrukteure von der Funktionsfähigkeit ihrer Konstruktion überzeugt sind, werden die Probleme der „Nicht-Funktionsfähigkeit" meist ausgeblendet. *Gerade die Analyse der Frage, wann und warum ein Produkt nicht funktionieren könnte, erschließt aber Wege zu einer deutlichen Verbesserung der Funktionsfähigkeit.* Dabei soll erneut an die altbekannte Zehnerregel erinnert werden, die die Vorteile des frühen Einsatzes von Zuverlässigkeitsmethoden für die Kosten eines Produkts am besten ausdrückt (*siehe Abb. 9-1*).

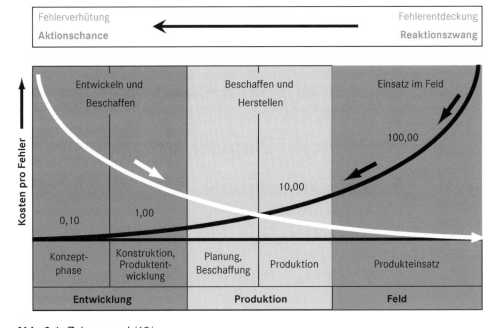

Abb. 9-1: Zehnerregel /46/

Die Folgekosten einer fehlerhaften Materialauswahl sind demnach am größten, wenn die Fehler nicht im Entwicklungsprozess und in der Produktion, sondern erst im Vertrieb des Produktes auftreten. Eine Rückrufaktion von Fahrzeugen bei Automobilherstellern hat nicht nur schwerwiegende Auswirkungen auf den Ertrag, sondern auch auf das Image des Unternehmens. Parallel führt es zu einer gravierenden Belastung der Geschäftsbeziehungen zu einem möglicherweise beteiligten Zulieferer.

Zuverlässigkeit von Produkten ist ein wesentliches Produktmerkmal, welches beim Kauf einen hohen Stellenwert einnimmt.

Bei der *analytischen Untersuchung der Zuverlässigkeit von Produkten* werden zwei unterschiedliche Wege beschritten:

- der *quantitative* Weg mit der *Berechnung der Zuverlässigkeit und*
- der *qualitative* Weg durch *systematische Untersuchung der Auswirkungen von Fehlern und von Ausfällen* (Schäden) sowie eine *Analyse der Ausfallarten.*

Viele der dabei verwendeten Werkzeuge können auf die Erfordernisse des Werkstoffauswahlprozesses angepasst oder gleichartig verwendet werden. *Ziel ist es, das Produkt bzw. die werkstoffspezifischen Eigenschaften des Produkts auf ein hohes kunden- und marktgerechtes Leistungs- und Qualitätsniveau zu bringen.*

Der Einsatz neuer Werkstoffe (und deren Zuverlässigkeit) wird dabei nicht für jedes Bauteil eines Produkts hinterfragt. Häufig sind es funktionale oder wirtschaftliche Argumente, die ein Überdenken des gewählten Werkstoffs oder das Verlassen eines Werkstoffstandards bewirken. Wertanalytische Betrachtungen von Produkten sind typische (kostenorientierte) Auslöser für ein Redesign des Werkstoffs. Bei komplexen Produkten sollten daher zur Identifizierung entscheidender Werkstoffabhängigkeiten die *Kosten- oder Zuverlässigkeitsstrukturen* von Baugruppen, Bauteilen oder deren Funktionen z. B. mittels einer *ABC-Analyse* herangezogen werden (*vergleiche Abschnitt 9.2.1*). Entsprechend sind die *Schwerpunkte bei der Materialsuche* zu setzen.

Wichtige, in der Produktentwicklung und in Materialauswahlprozessen verwendbare und bewährte Werkzeuge werden im Weiteren mit Bezug auf die Werkstoffwahl kurz vorgestellt.

9.1 Generell einsetzbare Methoden und Werkzeuge

9.1.1 Auswahl der Projektorganisation

Die Komplexität des Werkstoffauswahlprozesses wurde bereits in Abschnitt 2.2 behandelt. Der Bekanntheitsgrad des Materials spielte dabei neben anderen Produktmerkmalen (Konstruktions- und Produktart, Losgrößen) eine wesentliche Rolle. Aus diesen Überlegungen heraus muss die *Projektorganisation* anhand zweier Kriterien erfolgen /47/:

- die *Projektgröße*, die ausdrückt, wie viele Aktivitäten von welchem Arbeitsumfang zu leisten sind, und
- die *Überbereichlichkeit* als Maß für den Grad abteilungsübergreifender und damit auch externer Aktivitäten und Aufgaben im Projekt.

Insbesondere Risikominimierung und Informationsbeschaffung führen zwangsläufig zu einer größeren Zahl an Aktivitäten (Evaluierungs- und Validierungsprozessen), die über Bereiche hinweg miteinander vernetzt und koordiniert werden müssen. Somit verändert der Teilprozess Werkstoffsuche als gegebenenfalls wesentlicher Teil eines

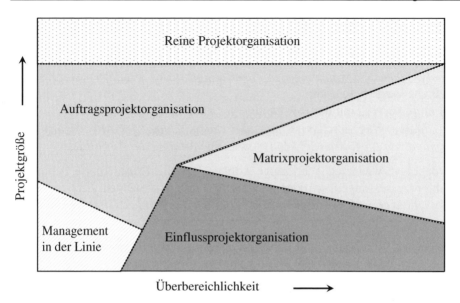

Abb. 9-2: Auswahl der Projektorganisation /47/

Gesamtprozesses (bzw. als Gesamtprozess) beide Faktoren. Da eine komplexe Materialsuche ein Projekt darstellt, ist das Management analog zu anderen Entwicklungsaktivitäten zu gestalten.

Projektgröße und Überbereichlichkeit bestimmen die Projektorganisation.

Die Auswahl der Organisation des Materialauswahlprozesses erfolgt in Phase I, der Klärung der Aufgabenstellung (*vergleiche Schritt 1.2 in Abb. 3-3*). Eine Empfehlung, wie die Projektorganisation aufzubauen ist, zeigt *Abb. 9-2* in Abhängigkeit der beiden Einflussgrößen.

Eine Fülle vernetzter Teilaufgaben (Werkstoffinnovation, gegebenenfalls Werkstoffsubstitution) kann auch bei kleineren Projekten nicht mehr in einem *Projektmanagement in der Linie* gemanagt werden. Dieser einfachsten Organisationsform des Linienmanagements, unter die auch die „einsame Werkstoffentscheidung" des Konstrukteurs am Schreibtisch zu zählen ist, sollte nur der bloßen Verwendung einer *Werkstoffalternative* vorbehalten sein. Häufig findet auch keine Organisation dieser Aktivität in einem Projekt statt, sondern die Entscheidung gliedert sich nahtlos in eine übergeordnete Aktivität eines Teilprozesses oder in das Tagesgeschäft des Konstrukteurs ein.

Die Auswahl eines Materials durch den Entwickler im Linienmanagement kann nur sehr einfachen Werkstoffentscheidungen (wie der Werkstoffalternative) vorbehalten sein.

Bei der Koordination der Aufgaben über eine Abteilung hinaus ist eine *Einflussprojektorganisation* zu empfehlen. Diese Form der Projektgestaltung bietet sich für eine *Werkstoffsubstitution* an, da der Neuheitsgrad für das Unternehmen eine Reihe an Aktivitäten (Versuche, Fertigungsabgleich, Abgleich mit Marketing usw.) in unterschiedlichen Organisationseinheiten erfordert. Der *Projektleiter erhält eine Stabsfunktion,* und *die organisatorischen Einheiten,* die für die Projektaufgaben zuständig sind, *verbleiben unverändert in ihrer funktionalen Unternehmenshierarchie.* Der Projektleiter ist mehr als ein *Koordinator* anzusehen, der die beratenden Aufgaben übernimmt, bereichsübergreifende Aktivitäten steuert und Entscheidungen vorbereitet. Der Einsatz des Personals in den Abteilungen ist flexibel. Leider zeigt die Praxis, dass daraus fast unvermeidlich Probleme im Hinblick auf die „Verantwortlichkeiten" von Aufgaben erwachsen.

> Eine Einflussprojektorganisation belässt die hierarchischen Strukturen eines Unternehmens und koordiniert die Aufgaben über einen Projektleiter. Mit dieser Organisation lassen sich Werkstoffsubstitutionen mit einer noch kleineren Projektgröße gut managen.

Für größere Projekte (in der Regel *Werkstoffsubstitutionen* in Verbindung mit verknüpften Produktentwicklungsprozessen) stehen Auftrags- oder Matrixprojektorganisationen zur Verfügung. In der *Auftragsprojektorganisation* wird eine *Abteilung Projektmanagement* installiert, deren Mitarbeiter die Aufgaben bei einer noch überschaubaren Vernetzung der Aktivitäten in die Unternehmensabteilungen vergeben. Die *hohe Flexibilität* und die *klare Zuordnung von Kompetenz und Verantwortung* sind Vorteile dieser Organisationsform; als Nachteil wird der Aufbau einer eigenen Projektmanagement-Abteilung gesehen, die sich in einer Bürokratisierung der Projekte verlieren kann und die Konkurrenz zwischen Abteilungen schürt.

> Für einen größeren Materialauswahlprozess mit einem dazugehörigen Produktentwicklungsprozess ist eine Auftragsprojektorganisation zu empfehlen, die von einer installierten „Schaltzentrale" die notwendigen Aktivitäten beauftragt. Der Grad der Vernetzung von Aktivitäten bleibt noch gering.

Nimmt das Maß an Überbereichlichkeit weiter zu, so wird bei der *Matrixprojektorganisation* quasi für die Dauer des Projekts eine Projektorganisation eingerichtet. Projektmitglieder unterstehen fachlich dem Projektleiter, disziplinär ihrem Vorgesetzten in der Linie. Dieses verlangt von allen Beteiligten ein hohes Maß an Führungs- und Organisationsverständnis, damit der Spagat der Teilung von Verantwortung zwischen den Abteilungen (Linie) und dem Projektleiter (Projekt) gelingt. Dafür wird aber das vorhandene Expertenwissen durch die flexible Struktur effektiv zum Wohle des Projekts eingesetzt, auch bei einer Vielzahl von gleichzeitig zu organisierenden Projekten.

> Bei der Matrixprojektorganisation wird eine Projektorganisation eingerichtet, der Mitarbeiter aus den Abteilungen zuarbeiten. Die Organisationsform ist einem komplexen Produktentwicklungsprozess mit gegebenenfalls einer größeren Zahl an notwendigen Werkstofffestlegungen vorbehalten.

Werkstoffneueinführungen sind komplexer Natur und benötigen als Teil eines Produktentwicklungsprozesses ein aufwendiges qualitäts-, zeit- und kostenorientiertes Projektwesen. Die interdisziplinäre Zusammenarbeit aller am Produktentstehungsprozess Beteiligten sichert unter Einbeziehung einer Analyse des gesamten Produktlebens den Erfolg einer Werkstoffneueinführung. Diese Projekte sind am besten in einer *reinen Projektorganisation* aufgehoben. Dabei wird das Projekt durch eine selbstständige, speziell für das Projekt eingerichtete Organisationseinheit im Unternehmen gemanagt, in der die Beteiligten ihre volle Arbeitszeit für die Aufgaben einbringen. Diese volle Ausrichtung auf ein Projektziel führt zu einem vorteilhaften Identifizierungsprozess, in dem Kompetenzen und Verantwortungen klar geregelt sind. Die Kommunikationswege sind kurz; die Reaktionszeiten auf Störungen ebenso. Problematisch stellt sich die Rekrutierung geeigneter Mitarbeiter und deren späterer Einsatz aufgrund der sich zwangsläufig ergebenden Höherqualifizierung in dieser Organisationsform dar.

Mit einer reinen Projektorganisation werden hochkomplexe Produktentwicklungsprozesse gelenkt.

9.1.2   Quality Function Deployment (QFD)

Das *Quality Function Deployment* (QFD) ist eine sehr stark auf den Kunden fokussierende Methode des Qualitätsmanagements. Sie baut auf der *systematischen Erhebung und Bewertung der Kundenwünsche* auf und begleitet und durchdringt den gesamten Produktentstehungsprozess. Die *Identifizierung der Kundenwünsche* erfolgt dabei über erprobte Verfahren wie

- das standardisierte Befragen,
- die Conjoint-Analyse (im Speziellen bei Konsumgütern),
- die Clusteranalyse,
- die Delphi-Analyse oder
- individuell angepasste Umfragen /48/.

Diese Vorgehensweisen seien nicht näher erläutert, sondern hier sollten besser geeignete Fachbücher zurate gezogen werden.

Ziel des Quality Function Deployment (QFD) ist es, aus den Kundenforderungen Qualitätsmerkmale für das Erzeugnis abzuleiten und diese nach einer festgelegten Vorgehensweise für den Entwicklungsprozess zu nutzen /49/.

Trotz des Vorteils einer *prozessgesteuerten Abdeckung der Kundenforderungen* durch die Produkteigenschaften wird die QFD-Methode in kleineren Unternehmenseinheiten seltener genutzt. Die Durchführung erfordert Zeit und Kosten, und es zeigt sich bereits bei einfachen Produkten, dass die Darstellung der Kundenwünsche und der damit korrelierenden Qualitätsmerkmale im *House of Quality* (HoQ) unübersichtlich wird. Gegebenenfalls können zukünftig EDV-Systeme – wie z. B. die sich etablierenden Produktdatenmanagement-Systeme (PDM) – als nützliche, vereinfachende Werkzeuge dem Quality Function Deployment zu mehr Akzeptanz verhelfen.

Das Herunterbrechen der Zielgrößen der Produktplanung in die einzelnen Produktentwicklungsphasen (Komponentenentwicklung, Produktions- und Prozessplanung) führt unweigerlich zu wesentlichen Aussagen über das notwendige *Eigenschaftsprofil* der einzusetzenden Werkstoffe, die in der *Anforderungsliste des Materials* festge-

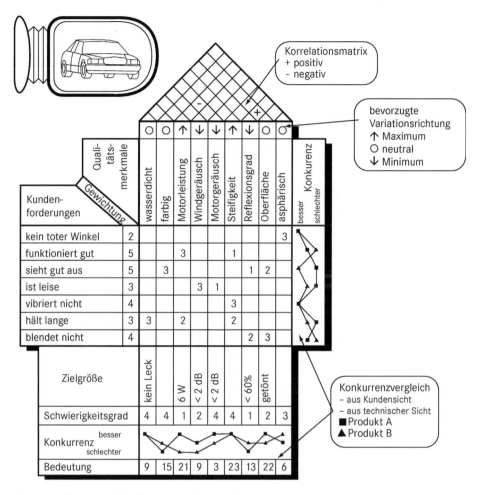

Korrelationsmatrix
+ positiv
- negativ

bevorzugte Variationsrichtung
↑ Maximum
O neutral
↓ Minimum

Konkurrenzvergleich
- aus Kundensicht
- aus technischer Sicht
■ Produkt A
▲ Produkt B

Kundenforderungen	Gewichtung	wasserdicht	farbig	Motorleistung	Windgeräusch	Motorgeräusch	Steifigkeit	Reflexionsgrad	Oberfläche	asphärisch
Variationsrichtung		O	O	↑	↓	↓	↑	↓	O	O
kein toter Winkel	2									3
funktioniert gut	5			3			1			
sieht gut aus	5		3					1	2	
ist leise	3				3	1				
vibriert nicht	4						3			
hält lange	3	3		2			2			
blendet nicht	4							2	3	
Zielgröße		kein Leck		6 W	< 2 dB	< 2 dB		< 60%		getönt
Schwierigkeitsgrad		4	4	1	2	4	4	1	2	3
Bedeutung		9	15	21	9	3	23	13	22	6

Qualitätsmerkmale · Konkurrenz besser / schlechter

Abb. 9-3: House of Quality für das Produkt „Autospiegel" /49/

schrieben werden müssen. Insbesondere bei Werkstoffinnovationen und den daraus resultierenden komplexeren Projektstrukturen kann die Methode des Quality Function Deployment damit zu einer Versachlichung der Diskussion auch über werkstoffspezifische Aspekte des Produkts beitragen.

So zeigen die Zielgrößen der Produktplanung – wie am Beispiel des Autospiegels in *Abb. 9-3* – bereits Anforderungen, welche die Materialeigenschaften des gesuchten Eigenschaftsprofils bestimmen. Das House of Quality der *Abb. 9-4* macht die Anwendung des QFD in einem sehr von der Werkstoffwahl bestimmten Produkt, einer Wendeschneidplatte, deutlich. Die Qualitätsanforderungen (Kunden-) werden in einem ersten Schritt in Produktanforderungen umgesetzt, von denen bereits einige durch werkstoffspezifische Kennwerte charakterisiert werden können (z. B. Temperaturbeständigkeit, Verschleißfestigkeit u. a.). In einem zweiten Schritt werden diese in weitere technologische und technische Eigenschaften heruntergebrochen, die für die

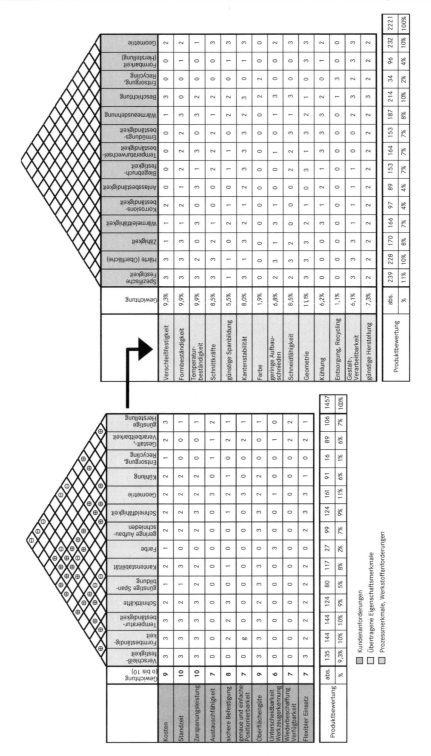

Abb. 9-4: House of Quality für das Produkt „Wendeschneidplatte" /33/

Entwicklung der Wendeschneidplatte zugrunde zu legen sind. Diese Analyse der Eigenschaftsanforderungen hat im Beispiel bereits umfassende Hinweise auf die Bewertung der Eigenschaftsgrößen ergeben, sodass einer Bewertung der aus dem Auswahlprozess resultierenden potenziellen Werkstofflösungen nichts mehr im Wege steht.

Mittels des Quality Function Deployment (QFD) können Kundenwünsche in Qualitätsmerkmale eines Produkts umgesetzt werden, aus denen sich in Konsequenz Werkstoffanforderungen ableiten. Damit gibt QFD wichtige Hinweise auf Ziele, Anforderungen und Wünsche der Materialanforderungsliste. Zudem kann die Bedeutung von Produkt-, Bauteil- und Materialanforderungen eingeschätzt werden, was einen klareren Blick für Entwicklungsschwerpunkte schafft.

9.1.3 Checklisten

Aufgrund betrieblicher Erfahrung soll der Einsatz von *Checklisten* hier als gesondertes Werkzeug des Qualitäts-, Zuverlässigkeits- und Projektmanagements behandelt werden.

Checklisten dienen der Standardisierung unterschiedlicher Vorgehensweisen der Produktentwicklung und sind für fast alle Qualitätswerkzeuge einsetzbar. Der Aufbau einer sinnvollen Checkliste sollte von allgemeineren, in der Literatur zu findenden Ansätzen ausgehend stets hin zu einer unternehmens- und produktspezifischen Ausführung erfolgen. Die Pflege von Checklisten ist zur Aktualisierung eines neuen Produktportfolios, für eine neue Unternehmenssicht (o. Ä.), aber auch aus Akzeptanzgründen dringend anzuraten.

Im Prozess der Werkstoffauswahl stellt die *Checkliste zur Anforderungsliste (siehe Abschnitt 4.3, vergleiche Tab. 4-3)* sicher, dass grundlegende Forderungen an den Werkstoff erfasst werden. *Die wichtigste Checkliste des Prozesses ist die Materialanforderungsliste selbst.* Als umfassende Beschreibung der Werkstoffanforderungen, der Wünsche an den Werkstoff und der Bedingungen, denen der Werkstoff genügen muss, ist sie für die Kontrolle des Prozesses das bestimmende Dokument. Sie ist Grundlage von Design Reviews oder Qualitätsbewertungen.

Weitere sinnvolle Checklisten können zu Design Reviews, zu Qualitätsbewertungen, zu Funktionsanalysen, zur Ermittlung von Beurteilungskriterien, zu Risikoanalysen, zu Inhalten von Entscheidungspapieren u. v. m. erstellt werden. Sie helfen, einen nachvollziehbaren und standardisierten Prozess der Materialauswahl (bzw. des Produktentwicklungs- oder Redesignprozesses) zu installieren.

Checklisten dienen der Standardisierung von Abläufen und „erinnern an das, was zu tun ist".

9.1.4 Design Reviews und Qualitätsbewertungen

Zur ständigen Kontrolle der Ergebnisse eines Konstruktions- und Werkstoffauswahlprozesses sind Design Reviews und Qualitätsbewertungen unverzichtbar. Diese Werkzeuge des Total Quality Management und des Projektmanagements zwingen die Prozessbeteiligten über den gesamten Entwicklungsprozess zu Soll-Ist-Vergleichen. Im Falle des Werkstoffauswahlprozesses (oder einer Werkstoffentwicklung) entspricht die Anforderungsliste des Werkstoffs dem „Soll".

Bereits bei der Planung des Auswahlprozesses werden in sinnvollen zeitlichen Abständen Design Reviews und Qualitätsbewertungen vorgesehen. Diese sind in der Regel an markante Aktivitäten (Meilensteine, Qualitätsaudit) gebunden, die Dokumentationsanforderungen enthalten (z. B. in der Konzeptphase die „Liste möglicher Materiallösungen" oder die „Liste der Versuchswerkstoffe").

Zweck der Design Reviews ist die Vermeidung der wirtschaftlichen Folgen von Fehlentwicklungen, wie sie die bereits vorgestellte Zehnerregel wiedergibt. Die Fehlerkosten potenzieren sich mit der Zahl der Aktivitäten, die seit dem Entstehen des Fehlers durchlaufen wurden.

Im Prozess wird in einem Design Review überprüft, ob die Eigenschaftsprofile der aus einer Vorauswahl hervorgegangenen, potenziellen Werkstofflösungen den in der Anforderungsliste definierten Forderungen und Wünschen, Zielen und Bedingungen an das Material genügen. Bei Abweichungen sind z. B. über eine „To-Do-Liste" Korrekturmaßnahmen zu definieren, die im Sinne der Qualitätssicherung abzuarbeiten sind. Die Interdisziplinarität des an einem Design Review beteiligten Teams sichert das Auffinden von Schwächen und Fehlern in allen Entwicklungsrichtungen (Prüfung, Fertigung, Produktverhalten etc.).

> In interdisziplinär zusammengesetzten Design-Reviews wird überprüft, ob das Arbeitsergebnis („Ist") eines Materialauswahlprozesses noch auf die formulierten Zielen der Materialanforderungsliste („Soll") passt. Gegebenenfalls sind Korrekturmaßnahmen zu definieren.

Eine ähnliche, ergänzende Methode, die stärker auf die Qualität des Produkts fokussiert, sind Qualitätsbewertungen (QB). Sie verfolgen das Ziel, über ein systematisches Abfragen der an der Produktentwicklung beteiligten Fachabteilungen *Schwachstellen* zu identifizieren, welche die angestrebte Produktqualität beeinflussen können. Diese sind zu bewerten und mittels Korrekturmaßnahmen vor Serienanlauf zu beseitigen.

Qualitätsbewertungen werden häufig mit Freigaben verbunden, die den weiteren Fortschritt der Aktivitäten erlauben. Sie sind daher häufig auch „Meilensteine" des Projekts. So werden Qualitätsbewertungen nach der Fertigstellung eines Entwurfs (Entwurfsfreigabe), nach Erstellung eines ersten Entwicklungsmusters (Musterfreigabe) und nach ersten Fertigungsläufen, z. B. der Pilotserie zur Fertigungsfreigabe, vereinbart. Bei unzureichendem Ergebnis einer Qualitätsbewertung sind Optimierungsschleifen (Deming-Zyklus „Plan-Do-Check-Act") zu durchlaufen, bis die Forderung ausreichend erfüllt („bestanden") wird.

> Stärker auf Qualitätsfragen fokussierende Qualitätsbewertungen zielen ebenfalls über einen Soll-Ist-Vergleich auf die Vermeidung von Risiken und Fehlentwicklungen. Sie werden häufig dazu verwendet, Freigaben von Entwicklungsergebnissen zu dokumentieren.

9.2 Werkzeuge zur Ermittlung von Entwicklungsschwerpunkten

9.2.1 ABC-Analyse (Pareto-Analyse)

Die Anwendung einer ABC-Analyse eignet sich im Besonderen dazu, unter den vielen Bauteilen eines Produkts diejenigen zu identifizieren, bei der möglicherweise ein Redesign des Materials sinnvoll ist. Die Ansätze und Kriterien für eine derartige Schwerpunktbildung können unterschiedlich sein.

Ein häufig verwendetes Kriterium für die Bauteilauswahl ist seine *Funktion*. Jedes Bauteil einer Konstruktion hat entsprechend der *Funktionsanalyse (vergleiche Abschnitt 9.3.1)* unterschiedliche Aufgaben. *Je nach Funktion ist damit auch der Beitrag für die Zuverlässigkeit des Produkts verschieden.* Dies erlaubt eine Bewertung der Bauteile nach ihrer funktionellen Bedeutung und ermöglicht ihre Klassifizierung in einer ABC-Analyse.

Darüber hinaus führen andere Kriterien – wie Kosten, Beanspruchung, Gewicht, Zuverlässigkeit – je nach den Anforderungszielen des Produkts zu abweichenden Gruppierungen der Bauteile in *A-, B- und C-Teile*. Die Klasse A hat die größten Anteile an dem Klassifizierungsmerkmal, B einen mittleren und C einen geringen. Die Grenzen zwischen den Klassen sind frei, aber sinnvoll zu wählen.

Im Falle einer Werkstoffwahl sind die gewählten Kriterien der ABC-Analyse meist auch wesentliche Entwicklungsschwerpunkte. Die Zielvorgaben für Produkte bzw. für eingeleitete Produktänderungen sind Kosten- oder Gewichtsreduzierungen, Forderungen nach höherer Lebensdauer oder größerer Zuverlässigkeit.

Abb. 9-5 zeigt eine denkbare ABC-Klassifizierung von Bauteilen eines Erzeugnisses nach dem Kriterium „*Beanspruchung*"; die Einstufungskriterien bestimmen das *Risiko des Versagens* und eine damit verbundene Zuverlässigkeit des Teils. Für C-Teile, die als „risikoneutral" eingestuft sind, erscheint es nicht sinnvoll, ein Redesign des Werkstoffs anzupacken bzw. der Aktivität „Werkstoffwahl" einen zu großen Raum im Gesamtentwicklungsprojekt einzuräumen. Risikoreiche A-Teile beeinflussen dagegen maßgeblich die Zuverlässigkeit; für die Wahl ihrer Werkstoffe sind mit dem Ziel einer hohen Zuverlässigkeit geeignete Werkzeuge des Qualitäts- und Projektmanagements zu implementieren.

Die ABC-Analyse dient der Ermittlung von Entwicklungsschwerpunkten und kann in Abhängigkeit eines Klassifizierungskriteriums Bauteile identifizieren, für die ein Redesign des Werkstoffs Produktvorteile erbringt.

A-Teile (risikoreich)
z.B.

B-Teile (risikoreich)
z.B.

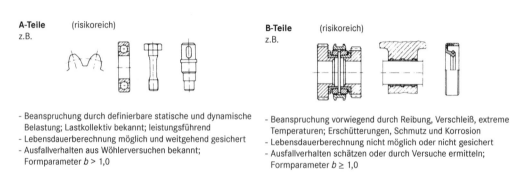

- Beanspruchung durch definierbare statische und dynamische Belastung; Lastkollektiv bekannt; leistungsführend
- Lebensdauerberechnung möglich und weitgehend gesichert
- Ausfallverhalten aus Wöhlerversuchen bekannt; Formparameter $b > 1,0$

- Beanspruchung vorwiegend durch Reibung, Verschleiß, extreme Temperaturen; Erschütterungen, Schmutz und Korrosion
- Lebensdauerberechnung nicht möglich oder nicht gesichert
- Ausfallverhalten schätzen oder durch Versuche ermitteln; Formparameter $b \geq 1,0$

C-Teile (risikoneutral)
z.B.

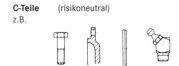

- Beanspruchung stochastisch durch Stöße, Reibung, Verschleiß etc.
- keine rechnerische Auslegung möglich
- nur Zufalls- oder Frühausfälle; Formparameter $0 < b \leq 1,0$

Abb. 9-5: ABC-Klassifizierung von Systemelementen /45/

9.2.2 Kostenstrukturen

Eine ebenfalls für die Schwerpunktbildung anwendbare Methode ist die Feststellung der *Kostenstruktur eines Produkts* entsprechend den Funktionen der Bauteile. Die Kostenstruktur des Turbinengetriebes in Einzelfertigung (*siehe Abb. 9-6*) macht deutlich, dass bei den Herstellkosten je nach Bauteil die Materialkosten einen unterschiedlichen Anteil ausmachen. Eine Kostenreduzierung, z. B. durch Wahl eines neuen Materials, ist demzufolge für das Gussgehäuse, das Rad und die Radwelle angezeigt.

Die erstellte Kostenstruktur kann problemlos in einer ABC-Analyse zur Klassifizierung von materialkostenintensiven A-Teilen bis zu fertigungskostenintensiven C-Teilen erfolgen. Dabei ist zu beachten, dass *Werkstoff und Fertigungstechnologie in Wechselwirkungen* stehen; so kann ein neuer Werkstoff für ein C-Teil eine Reduzierung der Herstellkosten aufgrund schnellerer oder einfacherer Herstellbarkeit mitsichbringen. Es ist daher nach Erstellung der Kostenstruktur eine Stoßrichtung für die gewünschte Kostenreduzierung (Material- oder Fertigungskosten) festzulegen und zu verfolgen und die Gesamtauswirkung des Redesigns zu beurteilen.

Kostenstruktur-Analysen identifizieren Bauteile, die einen hohen Materialkostenanteil am Gesamtprodukt aufweisen und sich daher für ein Redesign anbieten.

Turbinengetriebe in
Einzelfertigung

Leistung	10 000 kW
Drehzahl	9 000/3 000 min^{-1}
Achsabstand	450 mm
Gewicht	2 500 kg

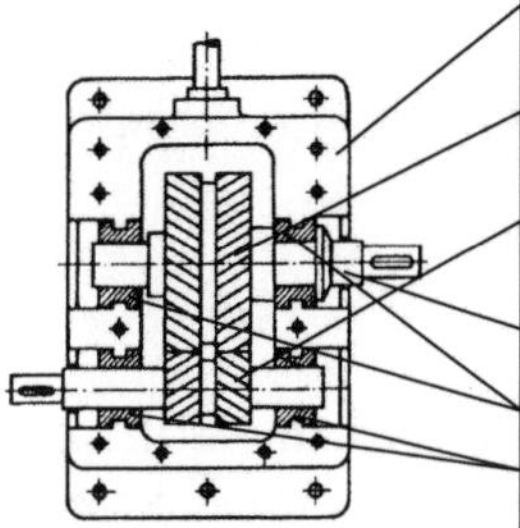

	Kostenstruktur des Getriebes nach Bauteilen		Kostenstruktur der Bauteile nach Kostenarten		
Teil	**€**	**HK**	**MK**	**Fke**	**Fkr**
Gussgehäuse (GG)	23 160	28 %	68 %	24 %	8 %
Rad (31 CrMoV 9)	21560	26 %	44 %	46 %	10 %
Ritzelwelle (15 CrNi 6)	17 400	21 %	26 %	49 %	25 %
Radwelle (C 45 N)	11 550	14 %	45 %	45 %	10 %
2 Radlager	4 110	5 %	Kaufteile		
2 Ritzellager	3 320	4 %	Kaufteile		
2 Dichtungen 2 Deckel	1 340	1,6 %	Kaufteile		
Rohrleitungen	360	0,4 %	Kaufteile		
Herstellkosten der Teile	**82 800**	100 %	53 %	35 %	12 %
Montage	9 040				
Probelauf	4 920				
Fertigungsrisiko	8 210				
Gesamte HK des Getriebes	104 970				

Erkenntnisse und
Folgerungen: z.B.
- GG-Gehäuse teuer
  - fertigungsgerechter konstruieren
  - Radmaterial wegen Nitrierfähigkeit teuer
  - einsatzhärten?
  - nur Ringe auf Welle aufschrumpfen?
- Materialkosten machen rund die Hälfte der Herstellkosten der bearbeiteten Teile aus
→ Materialkosten sparen

Gussgehäuse:
MK einschließlich
Modellkostenanteil

Abb. 9-6: Kostenstruktur eines Turbinengetriebes /32/

9.3 Werkzeuge zur Aufgabenklärung

9.3.1 Funktionsanalyse

Eine *Funktionsanalyse* erleichtert dem Konstrukteur zu Beginn der Entwicklungstätigkeit den Blick für die wesentlichen Bauteile eines Produkts. Sie kann daher auch zur Ermittlung von Entwicklungsschwerpunkten eingesetzt werden. *Die Gesamtfunktion ist in Teilfunktionen zu zerlegen und in einer Funktionsstruktur darzustellen, aus der sowohl der stoffliche, energetische als auch der Signalumsatz hervorgeht.* Das Grundverständnis der Funktionen des Produkts, der Baugruppen und der Bauteile befähigt den Konstrukteur am ehesten, *eindeutig, einfach und sicher zu konstruieren.*

Der Werkstoff eines Bauteils trägt wesentlich zu einer zuverlässigen Erfüllung einer Funktion bei. Daher ist die funktionelle Sicht eine treibende Kraft bei dem Erkennen von Bauteil- und Werkstoffanforderungen.

Bei einer Reibkupplung, deren Hauptfunktion in der Übertragung eines Drehmoments besteht, sind für die notwendigen Reibflächen grundlegende Forderungen an die Werkstoffeigenschaften wie ein erforderlicher Reibkoeffizient, eine gute Temperaturbeständigkeit und eine hohe Verschleißfestigkeit unerlässlich. Eine Vielzahl von Beispielen zur Erstellung von Funktionsstrukturen ist in /8/ veröffentlicht.

> Die Funktionsanalyse zeigt die Teilfunktionen eines Produkts; die funktionelle Sichtweise ist grundlegend für die Gestaltung von Bauteilen wie auch für die Auswahl von Materialien. Die Erkenntnis, welche Aufgabe ein Werkstoff in einem Bauteil wahrnimmt, ist grundlegend für die Ermittlung von Materialanforderungen.

9.3.2 Benchmark

Das *Benchmarking* eigener Erzeugnisse mit denen des Wettbewerbs dient der Einschätzung der eigenen Position des Produkts. Beim Benchmark werden Konkurrenzprodukte in Bezug auf das Produktverhalten, auf den Aufbau, auf die Fertigung der Bauteile usw. untersucht. *Diese Aktivitäten haben in Bezug auf den Konstruktionsprozess zum Ziel, neue Ideen für die eigene Produktentwicklung zu gewinnen.* Die Entwicklung einer eigenen „Best-Practice" unter Berücksichtigung der bestehenden Ressourcen (Fertigung, Materialien, Entwicklungskapazitäten usw.) und der Produktstrategie (z. B. Technologieführerschaft, Nischenprodukt, Billiganbieter) steht am Ende eines jeden Benchmarks. Diese „vorbildliche Lösung" stellt ein „virtuelles" Produkt dar, welches

- basierend auf den Ergebnissen der Benchmark-Analysen,
- auf den unterschiedlichen Feldern (Fertigungstechnologie, Materialien, Produktverhalten etc.),
- nach *Einschätzung des Unternehmens*,
- für die *eigene Entwicklungsstrategie*

ein Optimum darstellt.

Für den Produktentwickler bietet sich aus Werkstoffsicht die Chance, *die vom Wettbewerb eingesetzten Materialien kennen zu lernen* sowie die verwendeten *Fertigungstechnologien* des Mitbewerbers (Guss- statt Schweißteil, Kleben statt Löten usw.) zu erkennen. *Der Benchmark muss in die Analyse der Anforderungen des eigenen Produkts eingehen.* Die auf die Materialwahl einflussnehmenden Forderungen an das Erzeugnis sind wiederum in entsprechende Anforderungen eines Bauteils umzusetzen, die dann in Forderungen der Materialanforderungsliste übersetzt werden.

> Das Benchmarking ist ein „Lernen von Konkurrenzprodukten" mit der Zielsetzung, eine optimale Produktvorstellung im Sinne der Unternehmensziele zu erhalten („Best Practice"). Die materialspezifischen Ergebnisse sind in Materialanforderungen zu übersetzen.

Beim Benchmark stößt man immer wieder auf Sachverhalte, die insbesondere im Hinblick auf Materialien nur schwierig zu lösen sind. So ist mit einer Analyse der chemischen Zusammensetzungen von metallischen Materialien noch nicht geklärt, warum sich ein bestimmtes Produktverhalten, wie z. B. Korrosion, nicht einstellt. Die fertigungstechnologischen Einflüsse auf diese Eigenschaften sind zu groß. Selbst das Feststellen, welches Umformverfahren gewählt wurde, reicht dazu nicht aus – die Prozessführung hat ebenfalls gravierende Auswirkungen auf die Korrosionsbeständigkeit. Ähnliches gilt für ein Kunststoffbauteil, dessen herstellerabhängige Materialeigenschaften zusätzlich stark von der Verarbeitung und der Qualität des Granulats bestimmt werden. Dem *„Reverse Engineering"*, in diesem Fall dem Rückwärtsdenken des Produktionsprozesses, sind Grenzen gesetzt.

9.3.3 Analyse des Ausfallverhaltens

Wird das *Ausfallverhalten von Systemen* durch *statistische Methoden* analysiert, so können Aussagen über die *Zuverlässigkeit eines Produkts* quantifiziert werden. Einige wichtige Kenngrößen werden im Folgenden vorgestellt und erläutert.

Die statistische Dichtefunktion ermittelt sich aus einem Histogramm der *Ausfallhäufigkeiten des Bauteils* über einer zeitlichen Größe (zumeist die Zahl der Lastwechsel, die Betriebsdauer oder die Gesamtlebensdauer). Werden die Ausfallhäufigkeiten über der Zeitachse akkumuliert, ergibt sich die *Ausfallswahrscheinlichkeit A(t)* des Bauteils in Abhängigkeit vom betrieblichen Einsatz. Mit dieser wird die *Zuverlässigkeit Z(t)* (oder Überlebenswahrscheinlichkeit) des Bauteils definiert:

$$Z(t) = 100\% - A(t).$$

Die Definition der *Ausfallrate* $\lambda(t)$

$$\lambda(t) = \frac{f(t)}{Z(t)}$$

als Quotient der *Ausfalldichte f(t)*, welche der Zahl an Ausfällen über einen bestimmten Zeitraum entspricht, und der Zuverlässigkeit *Z(t)* führt zur bekannten, leichter verständlichen *„Badewannenkurve"* (*siehe Abb. 9-7*), bei der die *Ausfallrate über der Produktlebensdauer* aufgetragen wird.

Die drei Phasen sind wie folgt charakterisiert:
- Bereich 1: *Frühausfälle und fallende Ausfallraten,*
- Bereich 2: *Zufallsausfälle bei konstanter Ausfallrate,*
- Bereich 3: *Verschleißausfälle bei steigender Ausfallrate.*

Die Gründe der hohen Ausfallraten am Produktlebensanfang liegen meist in Fertigungs- und Werkstofffehlern begründet. Gegenmaßnahmen, wie ein den Frühausfällen vorbeugendes Materialanforderungsprofil der gefährdeten Bauteile, müssen im Entwicklungsprozess verankert werden. Dazu kann das Vermeiden nach Weibull verteilter Festigkeiten oder auch die Einhaltung einer Einlaufphase eines Zahnrads (z. B. im Getriebe) zählen. Letzteres berücksichtigt die speziellen tribologischen Bedingungen und Werkstoffeigenschaften des Zahnradwerkstoffs. Gegebenenfalls können auch Zulieferproblematiken erkannt und abgestellt werden.

In Bereich 2 (*Zufallsausfälle* bei konstanter Ausfallrate) sind die Fehler mit hoher Wahrscheinlichkeit nicht primär vom Werkstoff verursacht. Meistens handelt es sich um *Bedienungs- oder Wartungsfehler* oder nicht *vorgesehene Überlasten*. Aus der Analyse der Schadensfälle wird sich daher selten ein Handlungsbedarf für die Materialwahl ableiten.

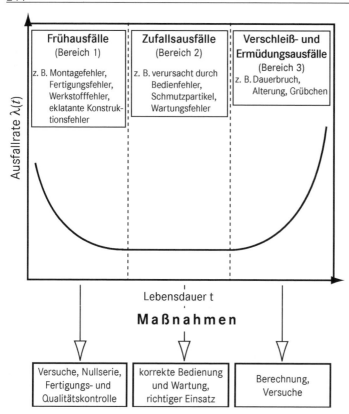

Abb. 9-7: Badewannenkurve /45/

Im Bereich 3 (*Verschleißausfälle* bei steigender Ausfallrate) naht das Ende des Produkts. Ausfälle werden durch Verschleiß, *Werkstoffermüdung*, Alterung oder andere Gründe hervorgerufen. Der erhöhten Ausfallrate wird zum Ende der Lebensdauer des Produkts durch Wartungs- und Instandhaltungskonzepte oder durch Sicherheitskonzepte (Fail Safe) Rechnung getragen. *Tritt der Anstieg an Ausfällen zu früh auf, sind aus Werkstoffsicht die bisher gesetzten Anforderungen an Materialkennwerte (vornehmlich dynamische Festigkeiten, Alterung, Korrosionsbeständigkeiten etc.) zu hinterfragen* und gegebenenfalls Gegenmaßnahmen für die laufende Produktion einzuleiten. Für ein Zahnrad eines Getriebes könnten konstruktive Gegenmaßnahmen in der Verwendung eines anderen Materials mit erhöhter Zahnfuß- oder Grübchentragfähigkeit bestehen.

Die Analyse quantitativer Zuverlässigkeitswerte von Produkten und deren Bauteilen kann Hinweise auf Materialprobleme insbesondere zu Beginn wie auch zum Ende eines Produktlebens erbringen. Die Analyse von verantwortlichen Materialeigenschaften (*vergleiche auch Abschnitt 4.4.2*) führt zur Festschreibung von Werkstoffanforderungen.

Für reparable Produkte werden andere Kennwerte zur Beurteilung der Zuverlässigkeit verwendet. Sie werden weniger nach ihrer Ausfallwahrscheinlichkeit bewertet, sondern für sie besteht *das Ziel, eine möglichst große Verfügbarkeit zu erzielen*. Dies trifft

z. B. auf Produktionsmaschinen zu, für die ungeplante Stillstandszeiten so weit wie möglich vermieden werden müssen.

Nach der *Markoff-Methode* wird zur Beurteilung der Zuverlässigkeit das Systemverhalten über der Laufzeit herangezogen, und es werden die folgenden Kennwerte ermittelt:

- *Mean Time To First Failure (MTTFF)*:
  Dieser Zeitwert entspricht der mittleren Lebensdauer bis zum ersten Ausfall (Reparaturereignis).
- *Mean Time To Repair (MTTR)*:
  Der Zeitwert entspricht der mittleren Dauer einer Reparatur oder Instandsetzung.
- *Mean Time Between Failure (MTBF)*:
  Dieser Zeitwert zeigt an, wie lange im Mittel das System ohne Ausfall läuft.
- *Mean Time To Failure (MTTF)*:
  Der Zeitwert gibt den Mittelwert der Lebensdauer vom Ende einer Reparaturzeit bis zum nächsten Ausfall an.

Ein System ist nur verfügbar, wenn es funktionstüchtig ist. Mittels der Kennwerte können Zustandswahrscheinlichkeiten berechnet werden, die als ein Qualitätsmerkmal für die Zuverlässigkeit des reparablen Systems anzusehen sind.

Auch bei dieser Methode werden Ausfallwahrscheinlichkeiten von Bauteilen betrachtet, und die Grundregel „Aus Schaden lernen" ist anzuwenden. Die Analyse oben genannter Kennwerte und das Feststellen der Ursachen, falls sich diese verschlechtern bzw. falls sie bestimmte Mindestwerte nicht erfüllen, ist gegebenenfalls in *Redesign-Maßnahmen des Werkstoffs* umzusetzen.

> Bei reparablen Systemen werden andere Zuverlässigkeitsgrößen für die Analyse zurate gezogen. Auch sie erlauben die Identifizierung kritischer Bauteile.

9.4 Risikoanalysen

Fehler, die bei der Entwicklung eines Produkts erst in einer späteren Phase der Produktenstehung aufgedeckt werden, sind kosten- und zeitintensiv (*vergleiche* Zehnerregel zu Beginn von *Kapitel 9*). Die frühestmögliche Einbeziehung vorbeugender Qualitätswerkzeuge in den Entwicklungsprozess ist daher zu deren Aufdeckung und Vermeidung anzustreben. In der Qualitäts- und Zuverlässigkeitstechnik werden dazu überwiegend *Risikoanalysen* wie

- die *Fehlerbaumanalyse* (FTA) und
- die *Fehlermöglichkeits- und Einflussanalyse* (FMEA, oder auch Ausfalleffektanalyse)

eingesetzt. Sie nehmen in heutigen Produktentwicklungsprozessen einen sehr hohen Stellenwert ein.

Diese Risikoanalysen geben den Konstrukteuren, die auf der Suche nach einem geeigneten Werkstoff für ihre Konstruktionsaufgabe sind, vielfältige Hinweise auf das *Anforderungsprofil* eines Werkstoffs. FMEA wie FTA sind daher unverzichtbare Werkzeuge für die Erstellung einer vollständigen *Materialanforderungsliste*. Des Weiteren verbindet sich mit einer Pflege der Risikoanalysen auch eine ständige Überprüfung dieses Dokuments auf Aktualität.

Risikoanalysen sind heute unverzichtbar im Produktentwicklungsprozess und dienen vornehmlich der frühzeitigen Aufdeckung und Vermeidung von Fehlern.

Von der großen Zahl an Methoden bei den Risikoanalysen seien zwei weitverbreitete kurz vorgestellt und ihr Nutzen für die Werkstoffauswahl beschrieben.

9.4.1   Fehlermöglichkeits- und Einflussanalyse (FMEA)

Die *Fehlermöglichkeits- und Einflussanalyse* (FMEA) ist der bekannteste Vertreter der Risikoanalysen. Nach der DGQ (Deutsche Gesellschaft für Qualität e. V.) dient sie dazu /50/,

* *mögliche Schwachstellen zu finden,*
* *deren Bedeutung zu erkennen, zu bewerten und*
* *geeignete Maßnahmen zu ihrer Vermeidung bzw. Entdeckung rechtzeitig einzuleiten.*

Die Methode ist auch dazu geeignet, bestehende Prozesse und Produkte weiterzuentwickeln und zu verbessern.

Typen der FMEA

Es werden drei aufeinander aufbauende und zeitlich in dieser Reihenfolge erstellte Typen von Fehlermöglichkeits- und Einflussanalysen unterschieden:

* die *System-FMEA,*
* die *Konstruktions-FMEA* und
* die *Prozess-FMEA.*

Fehler, Fehlerursachen und *Fehlerfolgen* stellen die Verbindung zwischen den FMEA-Typen her. Die System-FMEA analysiert das Produkt im Systemzusammenhang, z. B. das Produkt „Starterbatterie" im System „Auto". Die Konstruktions-FMEA will mögliche Fehler bei der Konstruktion des Produkts „Batterie", die Prozess-FMEA Fehler in den mit der Herstellung verbundenen Prozessen des Produkts „Batterie" aufspüren und vermeiden.

Alle drei Arten der FMEA können wesentliche Aussagen über die Anforderungen an Werkstoffeigenschaften des Produkts erbringen. Im genannten Beispiel haben die Einbauweisen in den heute gekapselten Motorräumen zu einem starken Anstieg der Batterietemperatur geführt. Bei einer Temperaturerhöhung von 10 °C steigt die Reaktionsgeschwindigkeit nach Arrhenius auf den zwei- bis fünffachen Wert. Damit ist der positive Elektrodenwerkstoff, in der Regel heute eine Blei-Calcium-Legierung, weit stärker durch einen Korrosionsangriff gefährdet als noch vor zwanzig Jahren. Die Konstruktions-FMEA der Autobatterie weist auf das Konstruktionsmerkmal „Elektrodenwerkstoff" als korrosiv kritische Größe hin und wird als Auftrag (Maßnahme) eine korrekte Materialwahl einfordern. Die Prozess-FMEA prüft die Ursache des Korrosionsangriffs im Hinblick auf fehlerhafte Fertigungsprozesse. Beispielsweise kann das Formieren (Laden) der Batterie bei zu hohen Ladeströmen den risikobehafteten Temperaturanstieg auslösen und den korrosiven Angriff einleiten.

Vorgehen bei der FMEA

Die Durchführung einer FMEA erfolgt in fünf Schritten:
1. *Organisation vorbereiten,*
2. *Inhalte vorbereiten,*
3. *Analyse durchführen,*
4. *Analyseergebnisse auswerten,*
5. *Termine verfolgen und Erfolge kontrollieren.*

In jedem Fall ist die FMEA von einem interdisziplinär besetzten Team durchzuführen. Insbesondere ist aus Materialsicht die Teilnahme von Werkstoffspezialisten zu empfehlen, die sich nicht zwingend aus dem Unternehmen selbst rekrutieren. Sie können den Konstrukteuren unbekannte Fehlerursachen des Materialverhaltens aufzeigen.

Auswertung einer FMEA

Die Analyse erfolgt mittels eines *Formblatts* entsprechend *Abb. 9-8*. Das Kriterium, ob eine Korrekturmaßnahme einzuleiten ist oder nicht, wird bei der FMEA an der *Wahrscheinlichkeit des Auftretens* und der *Entdeckung des Fehlers* bzw. der *Fehlerursache* sowie nach der *Bedeutung des Fehlers* beurteilt. Über ein Punkte-Ranking (jeweils von 1 bis 10) wird die *Risikoprioritätszahl RPZ* berechnet, die bei Überschreitung einer Obergrenze Gegenmaßnahmen einfordert.

FMEA-Nr.: .... Seite .... von	FEHLERMÖGLICHKEITS- UND EINFLUSSANALYSE ☐ System-FMEA ☐ Konstruktions-FMEA ☐ Prozess-FMEA								Fachhochschule Hannover -⌐-⌐-⌐ University of Applied Sciences and Arts	
Typ/Modell/Fertigung/Charge:				Sach-Nr.:		Verantwortlich:			Abteilung:		
				Änderungsstand:		Firma:			Datum:		
System/Prozessschritt/Funktion/Aufgabe:				Sach-Nr.:		Verantwortlich.:			Abteilung.:		
				Änderungsstand:		Firma:			Datum:		
Mögliche Fehlerfolgen	B	Möglicher Fehler	Mögliche Fehlerursachen	Vermeidungs- maßnahmen	A	Entdeckungs- maßnahmen	E	RPZ	Verantwortlich Termin		

B = Bedeutung des Fehlers   A = Bewertung der Auftretenswahrscheinlichkeit   E = Bewertung der Entdeckungswahrscheinlichkeit
RPZ = Risikoprioritätszahl = B x A x E

Abb. 9-8: Formblatt für eine FMEA

Aus den Ergebnissen der FMEA sind entscheidende Beiträge für die Anforderungslisten von Produkten und demzufolge für Materialien zu erwarten. Um Fehlern bei der Materialwahl vorzubeugen, sind daher die materialbezogenen Fehlerursachen und die entsprechend abgeleiteten Gegenmaßnahmen bei der Erstellung der Materialanforderungsliste einzubeziehen.

Fazit

Der Aufwand für die Erstellung einer FMEA zu einem Erzeugnis wird häufig gescheut. Die Pflege einer FMEA kommt nach der mühevollen Ersterstellung aber mit wesentlich geringerem Zeitbedarf aus. Softwareprogramme erleichtern die Einführung sowie die Handhabung und Pflege der Risikoanalyse. Außerdem kann sie auf Anpassungs-, Variantenkonstruktionen oder ähnliche Produkte angewendet werden.

Die Erfahrung zeigt, dass die erforderliche bereichsübergreifende Zusammenarbeit zwischen Abteilungen ein großes Wissenskontingent über das Produkt und seine Prozesse schafft und vielfach zu einer gründlichen Diskussion bisher verborgener Probleme führt.

> Fehlermöglichkeits- und Einflussanalyse dient der Beurteilung technischer, technologischer und wirtschaftlicher Risiken in Systemen, in Konstruktionen und in Prozessen. Die Analyse führt zwangsläufig zu Aussagen über Werkstoffe und ihre Eigenschaften. Die FMEA ist daher stets als eine wichtige Quelle bei der Erstellung der Materialanforderungsliste einzusetzen.

9.4.2   Fehlerbaumanalysen (FTA)

In *Fehlerbaumanalysen* (Fault Tree Analysis, FTA) wird das Produkt nach Vorgabe eines Fehlers hinsichtlich seiner Komponenten sowie hinsichtlich der logischen Beziehung zwischen Ein- und Ausgangsgrößen analysiert. Ausfallursachen und –erscheinungen werden darstellbar. Die Methode arbeitet deduktiv (Top-Down) und ist in DIN 25424 /51/ genormt; in der VDI-Richtlinie 2247 /52/ wird sie anhand von Beispielen erläutert.

Mittels Boolescher Algebra leistet die Fehlerbaumanalyse – insbesondere bei sicherheitsrelevanten Systemen – eine quantitative Abschätzung von Fehlern, Fehlerfolgen und Fehlerursachen. Sie wird daher auch als *Gefährdungsbaumanalyse* bezeichnet.

Als Grundlage der Analyse kann die aus der Konzeptphase des Produkts vorhandene *Funktionsstruktur* herangezogen werden. Der Ausfall der Funktionen (Hauptereignis) hat seine internen und externen Ursachen im betrachteten technischen System (Produkt im Umfeld). Der Zusammenhang zwischen Basisereignissen und dem Ausfall wird über Oder- und Und-Verknüpfungen dargestellt. Im Falle des in *Abb. 9-9* dargestellten Fehlerbaums für einen Zahnflankeneinriss werden die Ursachen eines Materialfehlers detailliert aufgelöst. Daraus lassen sich die materialspezifischen Anforderungen des Zahnradwerkstoffs ableiten, welche in die Materialanforderungsliste einfließen müssen.

Fehlerbaumanalysen können auch die Wahrscheinlichkeit des Versagens eines Systems quantifizieren. Dazu müssen die Ausfallwahrscheinlichkeiten der Einzelkomponenten vorhanden sein, die über die Boolesche Algebra ausgewertet werden.

> Fehlerbaumanalysen führen wie FMEAs zur Ableitung von Materialanforderungen.

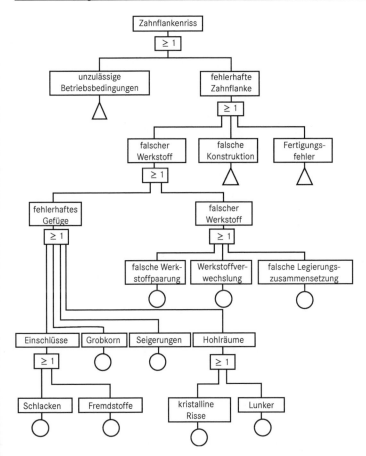

Abb. 9-9: Fehlerbaumanalyse eines Zahnflankeneinrisses durch einen Materialfehler /45/

9.5   Kontrollfragen

9.1   Was besagt die Zehnerregel?

9.2   Welche Größen sind für die Wahl der Projektorganisation mitbestimmend?

9.3   Wie werden kleinere, einfache Werkstoffentscheidungen behandelt? Welche Projektform sollte für eine komplexe Werkstoffinnovation eingerichtet werden?

9.4   Was sind Vor- und Nachteile einer reinen Projektorganisation?

9.5   Worauf fokussiert das Quality Function Deployment?

9.6   Wie werden die Kundenforderungen und -wünsche beim Quality Function Deployment dargestellt? Erklären Sie an einem Beispiel, wie diese im Entwicklungsprozess für eine Werkstoffwahl weiterverarbeitet werden können und zu Anforderungen in der Materialanforderungsliste führen.

9.7 Welchen Nutzen haben Checklisten in einem Entwicklungsprozess? Nennen Sie Beispiele, wo Checklisten für eine Materialsuche nützlich werden können!

9.8 Welches ist die wichtigste Checkliste im Materialauswahlprozess? Begründen sie Ihre Antwort!

9.9 Welchem Ansatz folgen die Aktivitäten von Design Reviews und Qualitätsbewertungen?

9.10 Welches Arbeitsergebnis hat ein Design Review?

9.11 Wie lautet der Deming-Zyklus?

9.12 Nennen Sie drei Kriterien, nach denen ABC-Analysen erfolgen können! Welche Auswirkungen ergeben sich für die Werkstoffwahl (anhand von drei Beispielen)?

9.13 Was nützt eine Kostenstruktur-Analyse eines Produkts im Hinblick auf Materialauswahlprozesse?

9.14 Welchen Vorteil bieten Funktionsanalysen bei der Ermittlung von Materialanforderungen? Erläutern Sie dies an zwei Beispielen!

9.15 Welchem Zweck dient das Benchmarking? Wie könnte sich ein Benchmarking auf eine Werkstoffauswahl auswirken?

9.16 Was bestimmt eine „Best Practice" aus der Sicht eines Unternehmens?

9.17 Was bedeutet „Reverse Engineering"? Welche Problematiken ergeben sich bei dieser Vorgehensweise aus Werkstoffsicht?

9.18 Welche Phasen unterscheidet die „Badewannenkurve" in einem Produktleben?

9.19 In einem Zahnradgetriebe wird ein vermehrter Ausfall der Ritzelwelle durch Dauerbruch nach bereits drei Jahren festgestellt. Welche Auswirkungen auf Materialanforderungen können aus dieser Kenntnis erwachsen?

9.20 Bei Anlauf einer Serie gleicher Produktionsmaschinen versagt innerhalb der ersten drei Monate die Passfederverbindung zur Zahnriemenscheibe, die aus einer Aluminiumlegierung gefertigt wurde. Welche kurzfristigen Lösungen sind denkbar?

9.21 Aus welchen Gründen sind Risikoanalysen unverzichtbare Werkzeuge im modernen Produktentwicklungsprozess? Welcher Bezug besteht zur Zehnerregel?

9.22 Wozu dient die FMEA? Welcher Zusammenhang besteht mit Werkstoffauswahlprozessen?

9.23 Welche Arten von FMEAs gibt es? Machen Sie die unterschiedlichen Sichtweisen anhand eines Beispiels deutlich!

9.24 Was berücksichtigt bei einer FMEA die Risikoprioritätszahl?

9.25 Auf der Grundlage welcher vorangegangenen Methode arbeitet die Fehlerbaumanalyse?

Literaturverzeichnis

[1]   *Ashby, M., F.:* Materials Selection in Mechanical Design: Das Original mit Übersetzungshilfen. Spektrum Akademischer Verlag, München, 2006

[2]   *Ehrlenspiel, K.; Kiewert, A.:* Die Werkstoffauswahl als Problem der Produktentwicklung im Maschinenbau. VDI-Berichte Nr. 797, 1990

[3]   *Ehrlenspiel, K.:* Integrierte Produktentwicklung. 5. Aufl., Carl Hanser Verlag, München, 2013

[4]   *Conrad, K.-J.:* Grundlagen der Konstruktionslehre. 6. Aufl., Carl Hanser Verlag, München, 2013

[5]   *Haberfellner, R.; Nagel, P.; Becker, M.:* Systems Engineering – Methodik und Praxis. 11. Aufl., Zürich: Verlag Industrielle Organisation, 2002

[6]   *VDI-Richtlinie 2221:* Methodik zum Entwickeln und Konstruieren technischer Systeme und Produkte (2000)

[7]   *Fischer, D. R.:* Entwicklung eines objektorientierten Informationssystems zur optimierten Werkstoffauswahl (Dissertation). Berlin: Springer Verlag, 1995

[8]   *Pahl, G.; Beitz, W. et al.:* Konstruktionslehre. 7. Aufl., Springer Verlag, Berlin, 2007

[9]   *Kramer, M.:* Systematische Werkstoffauswahl im Konstruktionsprozess am Beispiel von Kunststoffbauteilen im Automobilbau. Dissertation TU Braunschweig, 1999

[10]   *Große, A.:* Interdisziplinäre Werkstoffauswahl durch Aufbau eines Material Data Mart. Dissertation TU Clausthal, 2000

[11]   *Grosch, J.:* Werkstoffauswahl im Maschinenbau. Sindelfingen: Expert Verlag (Kontakt & Studium, Bd. 199), 1986

[12]   *Illgner, K. H.:* Werkstoffauswahl für den Konstrukteur. In: VDI-Z 121 (1979) Nr. 10 (II), S. 1027–1030

[13]   *Schäppi, B.; Andreasen, M.; Kirchgeorg, M; Radermacher, F.-J.:* Handbuch Produktentwicklung. München Wien: Carl Hanser Verlag, 2005.

[14]   *Bernst, R.:* Werkstoffe im wissenschaftlichen Gerätebau. Leipzig: Akademische Verlagsgesellschaft Geest & Portig, 1975

[15]   *Kaiser, W.:* Kunststoffchemie für Ingenieure. 3. Aufl., München Wien: Carl Hanser Verlag, 2011

[16]   *Hoenow, G.; Meißner, Th.:* Entwerfen und Gestalten im Maschinenbau. 3. Aufl., Leipzig: Fachbuchverlag Leipzig im Carl Hanser Verlag, 2010

[17]   *Bergmann, W.:* Werkstofftechnik 2. 4. Aufl., Carl Hanser Verlag, München 2009

[18]   *Datsko, J.:* Materials Selection for Design and Manufacturing. New York: Marcel Dekker, 1997

[19]   *Kurz, U.; Hinzen, H.; Laufenberg, H.:* Konstruieren, Gestalten, Entwerfen. 4. Aufl., Vieweg Verlag, Wiesbaden, 2009

[20]   *Große, A.:* Analyse der Werkstoffauswahl in der industriellen Praxis und Konsequenz für die rechnerunterstützte Stahlauswahl. TU Clausthal, IMW-Institutsmitteilung Nr. 22, 1997

[21]   *Budinski, K. G.; Budinski, M. K.:* Engineering Materials: Properties and Selection. 8. Aufl., Upper Saddle River: Prentice Hall, 2005

[22]   *Worch, H.; Pompe, W.; Schatt, W. (Hrsg.):* Werkstoffwissenschaft. 10. Aufl., Weinheim: Wiley-VCH, 2011

[23]   *Collins, J. A.:* Mechanical Design of Machine Elements and Machines. New York: Wiley & Sons, 2003

[24]   *Kutz, M. (Hrsg.):* Handbook of Materials Selection. New York: Wiley & Sons, 2002

[25]   *Steinhilper, W.; Röper, R.:* Maschinen- und Konstruktionselemente 1, Konstruktionselemente des Maschinenbaus. 5. Aufl. Berlin: Springer Verlag, 2000

[26]   *Mangonon, P. L.:* The Principles of Materials Selection for Engineering Design. Upper Saddle River: Prentice Hall, 1999

[27]   *Bonten, Ch.; Berlich, R.:* Aging and Chemical Resistance. München Wien: Carl Hanser Verlag, 2001

[28]   *Bergmann, W.:* Werkstofftechnik 1. 7. Aufl., Carl Hanser Verlag, München 2013

[29]   *VDI-Richtlinie 2225:* Konstruktionsmethodik; Technisch-wirtschaftliches Konstruieren. Blatt 1: Vereinfachte Kostenermittlung (1997), Blatt 2: Tabellenwerk (1998), Blatt 3: Konstruktionsmethodik – Technisch-wirtschaftliches Konstruieren; Technisch-wirtschaftliche Bewertung, Blatt 4: Bemessungslehre (1997). Berlin: Beuth-Verlag

[30]   *VDMA-Kennzahlen Entwicklung und Konstruktion.* VDMA Verlag, Frankfurt a.M., 2008

[31]   *DIN EN 10025:* Warmgewalzte Erzeugnisse aus Baustählen. Teil 1: Allgemeine technische Lieferbedingungen, Ausgabe: 2005-02
        Teil 2: Technische Lieferbedingungen für unlegierte Baustähle; Ausgabe: 2005-04. Berlin: Beuth Verlag, 2004

[32]   *Ehrlenspiel, K.; Kiewert, A.; Lindemann, U.:* Kostengünstig Entwickeln und Konstruieren. 6. Aufl., Springer Verlag, Berlin, 2007

[33]   *Buchmayr, B.:* Werkstoff- und Produktionstechnik mit Mathcad. Berlin: Springer Verlag, 2002

[34]   *Zentrum Wertanalyse der VDI-Gesellschaft, Systementwicklung und Projektgestaltung (Hrsg.):* Wertanalyse. Idee, Methode, System. 5. Aufl., Berlin: Springer Verlag, 1995

[35]   *Farag, M. M.:* Materials Selection for Engineering Design. London: Prentice Hall, 1997

[36]   *Reinertsen, D. G.:* Die neuen Werkzeuge der Produktentwicklung. München Wien: Carl Hanser Verlag, 1998

[37]   *Kleppmann, W.:* Taschenbuch Versuchsplanung. 8. Aufl., Carl Hanser Verlag, München, 2013

[38]   *Gebhardt, A.:* Rapid Prototyping. 2. Aufl., München Wien: Carl Hanser Verlag, 2000

[39]   *Merkel, M.; Thomas, K.-H:* Taschenbuch der Werkstoffe. 7. Aufl., München Wien: Fachbuchverlag Leipzig im Carl Hanser Verlag, 2008

[40]   *Wegst, C.; Wegst, M.:* Stahlschlüssel 2013. 23. Aufl., Marbach: Verlag Stahlschlüssel, 2013

[41]   *Pintat, Th.; Wellinger, K.; Gimmel, P.:* Werkstofftabellen der Metalle. 8. Aufl., Stuttgart: Kröner Verlag, 2000

[42]   *Dahlke, M.:* Kennwertdatenbank zur Auslegung und Berechnung von naturfaserverstärkten Kunststoffen. IKV, Aachen, Vortrag zur Veranstaltung „Vom Rohstoff bis zum Design – Hightech mit Naturfasern" am DLR e.V. Braunschweig, 2002

[43]   *Tüllmann, R.; Kurzknabe, R.; Laumen, K.; Maurer, G.; Ranganth, S.; Wanders, M.:* Datenqualität kommerzieller Datenbanken. In: Kunststoffe, Jg. 90 (2000), Heft 5, S. 78–83

[44]   *Osswald, T.; Brinkmann, S.; Schmachtenberg, E.; Oberbach, K.; Baur, E.:* International Plastics Handbook. 4. Auflage, Carl Hanser Verlag, München, 2006

[45]   *Bertsche, B.; Lechner, G.:* „Zuverlässigkeit im Fahrzeug- und Maschinenbau. 3. Aufl., Berlin: Springer Verlag, 2004

[46]   *Bertsche, B.; Marwitz, H.; Ihle, H.; Frank, R.:* Entwicklung zuverlässiger Produkte. In: Konstruktion Jg. 50 (1998), Heft 4, S. 43–44

[47]   *Burghardt, M.:* Projektmanagement. 6. Aufl., München: Publicis MCD Verlag, 2002

[48]   *Helm, R.; Janzer, T. M.:* Den Markt befragen. In: QZ Qualität und Zuverlässigkeit, Jg. 45 (2000), Heft 6, S. 770–773

[49]   *Pfeifer, T.:* Qualitätsmanagement. 3. Aufl., München Wien: Carl Hanser Verlag, 2001

[50]   *Bonten, Ch.:* Produktentwicklung. München Wien: Carl Hanser Verlag, 2002

[51]   *DIN 25424-2:* Fehlerbaumanalyse; Handrechenverfahren zur Auswertung eines Fehlerbaumes, Ausgabe: 1990–04. Berlin: Beuth-Verlag

[52]   *VDI-Richtlinie 2247:* Qualitätsmanagement in der Produktentwicklung. Berlin: Beuth-Verlag, 1994 (zurückgezogen Januar 2012)

[53]   *Liedke, B.:* Finite Elemente grenzenlos. In: CAD CAM, Heft 3 (2005), S. 24-27

Sachwortverzeichnis